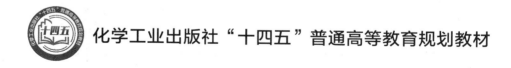

化学工业出版社"十四五"普通高等教育规划教材

化妆品学概论

周彬彬　主编

杨 明　刘 岸　副主编

U0261487

化学工业出版社

·北京·

内容简介

《化妆品学概论》以我国化妆品专业人才培养需求为基准，旨在使读者具备化妆品的基本知识和基本理论，能够掌握舒缓类、毛发类、清洁类、面膜类、防晒类、保湿类、美白祛斑类、抗皱紧致类、芳香类和彩妆类化妆品的新进展、新应用以及与化妆品相关的法律法规等知识。本书各章附有思考题，指导读者自主思考，以期培养读者的创新意识、创新能力和实践能力。本书综合性、实用性、科学性、先进性较强，涵盖了化妆品所涉及的基本知识点、不同配方以及工艺之间的异同与联系，同时展现了新技术、新进展在各类化妆品中的应用情况。

本书可作为高等院校化妆品、应用化学、轻工等专业本科生或职业院校学生的教材，也可供化妆品领域从事研发、设计和生产的技术人员参考。

图书在版编目（CIP）数据

化妆品学概论/周彬彬主编；杨明，刘岸副主编 . —北京：化学工业出版社，2024.5

化学工业出版社"十四五"普通高等教育规划教材

ISBN 978-7-122-45393-8

Ⅰ.①化…　Ⅱ.①周…②杨…③刘…　Ⅲ.①化妆品-高等学校-教材　Ⅳ.①TQ658

中国国家版本馆 CIP 数据核字（2024）第 071366 号

责任编辑：吕　尤　杨　菁　朱　理　　　　文字编辑：孙倩倩　葛文文
责任校对：宋　玮　　　　　　　　　　　　装帧设计：关　飞

出版发行：化学工业出版社
　　　　　（北京市东城区青年湖南街 13 号　邮政编码 100011）
印　　装：三河市双峰印刷装订有限公司
787mm×1092mm　1/16　印张 13¾　字数 320 千字
2024 年 8 月北京第 1 版第 1 次印刷

购书咨询：010-64518888　　　　　　　售后服务：010-64518899
网　　址：http://www.cip.com.cn
凡购买本书，如有缺损质量问题，本社销售中心负责调换。

定　　价：39.00 元

《化妆品学概论》编写人员名单

主　编　周彬彬　湖南理工学院
副主编　杨　明　湖南理工学院
　　　　刘　岸　湖南理工学院
参　编　钟　明　湖南理工学院
　　　　李雅丽　湖南理工学院
　　　　郝远强　湖南科技大学
　　　　彭　彬　长郡雨花外国语学校
　　　　熊　雅　湖南师范大学

当前，化妆品已经成为人们日常生活中必不可少的一部分，化妆品行业呈现一派欣欣向荣的景象。化妆品产业的发展日新月异，化妆品学科的建设如日方升。目前，获批设立化妆品本科专业的高校已有十多所，且许多职业院校也开设有化妆品专业，但相关的化妆品教材很少，相关专业师生面临着无教材可用的窘境。为满足我国化妆品专业人才培养需求，完善化妆品专业课程体系，阐明化妆品的基础理论和基本知识，以及使更多的读者能较全面、正确地认识化妆品，我们编写了《化妆品学概论》这本教材，并力求使本书具有以下特点。

（1）强调基本原理和方法，拓宽知识面。本教材对于化妆品的定义、类型、原料和基础理论以及相关的法律法规都做了较全面的介绍，使侧重不同专业方向的读者也能对其有基本的认识，拓宽知识面，以适应社会对人才的需要。

（2）介绍各类型化妆品的新进展，体现内容的先进性。化妆品学是多学科相互渗透发展的一门交叉性应用型学科，体现了当前化学、生物科学、皮肤生理学、工程技术等的新进展，是 21 世纪发展迅速的专业领域之一。本教材力求将相关新进展在各类型化妆品中的应用情况反映出来，保持内容的新颖性和先进性。

（3）各章节可相互独立，又具备内在联系。例如，第 2 章和第 3 章分别介绍的是化妆品原料和化妆品的基础理论，但其中所涉及的知识点，对于防晒类、毛发类、芳香类、清洁类、保湿类、美白祛斑类和彩妆类等其配方和工艺均有共性。

（4）注重启发式教学，便于学生自学。教材内容较丰富，但课内学时可能不多。为了适应教学需要和便于学生自学，各章都附有思考题，便于启发学习者的思路，引导自学，巩固和加深对知识点的掌握。

本书共分15章，由周彬彬任主编，杨明、刘岸任副主编。湖南理工学院周彬彬编写第 1 章、第 2 章、第 3 章和第15章；湖南理工学院杨明编写第 5 章、第 6 章和第 7 章；湖南理工学院刘岸编写第 9 章和第 10 章；湖南理工学院钟明编写第11章和第12章；湖南理工学院李雅丽编写第 4 章；湖南师范大学熊雅编写第13章；

长郡雨花外国语学校彭彬编写第 14 章；湖南科技大学郝远强编写第 8 章。主编周彬彬负责组织编写团队、拟定全书目录、提出编写要求、审定全书文稿、联系出版等工作，副主编杨明参与全书统稿工作。

化妆品是我国新设立的学科专业，属于发展中的学科，还在不断进步和探索。虽然全体编写人员尽心竭力地完成了编写任务，但由于编者水平和写作经验有限，从内容选取到章节编排，难免存在一些疏漏和不当之处，恳请广大读者朋友提出宝贵意见（邮箱：229480750@qq.com）。

周彬彬

2024 年 3 月

目录

第3章 化妆品的基础理论 / 033

第4章　敏感性皮肤与舒缓类化妆品　/ 049

第5章　毛发类化妆品　/ 059

第 6 章　清洁类化妆品　/ 074

第7章 面膜类化妆品 / 083

第8章 防晒类化妆品 / 093

第 13 章　芳香类化妆品　/ 163

第 14 章　彩妆类化妆品　/ 177

第15章　化妆品的不良反应与化妆品质量管理　/ 190

第1章

绪　论

　　化妆品既是人们扮靓肌肤和美化生活的必需品，也承载着流行与时尚，展现了国民精神风貌。化妆品科学是一门关于化妆品的设计、研究、生产、销售、使用等各方面的综合性学科。该学科是一门以化学相关知识为基础的交叉学科，涉及面很广，与物理化学、有机化学、香精香料化学、表面化学、胶体化学、生物化学、染料化学、化学工程等都紧密相关，按照我国的学科分类，可列入精细化工学科。20 世纪 80 年代以来，随着自然科学与工程技术的突破性进展以及化妆品产业的快速发展，对于化妆品的设计和研究，仅依靠化学学科知识和精细化工技术是远远不够的，还必须融合如毒理学、药理学、皮肤生理学、细胞生物学、分子生物学、色彩学、心理学等学科，因此，化妆品产业属于综合性较强的知识密集型产业。化妆品学概论主要介绍化妆品的概念、基础理论、基本原料、配方设计、安全使用和产业状况等知识。通过本课程的学习，丰富学生爱美、审美、创造美的情趣和能力，培养既有传统美德、敢于担当，又具有时尚情趣的优雅国民。

1.1　化妆品的概念及作用

1.1.1　化妆品的概念

　　广义上讲，化妆品是指化妆用的物品。化妆（cosmetic）一词，最早来源于古希腊，含义为"化妆师的技巧"或"装饰的技巧"，就是发扬人体自身优点，掩饰和补救人体的缺点。1923 年，哥伦比亚大学 C. P. Wimmer 将化妆品的作用概括为：使皮肤感到舒适和避免皮肤疾病；美化面容；遮盖某些缺陷；使人清洁、整齐、增加神采。

　　美国食品药品监督管理局（FDA）对化妆品的定义为：以涂擦、散布、喷洒或其他方法用于人体并能起到清洁、美化、增加魅力或改变外观作用的物品。

　　日本医药法典中对化妆品的定义为：化妆品是为了清洁和美化人体、增加魅力、改变容颜、保持皮肤及头发健康而涂擦、散布于身体或用类似方法使用的物品。

　　欧盟化妆品法规对化妆品的定义为：化妆品是指接触于人体外部器官［皮肤、毛发、指（趾）甲、嘴唇和外生殖器］或口腔内的牙齿和口腔黏膜，以保持清洁、散发香味、改善外观、改善身体气味或保护身体使之保持良好状态为主要目的的物质和制剂。

　　韩国化妆品法规对化妆品的定义为：化妆品是为了清洁、美化人体，增添魅力，使容貌变得明亮或维持、增进皮肤、毛发的健康而使用的物品，对人体的作用较温和。

我国对化妆品的定义为：化妆品是指以涂擦、喷洒或者其他类似方法，施用于皮肤、毛发、指甲、口唇等人体表面，以清洁、保护、美化、修饰为目的的日用化学工业产品。

化妆品对人体的作用必须安全、缓和、无毒副作用，且主要以清洁、美化和保护为目的。对于添加有特殊功效成分的制品，称为"特殊化妆品"，如用于防晒、祛斑、防脱发、染发、烫发等目的的化妆品。

必须指出，不管是普通化妆品，还是特殊化妆品，都不同于医药用品。其目的在于清洁、美化修饰和保护，并不是为了影响人体构造和机能。为方便起见，常将普通化妆品和特殊化妆品统称为化妆品。

综上所述，可将化妆品的定义做如下概述：化妆品是指以涂敷、揉擦、喷洒等不同方法，施用于人体皮肤、毛发、指甲、口唇和口腔等部位，起清洁、保护、美化等作用的日用化学工业产品。

1.1.2 化妆品的作用

从化妆品的定义中可知，其主要作用在于清洁、保护和美化等，可概括为以下 5 个方面。

（1）清洁作用

清除皮肤、毛发等部位沾染的污垢，以及人体新陈代谢过程中产生的代谢产物，保持皮肤、毛发等部位洁净。如泡沫浴液、牙膏、洁面面膜、清洁乳液、洗发香波等。

（2）保护作用

保护皮肤、毛发等部位，使其滋润、柔软、光滑、富有弹性，以抵御寒风、烈日、紫外线辐射等的损害。如雪花膏、冷霜、防晒霜、发乳、护发素等。

（3）美化作用

美化皮肤、毛发等部位，使之增加魅力或散发香气。如香粉、粉底液、唇膏、摩丝、染发剂、胭脂、口红、睫毛膏、香水等。

（4）营养作用

通过添加各类营养物质，改善皮肤及毛发的营养状况，减缓皮肤衰老，增加组织细胞活力，减少皮肤皱纹，防止脱发等。如人参霜、珍珠膏、营养面霜、营养面膜、人参发乳等。

（5）治疗作用

预防或减少皮肤、毛发、牙齿等部位的生理异常现象。如粉刺霜、祛斑霜、药物牙膏等。

1.2 化妆品的使用

1.2.1 化妆品的分类

化妆品的种类繁多（图 1.1），其分类方法也五花八门，有按功能（用途）分类、按使用部位分类和按剂型（外观、生产工艺和配方特点）分类等方式。下面介绍主要的几种分类方法。

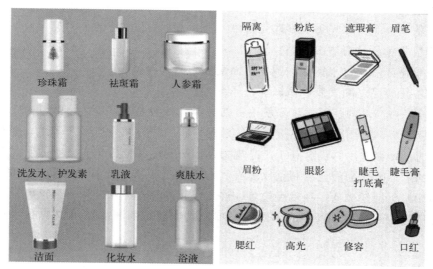

图 1.1　各类化妆品

(1) 按功能（用途）分类

① 清洁类化妆品：洗发水、清洁霜（蜜）、浴液、清洁面膜等。

② 护理类化妆品：润肤霜、护发素、润唇膏等。

③ 美容修饰类化妆品：胭脂、眼影、粉底、遮瑕膏、唇膏、发胶、摩丝、焗油膏等。

④ 营养类化妆品：丝素霜、人参霜、珍珠霜等。

⑤ 特殊用途类化妆品：染发剂、烫发剂、防晒霜、祛斑霜等。

(2) 按使用部位分类

① 皮肤用化妆品：面膜、润肤乳、洗面奶、遮瑕膏、化妆水、粉底、胭脂等。

② 毛发用化妆品：摩丝、烫发剂、发胶、洗发水、护发素、染发剂等。

③ 唇、眼、口腔用化妆品：眼霜、眼影、睫毛膏、唇膏、唇线笔、牙粉、牙膏、漱口水等。

④ 指甲用化妆品：洗甲水、指甲油、护甲水等。

(3) 按剂型（外观、生产工艺和配方特点）分类

① 水剂类化妆品：香水、花露水、化妆水、奎宁头水、普通洗发香波、沐浴液等。

② 油剂类化妆品：发油、浴油、防晒油、唇油等。

③ 乳剂类化妆品：润肤霜、清洁霜、雪花膏、冷霜、发乳等。

④ 悬浮状化妆品：粉底液等。

⑤ 块状化妆品：胭脂、粉饼等。

⑥ 粉状化妆品：痱子粉、爽身粉、香粉等。

⑦ 膏状化妆品：洗发膏、睫毛膏等。

⑧ 蜡状化妆品：发蜡。

⑨ 笔状化妆品：唇线笔、眉笔等。

⑩ 锭状化妆品：唇膏、眼影膏等。

⑪ 纸状化妆品：香粉纸等。

⑫ 珠光状化妆品：珠光香波、珠光指甲油等。

⑬ 薄膜状化妆品：清洁面膜等。

⑭ 凝胶状化妆品：抗水性保护膜、洁面凝胶、睡眠面膜等。

⑮ 气溶胶化妆品：喷发胶、摩丝等。

总体而言，按产品的使用部位和使用目的分类，比较直观，有利于配方中原料的选用，也方便消费者了解和选用化妆品。按产品的外观性状、配方和生产工艺分类，则有利于化妆品生产装置的设计和选用，也有利于产品规格标准的确定和分析试验方法的研究，对于生产和质检部门的生产管理和质量控制是比较有利的。但近年来，随着化妆品工业的快速发展，化妆品的多功能化已经成为一种发展趋势，许多化妆品在性能和应用方面已经没有明显的界线，同一使用目的的产品可以制成不同的剂型，同一剂型的产品也可以具有不同的性能和用途。

1.2.2　化妆品的特性

化妆品的特性指化妆品应具备安全性、使用性、稳定性和功效性，从而发挥化妆品的作用。

（1）安全性

符合卫生要求，保证化妆品的安全性，防止化妆品对人体近期和远期的危害。化妆品经常出现的安全性问题具体表现如下。

① 毒性　化妆品毒性是由于化妆品原料或组分中毒性物质的含量超出允许添加的范围，或添加了禁止使用的某些有毒成分。

② 致病菌感染性　化妆品的原料有油脂、蛋白质、维生素、淀粉、水分等。这些营养物质组成的体系适合微生物的生长和繁殖。微生物将化妆品的某些成分分解，致使化妆品腐败变质，不仅能使化妆品色、香、味及剂型发生变化，而且会对使用者的健康造成危害。

③ 刺激性　化妆品常含有酸、碱、表面活性剂、香料、防腐剂等化学成分。这些化学物质作用于皮肤、器官黏膜后，经常引起刺激性皮肤病变，又称为刺激性接触性皮炎，是化妆品引起的最为常见的一种皮肤损害。

④ 过敏性　化妆品中致敏原最多的是防腐剂、香料、重金属等。实际上化妆品中的很多成分都可能对特定人群产生过敏反应，为保证消费者的知情权，减少不必要的过敏状况发生，化妆品标签上必须标注成分，以提醒消费者在选购产品时尽量避免选购含有自身身体对其过敏的产品。

（2）使用性

化妆品的使用性是指在使用过程中的感觉，如润滑性、黏性、发泡性等，好的护肤品应该具有良好的使用性，满足相应消费者的要求。由于不同消费者对化妆品产品的使用目的和感觉要求不尽相同，因此，不同年龄、不同肤质的消费者在不同季节应选择适合自己的化妆品。

（3）稳定性

化妆品中的一些成分往往是热力学不稳定体系。为了保证化妆品的功能和外观，化妆品必须具有良好的稳定性。

市场销售的化妆品一般要有2～3年的保存期限，一些常见化妆品的保质期和使用期如表1.1所示。产品一旦失去了稳定性，可能出现变色、破乳、分层、浑浊、沉淀、结块等现象。

表 1.1　常见化妆品的保质期和使用期

产品	保质期/年	开封后使用期/月
面霜	2	6～12
洗面奶、面膜	2	12
化妆品水	2	6～12
粉饼、散粉	3～5	6～12
粉底液	2～3	12
眉笔	2～3	3～6
防晒产品	2～3	6
香水	2～3	12～24
唇膏	2～3	12

（4）功效性

化妆品的功效性是指化妆品的功效和使用效果。功效性化妆品是根据皮肤组织的生理需求和病理的改变，选择性添加具有相应功效的物质，从而使产品具有特定功效。如防晒类化妆品具有防晒功能，防脱发产品应具有防脱发功能，祛斑类产品需具有祛斑功效。

1.2.3　化妆品的吸收

化妆品的吸收指的是化妆品中的功能性成分作用于皮肤表面或进入表皮或真皮等不同肤层，并在该部位积聚和发挥作用的过程。化妆品功效成分的吸收不需要透过皮肤进入体循环，这是它与药物的主要区别。

影响化妆品吸收的因素主要有：皮肤因素、化妆品剂型、物质浓度、有效成分结构和外界环境等。

（1）皮肤因素

① 皮肤部位　不同部位皮肤的吸收能力有差异，面颊、前额较躯干、四肢的吸收能力强。

② 皮肤温度　当皮肤温度升高时血液循环加快、水合度增加，物质渗透吸收效率提高。

③ 年龄与性别　婴儿、老人与其他年龄层的人相比，皮肤对化妆品的吸收能力要强，女性皮肤对化妆品的吸收强于男性。

④ 皮肤屏障功能的完整性　皮肤屏障功能不完整或被破坏时对化妆品的吸收作用将增强。

⑤ pH值　表皮角质层的pH值为5.2～5.6。皮肤在偏酸的正常生理pH值情况下能更

好地吸收物质。

⑥ 皮肤病理状态　当皮肤出现病理状况时，皮肤组织细胞与超微结构发生改变，pH值、皮脂膜及皮肤各层结构等均可发生变化，从而影响皮肤屏障功能，使皮肤吸收能力发生改变。

⑦ 角质层的含水量　增加皮肤含水量可促进皮肤对化妆品的吸收。

（2）化妆品剂型

化妆品剂型会影响皮肤吸收率，各种剂型渗入皮肤由易到难依次为：乳液、凝胶或溶液、悬浮液、物理性混合物。

（3）物质浓度

化妆品主要以渗透及被动扩散的方式进入皮肤，其物质浓度与皮肤吸收率在一定范围内成正比关系，因此，适当增加化妆品的浓度并增加涂抹力度（轻拍或按摩），能促进其功效成分的吸收。

（4）有效成分结构

在化妆品的吸收中，非极性物质主要通过富含脂质的部位即细胞间通道吸收，极性物质则依靠细胞转运即细胞内通道吸收，所以具有与皮肤相似成分、结构及性质的化妆品容易被吸收。

（5）外界环境

环境温度升高，皮肤血流加速、皮肤角质层含水量增加，皮肤的吸收率也相应增加；环境湿度大也可通过使角质层水合度增加而提高皮肤对化妆品的吸收率。

1.2.4　化妆品的合理选择

合理选择化妆品，主要从化妆品的质量、使用者的个体特性和环境因素等方面来综合考虑。

（1）化妆品的质量

首先，选择化妆品最重要的是看质量是否有保证。不能买无生产厂家和无商品标志的化妆品，同时要注意产品有无检验合格证和生产许可证等，以防假冒。还要注意化妆品的生产日期，一般膏、霜、蜜类产品尽可能买出厂一年内的。

其次，要学会识别化妆品的质量。

① 从外观上识别　好的化妆品应该颜色鲜明、清雅柔和。如果发现颜色灰暗污浊、深浅不一，则说明质量可能有问题。如果外观浑浊、油水分离或出现絮状物，膏体干缩有裂纹，则不能使用。

② 从感觉上识别　取少许化妆品轻轻地涂抹在皮肤上，如果能均匀紧致地附着于肌肤且有滑润舒适的感觉，就是质地细腻的化妆品。如果涂抹后有粗糙、发黏感，甚至皮肤刺痒、干涩，则是劣质化妆品。

③ 从气味上识别　化妆品的气味有的淡雅，有的浓烈，但都很纯正。如果闻起来有刺鼻的怪味，则说明是伪劣或变质产品。

（2）使用者的个体特征和环境因素

① 皮肤类型　干性皮肤的人，应使用富有营养的润泽性的护肤品；油性皮肤的人，要

用爽净型的乳液类护肤品；中性皮肤的人，应使用性质温和的护肤品。

　　② 肤色　选用口红、粉底、眼影、指甲油等化妆品时，须与自己的肤色深浅相协调，如图 1.2 所示。

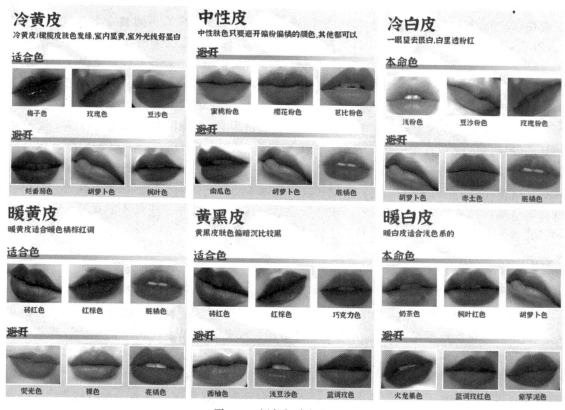

冷黄皮
冷黄皮/橄榄皮肤色发绿,室内显黄,室外光线好显白

适合色
梅子色　玫瑰色　豆沙色

避开
烂番茄色　胡萝卜色　枫叶色

中性皮
中性肤色只要避开偏粉偏橘的颜色,其他都可以

适合色
蜜桃粉色　樱花粉色　芭比粉色

避开
南瓜色　胡萝卜色　脏橘色

冷白皮
一眼望去很白,白里透粉红

本命色
浅粉色　豆沙粉色　玫瑰粉色

避开
胡萝卜色　赤土色　脏橘色

暖黄皮
暖黄皮适合暖色橘棕红调

适合色
砖红色　红棕色　脏橘色

避开
荧光色　裸色　亮橘色

黄黑皮
黄黑皮肤色偏暗沉比较黑

适合色
砖红色　红棕色　巧克力色

避开
西柚色　浅豆沙色　蓝调玫色

暖白皮
暖白皮适合浅色系的

本命色
奶茶色　枫叶红色　胡萝卜色

避开
火龙果色　蓝调玫红色　紫芋泥色

图 1.2　颜色与肤色的关系

　　③ 年龄和性别　老年人皮肤较干且薄，应选用含油分、保湿因子及维生素 E 等成分的护肤品；儿童皮肤幼嫩，皮脂分泌少，须用儿童专用的护肤品；男性宜选用男士专用的护肤品。

　　④ 季节　在秋冬季节，宜选用滋润、保湿性能强的化妆品，而在夏季，宜选用乳液或粉类化妆品。

1.3　我国化妆品的发展

1.3.1　我国化妆品的起源与发展

　　在人类发展的历史长河中，爱美之心是随着人类的发展而不断进步的。中国作为历史悠久的文明古国，是较早使用化妆品的国家之一，化妆品的使用和生产有着悠久的历史。

早在大禹时代，人们就普遍用白米研成细粉后涂敷于脸部，以求得有嫩白的肌肤外观。湖南长沙马王堆出土的陪葬品中已有胭脂般的化妆品，说明中国古代妇女红妆的风尚在秦汉时期就已经兴盛。唐代开始在面脂中加入各种天然色素，制成各种色彩丰富且具有调节肤色、滋润肌肤作用的面脂，并给它们取了好听的名字，如紫雪、碧雪、红雪等。到了宋代，面脂在修护面部皮肤方面有了更明确的作用，并依据主要用料的不同被命名为"防风膏""白附子膏""杏仁膏""白芷膏"等，区分了祛斑、抗皱、祛痘、美白等功效。明朝崇祯元年（公元 1628 年），首个具有现代化妆品属性的中国化妆品品牌戴春林在扬州诞生，开创了"千金五香"中华美妆文化的历史。《红楼梦》中也有很多关于化妆品的描写，包括化妆品的制作和使用等。

我国化妆品工业的发展，经历了漫长的过程。进入 20 世纪以后，我国化妆品工业有了长足的发展，1912 年，中国化学工业社在上海建立，该厂即为现在的上海美加净日化有限公司。1913 年，上海又建立了中华化妆品厂，之后又相继建立了上海明星花露水厂、宁波风苞化妆品厂等。新中国成立后，各地相继建立起了一些化妆品厂，但化妆品在这个阶段被视为奢侈品，化妆品工业发展缓慢。改革开放后，随着人民生活水平的不断提升，化妆品开始转变成为人们日常生活的必需品，化妆品工业发生了翻天覆地的变化，各地化妆品工厂如雨后春笋般蓬勃发展。

1.3.2　我国化妆品产业现状与展望

被称为"美丽经济"的中国化妆品产业，经过多年的迅猛发展，取得了前所未有的成就。我国的化妆品市场是全世界最大的新兴市场，改革开放以来，我国化妆品行业从小到大，由弱到强，从简单粗放到科技领先、集团化经营，全行业形成了一个初具规模、极富生机活力的产业大军。

随着科技的发展、人民生活水平的提高以及对皮肤保健意识的增强，人们对化妆品的看法有了较大的变化，从以前的以美容为目的，转向了美容与护理并重，并进一步向以科学护理为主，兼顾美容效果的方向发展。这就对化妆品提出了更高的要求，化妆品除必须具备安全、美容、护肤等基本作用外，还需要具有延缓衰老、营养皮肤等多重功效。因此，未来的化妆品市场竞争将更加激烈，必须时刻把握好市场动向，不断创新，才能满足消费者的新需求。当前化妆品产业现状及发展趋势主要表现如下。

（1）防晒化妆品已成为关注的焦点

阳光是万物赖以生存的要素，适当的紫外线照射有利于人体健康。但是，科学研究证明，日光暴晒是导致皮肤老化的重要因素之一，强烈的紫外线照射会损伤皮肤（图 1.3），加快皮肤老化，导致各种皮肤病，甚至导致皮肤癌。特别是随着工业的发展，地球表面的臭氧层遭到了一定程度的破坏，太阳光中的紫外线辐射增强，一些日照疾病，如日光性皮炎，甚至皮肤癌的发病率都在上升。所以，为了防止紫外线对皮肤的伤害，人们需要在外露的皮肤

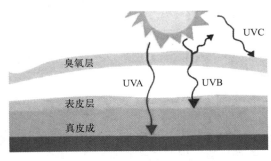

图 1.3　紫外线对皮肤的伤害

表面涂上防晒的保护性化妆品。当前，防晒类化妆品已成为国际上化妆品发展的热门话题之一。

事实上，太阳光中的紫外线全年存在，研究表明，即使在阴雨天，仍会有较强能量的紫外线到达地面。春天、秋天到达地面的紫外线的能量并没有比夏天低很多，而且紫外线能穿透玻璃、衣服，到达人体皮肤，所以，每天都需要防晒护肤，防晒化妆品将会是近代化妆品研发中一个永恒的主题。而防晒化妆品的研发、防晒性能的优劣，主要取决于防晒原料性能的好坏和开发。因此，研发出防晒性能优良、高效、安全的防晒原料，将是防晒化妆品研发的主要方向。

（2）品种细化、产品功能化、趋向生物化

当代化妆品只有突出个性化和功能性，才有机会在激烈的市场竞争中脱颖而出。因此，针对不同的性别、年龄、肤质（图1.4）以及不同的使用时间段等，出现了各种性能各异的化妆品，使化妆品市场呈现出了产品品种细分化的趋势。另外，随着时代的进步，人们的美容观念发生了很大变化，人们对皮肤的保健意识在不断增强，由原来的色彩美容转向了健康美容，相应地，对化妆品的性能也就提出了更高的要求。产品除必须具备安全性和美容、护肤等基本功效外，还需要具有延缓衰老、滋

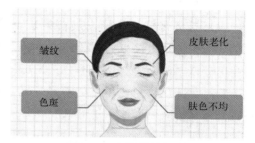

图1.4 皮肤常见问题

养皮肤以及防治某些皮肤疾病等多重功效。这种具有美白、防晒、延缓衰老功效的化妆品，将越来越受消费者的欢迎，也将会是消费者和化妆品生产企业所关注和研究的热点。

另外，近年来生物技术的快速发展极大地推进了化妆品科学的发展。研究者们利用生物化学和分子生物学的理论，从分子水平上揭示了黑色素形成、光毒性机制、皮肤老化、自由基等对皮肤的影响和皮肤遭受损害的生物学过程，从而可以利用生物仿生技术，设计和制造一些生物技术制剂，来发挥美白、防晒、延缓衰老以及促进皮肤组织修复等所需要的特定功效。尤其是利用生物技术制得的具有生理活性的超氧化物歧化酶、透明质酸等生物制品，在化妆品中得到了非常广泛的应用。

（3）天然化妆品广受青睐

早在几千年前的化妆品起源时期，化妆品的原料都来自天然产物。在科学技术的发展过程中，人们发现人工合成的化学品比提取天然原料更容易、使用也方便，因此，人工合成的产品日益增多，对化妆品行业的发展也起到了极大的推动作用。但是，合成化学品不仅消耗了大量不可再生或再生过程缓慢的资源，而且给自然界带来了许多的废弃物，造成环境污染，也使人们对合成产品的安全性问题产生了疑问。因此，"回归大自然"的倾向迅速席卷了整个化妆品行业。化妆品原料经历了由天然原料向合成品，继而又从合成品回归天然原料的二次转变。但必须指出的是，现今的天然化妆品并不是简单的复旧，而是应用先进的科学技术，通过对天然产物的合理选择，并利用现在先进的科学技术对其中有效成分的提取、分离和改性，以及和化妆品其他原料的合理配用，而得到的具有较好稳定性和安全性，且使用

性能和功效性都明显提高的新型天然化妆品。

随着人们崇尚和回归自然需求的增加，人们越来越注重化妆品的环保性、安全性、天然性，天然植物类化妆品将成为今后研发的主要趋势，中草药将成为功能性化妆品的最佳原料之一。以中草药提取物为化妆品添加剂生产的各种中药功效化妆品如雨后春笋般出现，并日益成为消费者追求时尚的新宠。中草药化妆品是从中草药及天然植物中提取有用成分制成的，中草药化妆品遵循自然环境和人类的可持续发展，满足人们对高质量生存方式的追求，顺应人们个性化和多样性消费的潮流和"绿色"及"人类回归自然"的潮流。"天然""无添加"的化妆品风潮，无疑给中草药化妆品带来良好的发展机遇。在我国的中医学宝库中，许多中草药具有营养皮肤、防治皮肤病、保护皮肤免受外界不良刺激的作用。中草药应用于化妆品，符合当今世界化妆品的发展潮流，将对我国化妆品产业的发展起到积极的推进作用。

（4）男士化妆品市场发展前景乐观

男士化妆品市场是一个近在眼前的、真实的、有待挖掘的广阔市场，近年来，男士护肤品在化妆品市场的占比显著上升。而且，男士化妆品市场刚起步，价格相对较高，利润远高于一般的女性化妆品市场。随着社会的进一步发展，我国男性对自身外表的要求进一步提升，男士化妆品市场的前景巨大。

（5）美容院专业型化妆品不断升温

截止到 2023 年，中国各地的美容院有 150 多万家，从业人员超过 1200 万。据统计，有超过 63% 的女性表示，如果美容院所使用的化妆品质量可靠、效果明显，她们愿意花钱进美容机构，这就给美容院专业型化妆品的迅速发展打下了坚实的基础。

1.4 化妆品配方设计和研发

1.4.1 化妆品配方设计原则

化妆品配方设计是指：根据各种化妆品的性能要求和工艺条件，通过试验和优化评价，合理地选用化妆品原料，并确定各种原料的使用配比。化妆品的配方设计需要满足以下原则：①所设计的配方必须符合国家相关法律法规的规定；②产品必须有足够的安全性，无刺激；③产品必须符合相应的宣称功效；④稳定性好；⑤配方生产工艺要尽可能简单；⑥方便消费者使用；⑦成本尽可能低；⑧产品的气味、状态需满足消费者的需求。

1.4.2 化妆品配方研发流程

化妆品的研发流程首先是针对皮肤的类型、皮肤症状以及不同部位皮肤的健康需求进行分析，然后提出相应的健康护理方案，再找到合适的功效成分，并进行科学配伍，最后进行安全和功效性评价，以确保产品的质量。

　　以保湿类化妆品研发为例（图 1.5）进行介绍。第一步必须明确需要解决什么问题。保湿类化妆品需要解决的关键问题是皮肤干燥。那么如何解决皮肤干燥的问题，这就是第二步，需要分析皮肤干燥的原因。通常认为皮肤干燥是由于皮肤表面缺乏脂类物质，但事实上，引起皮肤干燥的因素并不仅如此，还包括皮肤屏障功能、皮肤内炎症因子浸润、内源性水分缺乏等。第三步，即根据皮肤干燥的原因，确定润肤的办法——增加内源性水分、保障皮肤屏障功能以及减少炎症因子浸润。第四步，形成具体的针对性方案。增加内源性水分：使用活血化瘀类功效性原料，通过促进新陈代谢、微循环进而促进内源性水分的补充。保障皮肤屏障功能：增加皮肤必需脂肪酸，促进皮肤屏障关键蛋白的表达。减少炎症因子浸润：加入清热解毒类具有抗炎功效的化妆品原料。第五步，根据以上方案，选择合适的原料，形成合理配比，并对原料的提取工艺以及产品的制备工艺进行实验摸索。最后，根据相关的化妆品法规，对产品进行质量检测，同时验证产品的保湿功效。

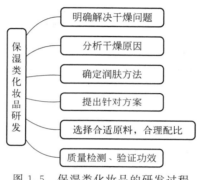

图 1.5　保湿类化妆品的研发过程

1.4.3　工程师与工程伦理

（1）工程师的职业特点和素养要求

　　工程师是指具有从事工程系统操作、设计、管理、评估能力的人员。工程师的称谓，通常只用于在工程学其中一个范畴持有专业性学位或相等工作经验的人士。工程师和科学家往往容易混淆。科学家努力探索大自然，以便发现一般性法则，工程师则遵照此既定原则，从而在数学和科学上，解决了一些技术问题。科学家研究事物，工程师建立事物。工程人才应该具备以下基本特征：具备扎实和宽广的工程技术科学基础、工程技术专业知识与技能；具备成为高效能工程领袖的高级思维能力；具备较为健全的人文价值观；具备职业素养与综合能力，掌握新一代"互联网＋"思维、数字化技术。

　　职业素养，具有十分重要的意义。从个人角度讲，适者生存，缺乏良好的职业素养，个人很难取得突出的工作业绩。从企业的角度看，唯有聚集具备较高职业素养的人才，才能实现生存和发展的目的，提高企业的竞争力。从国家的角度看，人民职业素养的高低直接影响着国民经济的发展水平。通常认为，对于从事工程相关工作的人员，应该具备的职业素养包括：深度了解工程相关知识，并能够综合考虑政治、经济、环境、技术等因素以解决工程实际问题。对于从事非工程相关工作的人员，也应该具备一定的工程知识，能够处理日常生活中涉及的简单的工程问题，能够对公共工程项目和问题做出理性、科学、独立的判断和选择。

而化妆品工程师除需要具有以上素养外，还应具备以下几个条件：一是要热爱美妆事业，立志为美妆事业奋斗；二是要学习并深入掌握化妆品相关的基础知识，比方说化妆品的基础理论及各类化妆品的研发程序、原料选用原则、配方设计原理、产品制造工艺、产品品质检测和安全性评价方法等；三是要能吃苦耐劳，进行设计配方的时候，要耐得住实验室的寂寞和车间的忙碌；四是要熟练掌握研发规则程序，让自己成为一个优秀的创新品牌的工程师。

（2）工程伦理的重要性及原则

工程技术人员和决策者在处理一些工程问题过程中，往往面临欲实现的目标或实现该目标的过程与自然界或社会发展不够和谐或出现冲突等问题。这些冲突大致上体现了两类问题：一是工程本身是否可能带来近期或长期的环境影响或生态破坏；二是工程决策时，决策者、设计者和实施者都承担了怎样的伦理角色。伦理的决策和价值的选择对于社会的可持续发展是至关重要的，因而，工程伦理的教育应该是全方位、全过程的教育。工程伦理遵守以人为本、关爱生命、安全可靠、关爱自然、公平正义的原则。工程伦理可以调节职业交往过程中从业人员与服务对象以及从业人员内部之间的关系，具有维护和提高本行业信誉、促进本行业发展和提高全社会道德水平的作用。

工程伦理的原则，具体包含以下几个方面。

第一，以人为本的原则。以人为本就是以人为主体，以人为前提，以人为动力，以人为目的。以人为本是工程伦理观的核心，是工程师处理工程活动中各种伦理关系最基本的伦理原则。它体现的是工程师对人类利益的关心，对绝大多数社会成员的关爱和尊重之心。以人为本的工程伦理原则意味着工程建设要有利于人的福祉，提高人民的生活水平，改善人民的生活质量。

第二，关爱生命原则。关爱生命原则要求工程师必须尊重人的生命权，意味着要始终将保护人的生命摆在重要位置，不支持以毁灭人的生命为目标的项目的研制开发，不从事危害人体健康的工程的设计、开发。这是对工程师最基本的道德要求，也是所有工程伦理的根本依据。尊重人的生命权而不是剥夺人的生命权，是人类最基本的道德要求。

第三，安全可靠原则。在工程设计和实施中以对人的生命高度负责的态度，充分考虑产品的安全性能和劳动保护措施，要求工程师在进行工程技术活动时必须考虑工程技术活动的安全可靠性，对人类无害。

第四，关爱自然的原则。工程技术人员在工程活动中要坚持生态伦理原则，不从事和开发可能破坏生态环境或对生态环境有害的工程。工程师进行的工程活动要有利于自然界的生命和生态系统的健全发展，提高环境质量。要在开发中保护，在保护中开发。在工程活动中要善待自然和敬畏自然。保护生态环境，建立人与自然的友好伙伴关系，实现可持续发展。

第五，公平正义原则。正义与无私相关，包含着平等的含义。公平正义原则要求工程技术人员的工程活动要有利于他人和社会，尤其是面对利益冲突时要坚决按照道德原则行动。公平正义原则还要求工程师不把从事工程活动视为名誉、地位、声望的敲门砖，坚决反对用不正当的手段在竞争中抬高自己。在工程活动中体现尊重并保障每个人合法的生存权、发展权、财产权、隐私权等个人权益，工程技术人员在工程活动中应该处处树立维护公众权益的意识，不任意损害个人利益，对不能避免的或已经造成的利益损害应该给予合理的经济补偿。

思考题

1-1 我国化妆品市场的发展趋势如何?

1-2 我国的化妆品市场和产业为何将持续高速发展?

1-3 化妆品有哪些作用,具有什么特性?

1-4 化妆品有哪些分类方式?

1-5 如何正确选择化妆品?

1-6 工程师的职业素养有什么要求?

1-7 工程伦理的原则有哪些?

第2章

化妆品原料

化妆品是以天然、合成或者提取的各种作用不同的物质为原料，经过合理调配，并经加热、搅拌和乳化等生产程序加工而成的复配混合物。其原料的安全性，决定了化妆品的安全性。原料的错误使用或质量指标的变动，容易使成品质量波动；原料中一旦带入有毒有害物质，更是会导致质量事故的发生。因此，学习、了解化妆品原料很有必要。

2.1　化妆品原料的种类和分类

2.1.1　化妆品原料概述

从 1998 年起，欧盟规定，所有化妆品、护肤品要在包装上标明所用的所有成分，必须采用国际统一命名的国际化妆品原料标准名称（International Nomenclature of Cosmetic Ingredients，INCI 名称），之后迅速被美国、日本、澳大利亚、韩国、中国等许多国家承认、引用或使用。我国申报化妆品配方中原料时，也以 INCI 名称为准。

20 世纪 90 年代，我国纳入化妆品原料列表的原料有 270 多种，截至 2003 年底，我国已使用化妆品原料 3265 种，其中一般化妆品原料 2156 种、特殊化妆品原料 546 种、天然化妆品原料（含中药）563 种。到 2015 年，我国已批准使用的化妆品原料有 8783 种。根据国家药监局 2021 年公布的《已使用化妆品原料目录（2021 年版）》，目前我国已批准使用的化妆品原料达到了 8972 种。

为了进一步规范化妆品原料管理，保证化妆品质量安全，根据《化妆品监督管理条例》和《化妆品注册备案管理办法》的要求，2021 年 2 月份，国家药监局又发布了《化妆品新原料注册备案资料管理规定》，对化妆品新原料注册和备案管理工作进行了进一步的规范和指导。

2.1.2　化妆品原料的分类

（1）按来源分类

化妆品的原料非常广泛，种类繁多。按照其来源可以分为天然原料和合成原料两大类，其中以合成原料居多。但近年来，随着"回归自然"潮流的兴起，化妆品天然原料的开发和应用越来越受到重视，化妆品原料的天然化，也受到了广大消费者的喜爱。

（2）按性能和用途分类

化妆品原料性能各异，按照化妆品原料的性能和用途可分为基质原料、辅助原料以及功能性原料三大类，如图 2.1 所示。基质原料是化妆品中的主体原料，在化妆品的配方中占有较大比例，是化妆品中发挥主要作用的物质；辅助原料是对化妆品的成型、色调、香气、稳定等方面发挥作用的一类物质，这些物质在化妆品配方中用量不大，但却极其重要；功能性原料是能够赋予化妆品特殊功效的一类物质，是功能性化妆品的灵魂。

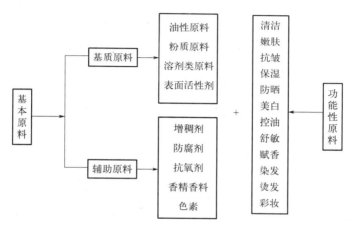

图 2.1　化妆品原料的分类

2.2　基质原料

基质原料是根据化妆品形态和类别的要求，能赋予产品基础架构的主要组成部分，是化妆品的主体，体现了化妆品的基本性质和基本作用。基质原料主要包括油性原料、粉质原料、溶剂类原料和表面活性剂。化妆品的类型不同，其各自在配方中所占有的比例也不同。

2.2.1　油性原料

油性原料是化妆品中的一类主要基质原料，其在化妆品中主要起到以下几方面作用。

① 溶剂作用　液态的油性原料可作为功能性原料的载体，使之更易被皮肤吸收。

② 乳化作用　高级脂肪醇在乳剂类产品中具有辅助乳化的作用，磷脂是性能优良的天然乳化剂。

③ 清洁作用　根据相似相溶原理，油性原料可溶解皮肤上的油溶性污垢而使之更易于清洗。

④ 固化作用　固态油性原料可作为赋形剂，赋予产品一定的外观形态。

⑤ 滋润作用　能够使皮肤及毛发柔软、润滑，并赋予其弹性和光泽。

⑥ 屏障作用　能够在皮肤表面形成憎水性薄膜，抑制皮肤水分蒸发，防止来自外界物理、化学的刺激。

油性原料根据来源不同，可分为天然油性原料和合成油性原料两大类。其中天然油性原料包含动植物油性原料和矿物油性原料两类，而动植物油性原料根据其主要化学成分的不同又可分为动植物油脂原料和动植物蜡类原料两类。

（1）天然油性原料

1）动植物油性原料

① 动植物油脂原料

由动植物组织中得到的油脂称为动植物油脂。通常，在常温下呈液态的称为油，呈半固态或固态的称为脂，油和脂的主要化学成分均为三脂肪酸甘油酯，且理化性质有很多相似之处。

a. 动植物油脂的化学成分　动植物油脂的主要化学成分是一分子甘油和三分子高级脂肪酸所形成的三脂肪酸甘油酯，简称甘油三酯。不同的动植物油脂，所含甘油三酯中的主要脂肪酸组成各不相同。另外，动植物油脂中通常还含有少量游离脂肪酸、高级烃、高级醇、磷脂及色素等物质，导致动植物油脂常带有颜色和气味。因此，动植物油脂必须经物理、化学方法进行精制、提纯后，方可用于化妆品中。

b. 动植物油脂的物理性能　纯净的动植物油脂一般是无色、无臭、无味的中性物质。不溶于水，易溶于石油醚、乙醚、苯等有机溶剂。油脂的熔点、凝固点、相对密度等物理性质对化妆品的质量和稳定性极为重要。

c. 动植物油脂的化学性质　动植物油脂在酸或碱的催化下可以发生水解反应；同时，构成各种油脂的脂肪酸在不同程度上含有不饱和双键，可以发生加成、氧化等反应。

皂化反应　油脂在碱性条件下进行水解而生成皂的反应。

使 1g 油脂完全皂化所需氢氧化钾的质量称为皂化值。皂化值主要具有以下意义。第一，皂化值可以表明油脂的纯度。各种油脂都有一定的皂化值范围，若测出的皂化值在此范围之外，表明该油脂纯度不够。第二，根据皂化值可计算出皂化一定量油脂所需要的氢氧化钾的量。第三，根据皂化值大小，可以推知油脂的近似平均分子量，皂化值与油脂的平均分子量成反比。

加成反应　含不饱和脂肪酸的油脂分子中不饱和键可以与碘、氢、氧等发生加成反应。

与碘加成　油脂中含有的不饱和脂肪酸可以和碘发生加成反应。油脂的碘值是指 100g 油脂所能吸收碘的质量。碘值表明油脂的不饱和程度。碘值越高，表明油脂中不饱和脂肪酸含量高或油脂的不饱和程度高，在空气中易被氧化，即容易酸败。

与氢加成　含不饱和脂肪酸的油脂在金属催化剂的作用下加氢，可制得氢化油。加氢后可提高油脂中饱和脂肪酸的含量，使油脂由原来的液态转变为半固态或固态。氢化作用能使油脂熔点提高、稳定性增强、不易酸败。

氧化反应　油脂的不饱和成分与氧反应生成过氧化物的反应，是油脂酸败变质的主要原因。酸败是指油脂在空气中放置过久或储存于不适宜的条件下，就会变质而产生难闻的气味。油脂酸败过程的实质是由于油脂中游离不饱和脂肪酸的双键部分发生氧化反应生成过氧化物，然后继续氧化或分解，生成具有特殊气味的小分子醛和羧酸。油脂的酸值是指中和 1g 油脂中的游离脂肪酸所需氢氧化钾的质量。酸值代表了油脂中游离脂肪酸含量的高低。酸值越大，说明油脂中游离脂肪酸含量越高，即油脂越容易酸败。

d. 化妆品中常用动植物油脂　动植物油脂在化妆品中均具有较好的润肤作用，其品种繁多，但适合作为化妆品原料的并不多。其中植物油脂主要有橄榄油、椰子油、蓖麻油、杏仁油、茶籽油、棉籽油、花生油、月见草油、玫瑰果油、鳄梨油、乳木果油、澳洲坚果油等。动物油脂主要有蛋黄油和水貂油等。植物油脂在常温下多为油状液体,动物油脂在常温下则多为半固体脂状形态。

② 动植物蜡类原料

动植物蜡类原料是从动植物组织中得到的蜡性物质。动植物蜡的主要化学成分是由高级脂肪酸与高级脂肪醇所形成的酯(其化学通式为 R—COO—R′),碳链长度会因蜡的来源不同而不同,一般为 16～30 个碳原子。另外,还含有一定量的游离脂肪醇、游离脂肪酸和高级烃类等。因此,其熔点比油脂高,通常常温下呈固态。动植物蜡在化妆品中的作用是能够提高膏体稳定性,改善产品使用感,调节黏度并滋润皮肤。另外,动植物蜡能使化妆品在皮肤表面形成憎水性油膜的能力增强,并可提高化妆品的光泽度。

根据来源不同化妆品中常见的蜡类原料可分为动物蜡和植物蜡。动物蜡主要包括羊毛脂、鲸蜡、蜂蜡、卵磷脂等;植物蜡主要包括棕榈蜡、小烛树蜡、霍霍巴蜡等。常见的动植物油脂、蜡类原料举例见图 2.2。

(a) 猪油脂　　　　(b) 橄榄油　　　　(c) 蜂蜡　　　　(d) 棕榈蜡

图 2.2　动植物油脂、蜡类原料

③ 高级脂肪醇与高级脂肪酸

化妆品中用的脂肪醇和脂肪酸多是动植物油脂、蜡类的水解产物,由于来源于脂肪,故被称为脂肪醇和脂肪酸,又因其碳链长、分子量大,被称为高级脂肪醇和高级脂肪酸。从动植物油脂中,一般可获得碳数为 12～18 的饱和或不饱和的脂肪醇和脂肪酸。一般根据原料的来源命名,如鲸蜡醇、椰子油脂肪酸等。但是,仅靠水解动植物油脂、蜡类远远不能满足化妆品行业的需求,因此,目前多数的脂肪醇和脂肪酸是通过合成得到的。

① 高级脂肪醇　脂肪醇的化学通式为 R—OH,其中 R—代表饱和或不饱和的烃基。5个碳原子以下的为低级醇,12 个碳原子以上的为高级醇。低级醇通常用作溶剂,而 12～18个碳原子的高级脂肪醇一般作为油性原料使用。

化妆品中常用的高级脂肪醇主要有:鲸蜡醇、月桂醇、辛基十二烷醇、硬脂醇、异硬脂醇等。

② 高级脂肪酸　脂肪酸的化学通式为 R—COOH,其中 R—为烃基,—COOH 为羧基。高级脂肪酸碳链中碳数一般为 12～30,且都为偶数。在化妆品中应用最广的是碳数为 12～18 的脂肪酸。另外,市场销售的脂肪酸产品多为混合物,其性质与单纯的脂肪酸会略有差异。

化妆品中常用的高级脂肪酸主要有：月桂酸、硬脂酸、异硬脂酸、肉豆蔻酸、棕榈酸、油酸、亚油酸等。

2）矿物油性原料

矿物油性原料主要是石油、煤的加工产物经进一步精制而得到的油性物质。矿物油性原料来源丰富，是化妆品中价廉物美的原料。尽管该类原料有些方面不如动植物油性原料，但至今仍是化妆品工业中不可缺少的原料。

① 矿物油性原料的化学组成及主要作用　矿物油性原料是只含有碳、氢两种元素的高级烃类，包括烷烃和烯烃两大类，以直链饱和烃为主要成分。虽然矿物油性原料的主要化学组成与动植物油性原料不同，但它们的物理性质却有很多相似之处，因此在化妆品原料选择上，常将两类物质配合使用，以求达到更佳的效果。矿物油性原料在化妆品中既可作为清洁皮肤的溶剂，又可提高产品的稳定性，还能在皮肤表面形成憎水油膜，抑制皮肤表面水分蒸发，从而增强化妆品的润肤作用。

② 化妆品中常用的矿物油性原料　化妆品中常用的矿物油原料主要包括：凡士林、固体石蜡、液体石蜡、微晶蜡和地蜡等。

（2）合成油性原料

化妆品中所有用到的油性原料除天然油性原料部分外，还有一个重要的组成部分就是合成油性原料。合成油性原料可以分为两类：一类是天然油性原料的衍生物，是天然油性原料经化学反应、分离、提纯、精制等一系列处理后得到的产物；另一类则是模拟天然油性原料的结构，以化工原料合成得到。合成油性原料可以更好地发挥天然油性原料的优势，有针对性地舍弃其不足或缺点，如颜色、气味等。另外，也可以以此制备满足化妆品的性能和作用需求的新型油性原料，使其在纯度、化学性质、物理性质、滋润性、抗微生物能力、皮肤吸收性能、安全性等方面都更具优势。

化妆品中常用的合成油性原料主要包括聚硅氧烷、角鲨烷、合成烃、羊毛脂衍生物、脂肪酸酯等。其中，羊毛脂衍生物主要有羊毛脂醇、羊毛脂酸、聚氧乙烯羊毛脂、聚氧乙烯氢化羊毛脂、乙酰化羊毛脂。根据酯基的个数脂肪酸酯又分为：脂肪酸单酯、脂肪酸双酯和脂肪酸三酯等。

（3）油性原料的安全风险

安全性是化妆品的首要特性，油性原料作为化妆品的基质原料，其质量的优劣以及选用是否合理，直接影响产品的安全性。理想的油性原料应该是无臭、无色的液体或白色固体，并且不易氧化。

① 动植油性原料的安全风险　动植物油性原料中多含有大量的不饱和脂肪酸，不饱和键的存在使其容易被氧化而发生酸败变质现象。

② 矿物油性原料的安全风险　矿物油性原料的主要成分以饱和正构烷烃为主，不易被皮肤吸收，不易清洗。长期使用矿物油会导致毛孔粗大、皮脂腺功能紊乱，阻止营养物质的吸收；还会吸附空气中的灰尘，造成毛囊口和汗腺口的堵塞，容易繁殖细菌，引起毛囊炎、痤疮等。

③ 合成油性原料的安全风险　合成油性原料综合了动植物油性原料和矿物油原料的优点。但在存储过程中可能会受到温度、湿度、微生物、空气及阳光等的影响而变质，对皮肤

产生刺激性和致敏性。

2.2.2　粉质原料

粉质原料是化妆品中的重要原料，主要用于爽身粉、香粉、粉饼等粉类化妆品中，用量可达配方组分总量的 30%～80%，主要起遮盖、附着、滑爽、吸收和延展等作用。化妆品用粉质原料一般均来自天然矿产粉末，其质量需满足以下要求：①水分含量在 2% 以下，细度达 300 目以上；②重金属含量在质量标准规定范围内；③具有良好的遮盖性、延展性、附着性及吸收性。

(1) 化妆品常用的粉质原料

① 滑石粉　又称画石粉、水合硅酸镁超细粉 [图 2.3(a)]，是白色或类白色、无臭、无味、无砂性的粉末。手摸有滑腻感，不溶于水。滑石粉化学性质不活泼，其延展性在粉质原料中最佳，但其吸油性和附着性稍差。滑石粉是粉类化妆品不可缺少的原料，主要用于痱子粉、胭脂、香粉、爽身粉等化妆品中。

② 二氧化钛　又称钛白粉，是无臭、无味的白色无定形粉末。不溶于水，化学性质稳定。二氧化钛是重要的白色颜料，为颜料中颜色最白的物质。其遮盖力及着色力为粉质原料中最强者。二氧化钛的附着性及吸油性很好，但延展性差，不易与其他原料混合均匀，所以常与锌白粉混合使用。二氧化钛可作为香粉、粉饼及粉底类等化妆品的遮盖剂，也常作为紫外线屏蔽剂用于防晒化妆品。

③ 氧化锌　又称锌白粉，是无臭、无味的白色晶体或粉末。不溶于水和乙醇。氧化锌具有较强的遮盖力和附着力，且对皮肤具有收敛性和杀菌性，主要用于香粉中，也可用于粉底液、粉底霜等化妆品中。

④ 硬脂酸锌　又称脂蜡酸锌、十八酸锌，是稍带刺激性气味的白色轻质粉末。溶于热乙醇、苯等有机溶剂，不溶于水、乙醇、乙醚。硬脂酸锌对皮肤有良好的黏附性和润滑性，主要用作黏附剂，常用于胭脂、香粉等化妆品中。

⑤ 硬脂酸镁　又称十八酸镁，是无臭、无味的白色微细轻质滑腻粉末，易附着于皮肤。硬脂酸镁性质稳定，其性能特点与应用与硬脂酸锌大致相同。

⑥ 高岭土　一种以高岭石为主要成分的黏土 [图 2.3(b)]，有滑腻感、泥土味。易分散悬浮于水中，具有良好的可塑性和较高的黏结性。高岭土具有质软、白度高等特点，对皮肤有黏附作用，与滑石粉配合使用，可消除滑石粉的闪光性，主要用于粉饼、香粉、胭脂、

(a) 滑石粉　　　　　　　　　　　　(b) 高岭土

图 2.3　化妆品粉质原料

面膜等化妆品中。

⑦ 膨润土 以蒙脱石为主要成分的可塑性很高的黏土，是无臭、微带泥土气味的近白色或浅黄色粉末。不溶于水，但与水的亲和力较强，遇水可膨胀到原体积的 8～14 倍。主要用作填充剂、黏合剂、增稠剂、悬浮剂，可用于含粉剂的乳液、膏霜和面膜等化妆品。

⑧ 碳酸钙 分天然和人工两类，不溶于水，能被稀酸分解产生 CO_2。天然碳酸钙又称重质碳酸钙，因粉末颗粒较粗、色泽较差，在化妆品中很少使用。人工碳酸钙又称轻质碳酸钙，粉末质地细腻，在化妆品中较多使用。碳酸钙对汗液、油脂等皮肤分泌物具有吸着性，且具有遮盖作用，还能除去滑石粉的闪光现象。多用于香粉、粉饼等粉类制品，也可作为香精的混合剂。

⑨ 碳酸镁 无臭、无味的白色轻质粉末。不溶于水和乙醇，遇酸会分解放出 CO_2，具有很强的吸附性（其吸附性是碳酸钙的 3～4 倍），主要用于香粉、粉饼等化妆品中。

（2）粉质原料的安全风险

粉质原料一般都来自天然矿物，长期使用可能会堵塞毛孔，造成皮肤粗糙等问题。另外，此类原料可能会携带铅、砷等重金属，氧化锌中还可能会带有金属镉，滑石粉中可能会有石棉的存在。因此，使用粉质原料时，对其安全性有较高要求，应严把原料质量关，其质量必须符合《化妆品安全技术规范（2022 年版）》的规定。

2.2.3 溶剂类原料

溶剂类原料是绝大多数化妆品中不可或缺的主要组成部分，主要起溶解作用。一些固态化妆品中虽不包括溶剂，但在生产过程中，也常需要使用一些溶剂，如产品中的香料、颜料就需借助溶剂进行均匀分散。

（1）水

水是化妆品的重要原料，是一种优良的溶剂。水的质量对化妆品的质量有重要影响，所以化妆品用水必须经过严格处理，要求水质纯净、无色、无味且不含钙、镁等金属离子。蒸馏水或去离子水均可选用。

（2）酯类

在化妆品中可作为溶剂的酯类原料主要包括以下几种。

① 乙酸乙酯 无色、具有芳香气味的易燃性澄清液体。乙酸乙酯主要作为溶剂用于指甲油中，用以溶解硝化纤维素等皮膜形成剂，也是指甲油去除剂的原料，用以溶解和去除指甲油的皮膜。另外，因其具有令人愉快的芳香气味，也被用于制备合成香料。

② 乙酸丁酯 无色的易燃性透明液体。有甜的果香气味，稀释后会散发出令人愉快的香蕉、菠萝似的香味。溶于乙醚、丙酮、乙醇，微溶于水，在弱酸性介质中较稳定。乙酸丁酯主要作为溶剂用于指甲油中。

③ 乙酸戊酯 无色、具有水果香味的易燃性透明液体。能与乙醇、乙醚互溶，微溶于水。乙酸戊酯常用作溶剂、稀释剂，可用于指甲油等化妆品及香精的制备。

（3）低碳醇

低碳醇作为溶剂在化妆品中的使用很广泛，是多数产品中不可缺少的原料。主要包括以下 3 种：

① 乙醇　常温、常压下是一种易燃、易挥发的无色透明液体，其水溶液具有特殊的、令人愉快的香味，并略带刺激性。乙醇用途很广，在化妆品中主要用作溶剂，是制造香水、花露水等化妆品的主要原料。

② 正丁醇　无色液体，能与乙醇、乙醚及其他多种有机溶剂混溶。正丁醇是制造指甲油等化妆品的溶剂原料。

③ 丙二醇　无色、几乎无臭、味微苦的易燃性透明黏稠液体，可与水、乙醇和大多数有机溶剂混溶。丙二醇在化妆品中被广泛用作保湿剂和溶剂，是染料和精油的良好溶剂，在染发类化妆品中用作匀染剂。

2.2.4　表面活性剂

表面活性剂是化妆品原料中极为重要的一个部分，在化妆品中用途十分广泛，具有去污、分散、乳化、润湿、发泡和增稠等多种功能。大多数的化妆品是应用表面活性剂的某些功能而制得的具有不同性能的产品。

（1）表面活性剂的结构特点

在油水体系中，两者不能互溶，只能以油水分层的稳定形式存在，这是由于两相的界面张力使其无法形成均匀而相对稳定的分散体系。如果加入一定的表面活性剂，经过搅拌后，就能得到比较稳定的油水分散体系，这是由于表面活性剂显著降低了油水两相的界面张力。为什么表面活性剂能降低油水两相的界面张力呢？这主要是表面活性剂的结构特点所决定的。

表面活性剂分子由亲水基和亲油基两个部分组成，通常，又称其为两亲性分子，即既可以亲油又可以亲水。其亲水基是极性基团，如—COOH、—COONa、—OH 等；亲油基是非极性基团，主要是长链烃基。表面活性剂分子总是尽量选择停留在油水界面上，达到亲水部分在水中、亲油部分在油中的效果，从而在油水界面形成定向有序的排列，使两相界面性质发生改变，降低油水之间的界面张力。

（2）表面活性剂的分类

表面活性剂分子具有两亲性结构，其亲油基团一般是由碳、氢元素组成的烃基，相对比较简单。而亲水基团种类则较多，多为含有氧元素或氮元素的基团。其中亲水基在种类和结构上的不同要比亲油基的不同对表面活性剂的影响大得多。因此，表面活性剂的分类也多以其亲水基的结构特点为依据。

根据表面活性剂亲水基团的不同，通常可分为离子型表面活性剂和非离子型表面活性剂两大类。非离子型表面活性剂溶于水时不发生电离，呈电中性，而离子型表面活性剂在水中可以电离。根据其亲水基所带电荷的不同又可分为阴离子型表面活性剂、阳离子型表面活性剂和两性离子型表面活性剂三类。其中亲水基带有正电荷的为阳离子型表面活性剂，亲水基带有负电荷的为阴离子型表面活性剂，同时具有负电荷和正电荷亲水基的为两性离子型表面活性剂。在化妆品中应用最多的是非离子型和阴离子型表面活性剂。阳离子型表面活性剂应用较少，而且不宜与阴离子型表面活性剂共用，否则它们阴阳离子就会相互结合而形成不溶性高分子物质，从而失去表面活性剂的功效，使用时应特别加以注意。两性离子型表面活性剂由于同时具有阴离子型、阳离子型和非离子型表面活性剂的特点，和其他类型的表面活性剂均有较好的相容性，在化妆品中也能较好地应用。

（3）表面活性剂在化妆品中的主要作用

表面活性剂的应用促进了化妆品行业的发展，其性能的多样性促使了化妆品品种的多样化。表面活性剂在化妆品中的作用主要有：增溶、洗涤去污、发泡、润湿、分散、乳化、杀菌、柔软等，可分别用作增溶剂、洗涤剂、发泡剂、润湿剂、分散剂、乳化剂等。

① 增溶作用　表面活性剂能使不溶或微溶于水的有机化合物的溶解度显著增加，且得到的溶液呈透明状，这种作用称为增溶作用。能发挥增溶作用的表面活性剂则被称为增溶剂，被增溶的有机物称为被增溶物。

② 洗涤去污作用　表面活性剂具有清除人体表面油脂和污垢的能力，这种能力称为洗涤去污作用。具有洗涤去污作用的表面活性剂称为洗涤剂。

③ 润湿作用　润湿是指固体表面的气体被另一种液体所代替的过程，通常另一种液体是水。能增强这一取代能力的物质称为润湿剂，这样的作用称为润湿作用。几乎所有的表面活性剂都有一定的改善润湿效果的能力。水溶液类型的化妆品不易润湿皮肤，因此不易在皮肤上铺展开。而利用表面活性剂的润湿作用，水溶液类型的化妆品就比较容易在皮肤表面铺展开，化妆品中包含的营养成分等才能与皮肤充分接触并渗入其中，从而发挥功效。

④ 分散作用　固体粉末加入溶液中往往会聚集下沉或上浮，而加入某些表面活性剂后能降低固体颗粒之间的聚集，使颗粒能够稳定地悬浮在溶液中，这种使悬浮溶液得以稳定存在的作用称为分散作用，具有这种能力的表面活性物质称为分散剂。

⑤ 乳化作用　表面活性剂在化妆品工业中应用最广的就是乳化作用。化妆品中的膏霜、乳液等都是油水混合体系，油与水彼此难以混溶，要使油在水中分散或水在油中分散，并形成稳定的分散体系，只有通过添加表面活性剂降低界面张力才可以实现。这种具有促进油水分散并使分散体系相对稳定的表面活性物质称为乳化剂，乳化剂所起的作用叫乳化作用，而得到的这种油水分散体系则称为乳剂。

（4）化妆品中常用的表面活性剂

化妆品中常用的表面活性剂有阴离子型表面活性剂、两性离子型表面活性剂、非离子型表面活性剂，有些产品中也会用到阳离子型表面活性剂。

① 阴离子型表面活性剂　根据亲水基的不同，阴离子型表面活性剂又可分为高级脂肪酸盐、磺酸盐、硫酸酯盐、磷酸酯盐、N-酰基氨基酸及其盐等不同的类型，其对应的亲水基分别为羧基、磺酸基、硫酸基、磷酸基、氨基与羧基等。在化妆品配方中，阴离子型表面活性剂多作为洗涤剂、发泡剂，也可作为乳化剂使用。

② 两性离子型表面活性剂　两性离子型表面活性剂既有带正电荷的亲水基又有带负电荷的亲水基，其带正电荷的基团常为含氮基团，带负电荷的基团常是羧基或磺酸基。两性离子型表面活性剂可分为氨基酸型、甜菜碱型、咪唑啉型、氧化胺型等类型。化妆品中常见的为氨基酸型、甜菜碱型和氧化胺型。

③ 非离子型表面活性剂　非离子型表面活性剂的特点是溶于水时不发生解离，该类型表面活性剂的亲水基团由一定数量的含氧基团构成，如聚氧乙烯链、羟基、聚氧丙烯链等。由于其在水中不以离子状态存在，因而不易受到酸、碱和电解质的影响，稳定性能好，并与

其他类型表面活性剂的相容性好，具有较好的乳化、发泡、洗涤、增溶、抗静电和杀菌等作用，被广泛应用于各类化妆品中。按照亲水基的不同，非离子型表面活性剂又可分为聚乙二醇类、甘油酯类、失水山梨醇酯类、糖类衍生物、烷基醇酰胺类、有机硅类等类型。

④ 阳离子型表面活性剂　阳离子型表面活性剂的去污力和发泡力都比阴离子型表面活性剂要差，但其易于在头发表面形成保护膜，能赋予头发柔软、光泽、抗静电等特性，同时还具有非常好的杀菌效果。因此，阳离子型表面活性剂主要用作头发的调理剂和杀菌剂。阳离子型表面活性剂主要包括季铵盐型和铵盐型两类，其中季铵盐型阳离子表面活性剂在化妆品中应用较为广泛。

（5）表面活性剂的安全风险

表面活性剂具有一定的安全风险，长期或高浓度使用，可出现皮肤或黏膜损伤使皮肤变得粗糙，不仅会损伤皮脂膜和表皮层，甚至基底细胞也可能会受到损伤。其危害程度按种类从大到小依次为：阳离子型表面活性剂＞阴离子型表面活性剂＞非离子型和两性离子型表面活性剂。离子型表面活性剂对皮肤具有较明显的脱脂作用。现代化妆品工业对表面活性剂的使用原则是在满足产品的长远安全性，保持皮肤及毛发完好、健康，对人体产生尽可能小的毒副作用的前提下，再去考虑发挥其相应的最佳效果。

2.3　辅助原料

辅助原料是化妆品配方中用量较少，但又必不可少的一类原料，对于化妆品的稳定性、功能性、颜色、成型、气味等发挥着重要的作用。主要包括增稠剂、防腐剂、抗氧剂、香精香料、色素等。

2.3.1　增稠剂

增稠剂是一类能够增强化妆品体系黏稠度的物质。从官能团来看主要有醇类、羧酸类、酰胺类、电解质类、酯类等；从分子量区分，有低分子增稠剂和高分子增稠剂。

（1）低分子增稠剂

① 无机盐类　以无机盐作为增稠剂的体系一般是表面活性剂水溶液体系，如部分洗发香波、沐浴液及洗面奶配方中就是用无机盐作为增稠剂的。常用的无机盐增稠剂有氯化钠、氯化钾、氯化铵、磷酸钠、磷酸三钠、磷酸氢二钠等。

② 高级脂肪醇和高级脂肪酸类　常用来作为增稠剂的有月桂醇、癸醇、辛醇、肉豆蔻醇、硬脂醇、月桂酸、硬脂酸、鲸蜡醇、$C_{18} \sim C_{36}$ 酸、肉豆蔻酸、亚油酸等。

③ 烷基醇酰胺类　能与电解质相容，共同起到增稠作用并且达到最佳效果。常用的烷基醇酰胺类增稠剂有椰油酸单乙醇酰胺、椰油酸二乙醇酰胺、椰油酸单异丙醇酰胺等，其中最常用的是椰油酸二乙醇酰胺。

④ 醚类　常见的醚类增稠剂有月桂醇聚氧乙烯（3）醚、月桂醇聚氧乙烯（10）醚、鲸蜡醇聚氧乙烯（3）醚、异鲸蜡醇聚氧乙烯（10）醚等。

⑤ 酯类　酯类是最普遍使用的增稠剂，主要用于表面活性剂水溶液的体系，在较宽的 pH 值和温度范围内黏度稳定。最常用的是 PEG-150 二硬脂酸酯。

（2）水溶性高分子化合物

水溶性高分子化合物是一类亲水性的高分子材料，也被称为胶黏剂。这类物质在水中能溶解或溶胀而生成具有黏性的溶液或凝胶状的分散液。水溶性高分子化合物的亲水性来自结构中的羟基、酰胺基、羧基、氨基、醚基等亲水性基团。这些基团不仅能使高分子化合物具有亲水性，而且能赋予其增稠、分散、润滑等特性和功能，水溶性高分子化合物在化妆品中主要有以下几方面作用：①增稠、增黏和凝胶化作用；②稳泡作用；③成膜作用；④胶体保护作用；⑤润滑和保湿作用；⑥营养作用。通常不是只起到单独某一种作用，而往往是几种作用同时发生，产生复合效果。用于化妆品的水溶性高分子化合物应具备的条件包括：①无臭、无味、质量稳定；②无毒、安全；③溶解性和匹配性好。

水溶性高分子化合物按其来源可分为天然水溶性高分子化合物、半合成水溶性高分子化合物和合成水溶性高分子化合物三大类。

天然水溶性高分子化合物主要来源于植物、动物及矿物，其中植物性高分子化合物种类较多。化妆品中常用的天然水溶性高分子化合物主要有明胶、淀粉、黄原胶、阿拉伯胶、果胶、海藻酸钠、硅酸铝镁等。

半合成水溶性高分子化合物是由天然物质经化学改性制得的，同时具有天然水溶性高分子化合物和合成水溶性高分子化合物的优点，改性纤维素和改性淀粉是其中最为重要的两大类，常见的有甲基纤维素、乙基纤维素、羟乙基纤维素及各类改性淀粉等。

合成水溶性高分子化合物是由单体成分通过化学方法聚合制得的。与天然水溶性高分子化合物相比，这类化合物具有高效和多功能的特性，应用更为广泛。常见的有聚乙烯醇、聚乙烯吡咯烷酮、聚乙二醇、聚丙烯酸类聚合物等。

化妆品增稠剂如图 2.4 所示。

 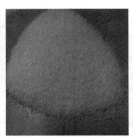  

(a) 氯化钠　　　　　　(b) 硬脂酸　　　　　　(c) 明胶　　　　　　(d) 海藻酸钠

图 2.4　化妆品增稠剂

2.3.2　防腐剂

防腐剂是指能够防止和抑制化妆品中微生物生长和繁殖的物质。

（1）化妆品用防腐剂的要求

理想的化妆品防腐剂应具有以下特性：①广谱的抗菌性；②对光和热的稳定性；③对产品的颜色、气味无显著影响；④有合适的油/水分配系数；⑤不应有毒性、致敏性、刺激性；

⑥与配方中其他组分相容性好；⑦对产品的 pH 值不产生明显影响；⑧价格合适，易于采购。

尽管防腐剂种类很多，但能满足上述要求的并不多，因此在选用化妆品中使用的防腐剂时应严格筛选。世界各国准许的化妆品用防腐剂超过 200 种，我国《化妆品安全技术规范（2022 年版）》中列出了 48 种化妆品准用防腐剂，详细介绍了每种防腐剂的中英文名称、INCI 名称、化妆品使用时的最优允许浓度、使用范围和限制条件等，可参照使用。

（2）防腐剂的安全风险

防腐剂是引起化妆品中毒和过敏的主要原因之一，对人体没有毒害作用是防腐剂使用的最重要的先决条件。化妆品中所使用的防腐剂应为《化妆品安全技术规范（2022 年版）》中的准用防腐剂，并需严格遵循其对于用量、使用范围和限制条件所作的规定，以确保防腐剂的使用安全。

2.3.3　抗氧剂

抗氧剂是指能够防止和减缓油脂等化妆品组分氧化酸败的物质。在化妆品中添加防腐剂与抗氧剂能够起到保证化妆品在保质期内的安全性和有效性的作用。

（1）抗氧剂的分类

按照化学结构的不同，抗氧剂可分为以下五类。

① 酚类　丁基羟基茴香醚、2,5-二叔丁基对苯二酚、2,6-二叔丁基对甲酚、没食子酸及其丙酯、维生素 E、丁基羟基甲苯、去甲二氢愈创木酸等。

② 氢醌类　主要是叔丁基氢醌。

③ 胺类　包括乙醇胺、嘌呤、酪蛋白、卵磷脂、异羟肟酸等。

④ 无机酸及其盐类　磷酸及其盐类，亚磷酸及其盐类。

⑤ 其他　草酸、柠檬酸、酒石酸、丙酸、醇及酯等。

上述五类化合物中，前三类起主抗氧剂的作用，后两类则起到辅助抗氧剂的作用，单独使用抗氧化效果不明显，但与前三类配合使用，可提高抗氧化效果。

（2）化妆品中常用抗氧剂

① 丁基羟基茴香醚　白色蜡状固体，略有酚的特殊气味。不溶于水，易溶于油。在有效浓度内无毒，允许用在食品中，是食品工业和化妆品工业中通用的抗氧剂。最大允许限量为 0.15%，建议用量为 0.005%～0.01%。

② 丁基羟基甲苯　白色或淡黄色晶体。易溶于油脂，不溶于水及碱溶液。与柠檬酸和维生素 C（抗坏血酸）等配伍使用，能提高抗氧性，最大允许限量为 0.15%。

③ 没食子酸丙酯　白色至淡黄褐色结晶性粉末，无臭、略有苦味。易溶于热水、乙醇、植物油和动物油脂，耐热性好。最大允许添加量为 0.15%，建议用量为 0.005%～0.01%。与柠檬酸复配或单独使用均有较好的抗氧化性。

④ 2,5-二叔丁基对苯二酚　白色或淡黄色粉末，不溶于水及碱溶液，在植物油脂中有较好的抗氧化性。

⑤ 维生素 E　又称生育酚，淡黄色至黄褐色黏稠液体，略有气味。不溶于水，溶于乙醇和植物油。对光和热稳定。其主要用作高级化妆品的抗氧剂，一般用量为 0.01%～0.1%。

⑥ 小麦胚芽油　微浅黄色透明油状液体，稍有特殊气味。小麦胚芽油是优良的天然抗氧剂，其中生育酚的含量非常高，且含有少量其他天然抗氧剂，如阿魏酸。

⑦ 叔丁基氢醌　白色至淡棕色结晶，略有气味。它是一种较新的抗氧剂，用量为0.01%～0.02%。

⑧ 硫代琥珀酸单十八酯和羧甲基硫代琥珀酸单十八酯　有效浓度仅为0.005%，遇热易分解，是近年来新研制的两种抗氧剂。

（3）金属离子螯合剂

金属离子对化妆品中油脂类成分的氧化反应有催化作用，而金属离子螯合剂能够与金属离子结合生成稳定的络合物，从而避免其对油脂氧化的催化作用，进而减少油脂的氧化。化妆品中常用的金属离子螯合剂为乙二胺四乙酸和乙二胺四乙酸二钠。另外，柠檬酸、琥珀酸、聚磷酸、酒石酸等及其盐类也可作为金属离子螯合剂。

2.3.4　香精香料

化妆品的香气主要是通过添加一定量的香精所赋予的，而香精则是由多种香料经调配混合而成的。在各类化妆品中，香精的用量虽然很少，但却是关键性原料之一。如果香精选用适宜，不仅能够掩盖产品的某些不良气味，而且还会受到消费者的喜爱；但若香精选用不当，则会导致产品质量不稳定，出现变色、刺激皮肤等问题，进而影响消费者对产品的欢迎程度。

（1）香料的含义

香料是指在常温下能够散发出香气的物质。它可能是一种单一的化合物，也可能是混合物。香料通常表现为淡黄色、棕色或淡绿色的油性液体，树脂类香料则为黏性液体或结晶体。其相对密度大多小于1，不溶于水，但可溶于乙醇等有机溶剂，也可溶于各种油脂，另外，有些香料本身也是溶剂。香料所具有的香气与香料物质的化学结构有密切关系。其分子量一般在26～300之间，分子中常含有羟基、氨基、巯基、醛基、羧基、酯基、氰基、硫氰基等基团，这些基团在香料化学中常称为发香基团。含有发香基团的物质能够对嗅觉产生不同的刺激，使人们感觉到有不同香气的存在。

（2）香料的分类

依据来源，香料大致可分为天然香料和合成香料两类。

① 天然香料　天然香料是指来自于动植物某些生理器官或分泌物，经加工处理而得到的含有发香成分的物质。天然香料又可分为动物香料和植物香料。

a. 动物香料主要有麝香［图2.5(a)］、龙涎香、海狸香、灵猫香四种。因其来源较少，价格昂贵，是配制高级香精不可缺少的定香剂，在香料中占有重要地位。

b. 植物香料是从植物的花、果实、叶、皮、枝、根茎或树脂中提取出来的有机混合物。大多数外观呈油状或膏状，是植物芳香的精华部分，所以植物香料也被称为精油，比如玫瑰精油［图2.5(b)］。

② 合成香料　合成香料是通过有机合成的方法而制得的香料，其优点明显，主要表现为：化学结构明确、产量大、品种多、纯度高、价格低。合成香料不仅弥补了天然香料的不足，而且扩大了香料的来源，同时也增加了天然香料尚没有的新品种。

(a) 麝香　　　　　　　　　　　(b) 玫瑰精油

图 2.5　天然香料

（3）香精、调香、赋香率的含义

调香是指将多种香料按一定的配比和加入顺序调和成具有某种香气或香型并具有一定用途的调和香料的过程，得到的调和香料称为香精。因香精含有挥发性不同的香气组分，构成了其香型和香韵等的差别。而添加到化妆品中香精用量的百分数则称为该化妆品的赋香率。如香水的赋香率为 $15\%\sim25\%$，膏霜、乳液类化妆品的赋香率为 $0.1\%\sim0.8\%$，洗发水的赋香率为 $0.2\%\sim0.5\%$，化妆水的为 $0.05\%\sim0.5\%$，唇膏的为 $1\%\sim3\%$ 等。

2.3.5　色素

色素，又称着色剂，是指具有浓烈色泽，与其他物质相接触时，能使其他物质着色的一类物质。色素在化妆品中的用量很少，但它能赋予化妆品十分悦目的颜色，因此也是化妆品中不可缺少的一类重要辅助原料。

化妆品中常用的色素可分为无机色素（无机颜料）、有机合成色素、动植物天然色素、以及珠光颜料。无机色素也称为矿物性色素，是以天然矿物为原料而制得的，用于化妆品的主要有：白色颜料（如氧化锌、钛白粉、滑石粉、高岭土、碳酸钙、碳酸镁等）和有色颜料（如氧化铁、炭黑、氧化铬绿、群青等）。有机合成色素也称合成色素，是以通过石油化工、煤化工得到的苯、甲苯、二甲苯、奈等芳香烃为基本原料，经一系列有机合成反应而制得的。动植物天然色素由于其资源有限，价格昂贵等原因，多被合成素所取代。但随着生活水平的提升，消费者越来越青睐安全、天然、无污染的原料，因此天然色素的应用和开发近年来受到了重视。此外，天然鱼鳞片、氯氧化铋、二氧化钛等珠光颜料也被广泛应用于化妆品中。

我国《化妆品安全技术规范（2022 年版）》中列出了 156 种化妆品中准用着色剂，介绍了每种着色剂的索引号（Color Index）、索引通用名（C.I. generic name）、颜色、索引通用中文名、使用范围、其他限制要求等。

2.4　功能性原料

化妆品中的功能性原料是指能够赋予化妆品特殊功效的一类物质。这些原料的添加，赋予了化妆品美白、防晒、嫩肤、祛痘、抗皱、延缓衰老等特殊功效。主要包括天然功效性成分、生物制品性成分、中草药提取物等。

2.4.1 天然功效性成分

天然功效性成分作为化妆品功能性原料具有许多优点：①安全性高，副作用小；②提高了有效活性物的浓度，针对性强，效果明显；③精制过程中除去了与其共存的糖分、油脂等营养成分，有利于防腐；④精制过程中除去了色素及不良气味；⑤提供了可供检测的功能性成分的含量和检测指标，与国际化妆品的要求接轨。此处所提到的天然功效性成分也可称为活性成分或活性单体，是一相对纯化和富集的产品，这是与传统的中药类原料最重要的区别。天然功效性成分的作用与其结构密切相关，以下根据化学结构的不同对一些代表性天然功效性成分进行简要的介绍。

(1) 蛋白质

蛋白质是一类生物大分子，由氨基酸通过肽键连接组成，是生物体最重要的组成物质，从覆盖人体的皮肤到毛发无一例外都是由蛋白质组成的。蛋白质分子量可多达十几万以上，是生物体中很复杂的一类物质。许多蛋白质能赋予化妆品特殊的功能，在化妆品中常用的蛋白质包括：蚕丝蛋白、小麦蛋白、黏蛋白等。

(2) 黄酮类化合物

黄酮类化合物广泛存在于植物界，该类化合物作为化妆品功能性原料具有以下特性。①吸收紫外线能力强，对 220～400nm 范围内的紫外线有强烈吸收作用，且在紫外光和可见光区域内非常稳定，用量为常用防晒剂的 1% 时即可达到明显的防晒效果。②可俘获各种不同种类的含氧自由基，不同类型的黄酮类化合物可俘获的含氧自由基的类型不相同，可根据需要清除的自由基的类型选择不同的黄酮类化合物。③能螯合金属离子，许多黄酮类化合物可通过螯合溶液中的金属离子而具抗氧化性，适用于防止脂类、不饱和酸等物质的氧化。常用于化妆品中的黄酮类物质主要包括：大豆黄素、木犀草素、芹黄素、黄芩素、甘草类黄酮等。

(3) 糖

糖又称为碳水化合物，是生命体内不可缺少的一类物质。自然界中存在的糖的种类很多，通常可按聚合度分为单糖、寡糖和多糖。糖不仅是营养物质，而且还具有许多特殊作用。由于糖类活性成分来源广泛，并具有消费者认同的安全性和低刺激性，已经成为重要的化妆品原料。常用的包括：麦芽糖醇、菊糖、硫酸软骨素等。

(4) 有机酸

有机酸及其衍生物种类繁多，广泛分布于生物体内。绝大多数简单有机酸并无明显的生物活性，然而，一些结构特殊的有机酸具有一定的医疗和美容价值。化妆品中常用来作为功能性原料的有机酸主要是阿魏酸和迷迭香酸。其中阿魏酸可用于防晒化妆品及美白祛斑化妆品中，而迷迭香酸主要用作护肤用品和护发用品中的调理剂，另外，用于洁齿类用品中可防止牙菌斑的形成和积累。

(5) 萜

萜类成分种类多、分布广，主要包括单萜类化合物、倍半萜类化合物、二萜类化合物、三萜类化合物及多萜类化合物。常作为功能性原料应用于化妆品中的有：雪松醇、胡萝卜素、虾青素、番茄红素等。

（6）皂苷

皂苷是广泛存在于植物界的一类特殊苷类，人参、知母、远志、柴胡、桔梗等中药的主要有效成分都是皂苷。化妆品中常用的皂苷类功能性原料有柴胡皂苷、积雪草苷、丝瓜皂苷、赤小豆皂苷等。

（7）生物碱

生物碱的种类繁多，结构复杂。植物体中的生物碱大多与有机酸结合成盐，个别生物碱与无机酸结合成盐，少数碱性很弱而以游离状态存在或与糖结合成苷。化妆品中常用来作为功能性原料使用的有：鸟苷、尿酸和三磷酸腺苷。

2.4.2　生物制品性成分

常用作化妆品功能性原料的生物制品性成分包括超氧化物歧化酶、胶原蛋白、金属硫蛋白、核酸、碱性成纤维细胞生长因子等。

（1）超氧化物歧化酶（superoxide dismutase，SOD）

SOD 是一种广泛存在于需氧生物体内的金属酶，尤其是在人和动物的血液细胞和组织、器官中含量很高。SOD 是一种抗氧化酶，能特异性地清除体内生成的过多的超氧自由基，调节体内的氧化代谢和延缓衰老功能。SOD 作为化妆品功能性原料，具有许多功效作用，主要表现为：①延缓皮肤衰老；②减轻色斑；③抑制粉刺；④吸收紫外线，防晒。

（2）胶原蛋白（collagen）

胶原蛋白也称胶原，是构成动物软骨、骨骼、皮肤、血管等结缔组织的白色纤维状蛋白质，在皮肤的真皮组织中占 90% 之多。动物组织中的胶原蛋白不溶于水，但有很强的水解能力。作为化妆品功能性原料使用的是胶原蛋白的水解产物，且要求其平均分子量应在 1000～5000 之间。胶原蛋白安全性极高，其水解产物作为化妆品的功能性原料主要具有保湿、亲和性、祛色斑、与表面活性剂配伍性好等优点。

（3）金属硫蛋白（metallothionein，MT）

MT 是从动物体中提取出的性能独特的低分子量蛋白质，因含有 35% 的含硫半胱氨残基，且能结合金属离子而被称为金属硫蛋白。目前国内化妆品企业使用的 MT 产品，是以锌盐为诱导剂从家兔肝脏中提取得到的。MT 具有十分特殊的分子结构，分子量小，易被人体皮肤所吸收，而且具有很好的稳定性和水溶性，在室温下能长期保存。MT 作为化妆品功能性原料主要具有延缓衰老、抗辐射、能结合金属离子、抗炎症以及预防和减轻色素沉着等功效。

（4）核酸（nucleic acid）

核酸是一类重要的生物高分子化合物，是生命最基本的物质之一，是细胞合成、分裂、繁殖的生命基础。根据核酸分子中含有戊糖种类的不同，可分为核糖核酸（RNA）和脱氧核糖核酸（DNA）两大类。在表皮细胞中，核酸含量随着皮肤老化而剧减，完全角质化后含量为零，因此核酸与皮肤老化和代谢有着密不可分的关系。核酸原料在化妆品中主要具有活化细胞、保湿、防晒和营养治疗等作用。而且核酸与其他活性物质配合使用能起到显著的复合效果，如与维生素 E 合用，可增强其抗氧化效果。另外，核酸水溶液还具有一定的黏度，可用作增稠剂和乳液稳定剂。

2.4.3 中药成分

中药作为现代化妆品中的一类原料，往往兼具营养和药效的双重作用，且作用缓和，很适宜用作化妆品的功能性添加剂。中药在现代化妆品中主要起到以下作用。

① 保护作用　主要体现为两方面。一是含脂类、蜡类物质的中药通过在皮肤表面形成油膜而保护皮肤；二是通过防晒作用而使皮肤免受紫外线的侵扰。

② 营养滋润作用　具有此类作用的中药大多含有氨基酸、多糖、蛋白质、维生素、脂类、果胶及微量元素等营养成分，尤以补益药为多。

③ 美白作用　具有此类作用的中药多具有除湿、祛风、补益脾肾、活血化瘀等作用，这些药物往往含有能够抑制酪氨酸酶活性的化学成分，通过抑制黑色素生成而起到美白作用。有些酸味药由于含有有机酸，对皮肤有轻微剥脱作用，也具有美白作用。

④ 乳化作用　具有乳化作用的中药多含有蛋白质、胆固醇、皂苷、卵磷脂、树胶等成分。

⑤ 赋香作用　具有赋香作用的中药一般含有芳香性挥发油类成分，中药来源的赋香剂使用起来更安全，具有很大的发展优势。

⑥ 防腐抗氧作用　具有防腐作用的中药多含有酚、醇、醛、有机酸等化学成分，具有抗氧化作用的中药多含有酚、醌及有机酸等化学成分。凡是具有抗菌作用的中药一般都有防腐作用，且往往也同时具有抗氧化效果。

⑦ 调色作用　选用天然色素，尤其是中药色素是今后化妆品色素研发的方向，因为合成色素原料中很多含有汞、铅等毒性较大的重金属，往往对皮肤具有较大的刺激性。

⑧ 皮肤渗透促进作用　有些中药具有皮肤渗透促进作用，而且安全性高。

⑨ 抑菌消炎作用　许多清热及祛风类中药均具有不同程度的抑菌及消炎作用。

中药作为具有复合功能的化妆品原料，在化妆品中具有多重功效。根据其主要的美容功效可分为养颜类、美白祛斑类、抗痤疮类、防脱发类、透皮吸收促进类等五个大的类别。其中养颜类中药主要包括人参、灵芝、白术、蜂蜜、鹿茸、黄精、芦荟、麦冬、菟丝子、茯苓等。美白祛斑类中药主要有：甘草、白术、藁本、白蔹、辛夷、珍珠、三七、红花、白及、赤芍、天冬等。抗痤疮类中药主要为：薏苡仁、硫黄、苦参、大黄、苍术、姜黄、紫草、蒲公英、丹参等。防脱发类中药主要含：何首乌、绞股蓝、人参、枸杞子、夏枯草等。透皮吸收促进类中药有薄荷和高良姜。以养颜类和美白祛斑类化妆品中常见的几种中草药为例进行介绍。

(1) 养颜类

① 人参　人参作为珍贵的药材，有很高的药用价值。在汉代的《神农本草经》中，人参被列为最佳药物。人参中含有人参皂苷、维生素、挥发油、多糖和有机酸等营养物质，主补五脏六腑，具有活血化瘀、明目、补血、补锌、消食、健胃等功效。人参提取物常添加在洗发类化妆品中，使用含有人参提取物的洗发水有助于扩张、扩大头部肌肤的毛细血管，帮助头发生长与坚固，预防毛囊性脱发和断发问题。另外，对于人体皮肤的老化问题，人参能

够提供维生素补充剂和矿物质等，增加皮肤营养供应，保持皮肤的水油平衡，增强皮肤弹性。因此，人参可延缓皮肤衰老，预防皮肤缺水干燥，维持肌肤的弹性，减少皮肤细纹干纹的产生。

② 灵芝　灵芝是被历代中医所认可的一种珍贵植物，其具有补气血、安心神、健脾胃的作用。灵芝不仅具有保湿化痰、舒缓咳嗽、保肝解毒的功效，且对面部皮肤还有延缓衰老、美容养颜等作用。研究表明：灵芝含有多种对人体有益的微量元素，包括镁和锌，可减缓皮肤衰老。其含有的灵芝多糖具有抗自由基的功效，能保护皮肤细胞，起到延缓衰老的作用。灵芝还具有安神养心、补益肾精的作用，能够增强机体的免疫力，对由神经衰弱造成的面色憔悴、精神虚弱、虚劳气短等有明显的治疗效果。此外，灵芝还是一种血液净化剂，可以有效清除血液中的黑色素沉积，抑制老年斑、黄雀斑等的形成。

（2）美白祛斑类

① 甘草　甘草是一种效果良好的补气类药物，具有清热解毒、补脾益气、止咳化痰等多种功效。甘草的有效成分主要包括黄酮类、多糖类、三萜类等。其中，黄酮类成分能起到良好的美白淡斑和增强皮肤防御功能的效果，并同时能起到延缓衰老和抗氧化的作用。另外，甘草中的甘草酸是一种非常珍奇的天然解毒成分，对促进肾上腺皮质激素有显著的作用，可用于调节机体免疫力、抗炎症、延缓衰老、改善高脂血症的生理功能、维持水盐代谢的平衡等方面。将甘草提取物作为化妆品原料添加到产品中有着显著的白皙皮肤、透亮肌肤的效果。许多美白、清洁、护肤类产品中就添加了甘草提取物，以起到安全、持久、温和、高效的美白肌肤的效果。

② 白术　白术及其根、茎的提取物和白术根粉等都是很好的化妆品原料。《药性论》中有记载，白术"主面光悦，驻颜祛斑"。白术性温，味甘，具有延缓衰老的作用，可以补足人的气血、光泽润肤、白皙皮肤、延迟皮肤的衰老，且能够治疗气血虚寒导致的皮肤粗糙、发黄、没有光泽、有色斑等问题。此外，白术的提取物还具有较强的抑制酪氨酸酶的作用。白术的使用很广泛，其中包括三白汤，即白术、白芍、白茯苓；常见的含白术提取物的化妆品有白术祛斑面膜等。但白术提取物中具体的美白活性成分目前还不太清楚，亟待更好地分析、研究其美白活性成分，对之进行确证、分离和跟踪，并明确其美白作用机制。

③ 藁本　藁本的花和根的提取物可作为美白淡斑类化妆品的原料。藁本具有祛风散寒、止痛祛湿的功效，同时能够上行颜面、外达肌肤，具有祛斑悦色的功能。在临床上可用于治疗皮肤瘙痒和脸部雀斑、黑点等损容性皮肤类疾病。由藁本中提取出来的挥发油，可以起到扩张局部血管、改善局部血液供应的作用，从而营养皮肤，达到改善肤色的目的。

④ 白蔹　白蔹的根部提取物即白蔹根粉，常被添加于美容护肤类化妆品中，达到美白淡斑的效果。白蔹是常用的养颜中药，能够清热解毒、活血化瘀，同时具有润泽肌肤、祛斑护肤、白皙皮肤的功效，可以用来治疗面疱面斑，特别适用于干性、粗糙的皮肤或老年人的皮肤。

⑤ 辛夷　辛夷是我国独特的珍贵植物品种，也称木兰。辛夷提取物能有效调节酪氨酸酶和黑色素细胞的活性。高浓度的辛夷对黑色素细胞的抑制增殖作用非常明显，甚至与高浓度的熊果苷（化妆品中常用的高效美白原料）作用相当。另外，辛夷还具有良好的抗炎症和抗过敏的作用，将辛夷和僵蚕、藁本、川芎、当归配合使用，能够治疗皮肤瘙痒问题。化妆品中几种常见的中药如图 2.6 所示。

(a) 人参 　　(b) 灵芝 　　(c) 甘草 　　(d) 辛夷

图 2.6　化妆品中常见的中药成分

　　中草药的美容有其独到之处，它不是单纯的化妆或护肤，而是讲求整体美容，即促进人体整体与体表的正常发育与代谢，延缓衰老。以中药理论为指导，这是中药成分化妆品原料不同于其他化妆品原料的一个显著特点，其具有明显的功能性，针对性强，以预防为主，有确切的美容养颜效果，且绿色天然，安全可靠。中药化妆品产业的发展未来将备受关注。

 思考题

2-1　植物油脂和动植物蜡的主要化学成分是什么？

2-2　油性原料在化妆品中的作用主要有哪些？

2-3　化妆品中常用的粉质原料和抗氧剂主要有哪些？

2-4　试述表面活性剂的分类及各类的作用特点。

2-5　试述化妆品用防腐剂的要求。

2-6　水溶性高分子化合物在化妆品中的主要作用是什么？

2-7　试述天然功效性成分作为化妆品功能性原料的优点。

2-8　中药原料在化妆品中的作用主要有哪些？

第 3 章

化妆品的基础理论

化妆品的基础理论主要包括：化妆品的乳化理论、化妆品的增稠理论、化妆品的防腐理论、化妆品的抗氧化理论以及皮肤的结构与功能和毛发的结构与性质等。本章主要的任务是介绍化妆品配方设计所涉及到的乳化理论、增稠理论、防腐理论和抗氧化理论。皮肤的结构与功能以及毛发的结构与性质将会在清洁类化妆品、保湿类化妆品和毛发类化妆品等章节分别进行介绍。

3.1 化妆品的乳化理论

乳化体系是以乳化剂、油脂原料和基础水相原料为主体，构成乳化型化妆品的基本框架。乳化体系的设计，是膏霜、乳液等化妆品配方设计中最为关键的环节，其设计是否合理，直接影响产品的外观、肤感以及稳定性，进而影响产品的品质和价位。

3.1.1 乳化体的剂型及特征

乳液体系最早的使用可以追溯到原始社会，一些部落在举行祭祀活动的时候，会把动物油脂和水进行混合，然后涂抹在皮肤上，使皮肤看起来健康而有光泽。近代的研究发现，均一的乳化体系需要加入乳化剂才具有稳定的性能，于是，研究者们进行了大量相关乳化工艺的研究，乳液类型的相关化妆品逐渐被开发。

（1）乳液类型

乳液体系是一种分散体系，被分散的物质称为分散相（也称内相），容纳分散相的连续介质则称为分散介质（外相）。乳液中的一相往往为水或水溶液，称为水相；另一相为与水不相溶的液体，称为油相。乳液的类型主要是油包水型（W/O）、水包油型（O/W）、多重乳化体（W/O/W、O/W/O）等，如图 3.1 所示。如果再考虑状体，还可以分为相应的膏霜型和乳液型。

（2）乳液的光学性质

乳液的外观一般常呈乳白色不透明液状，乳液之名即由此而得。乳液的这种外观与分散相粒子的大小有密切关系。不同体系乳液中分散相液

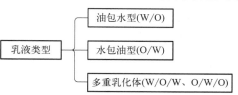

图 3.1　乳液的类型

滴的大小差异很大,不同大小的液滴对于入射光的吸收、散射也不同,从而不同的乳液体系会表现出不同的外观。当液滴直径远大于入射光的波长时,主要发生光的反射,乳液呈乳白色;当液滴直径远小于入射光波长时,则光可以完全透过,这时体系呈透明状;当液滴直径稍小于入射光波长时,则有光的散射现象发生,体系呈半透明状,外观会泛蓝色,而面对入射光的方向观察时则呈淡红色。一般乳液分散相液滴直径的大小大致在 $0.1 \sim 10 \mu m$ 的范围,可见光波长为 $0.4 \sim 0.8 \mu m$,故乳液中的反射较显著,因而一般乳液是不透明的乳白色液体。对于液滴直径在 $0.1 \mu m$ 以下的液-液分散体系,其外观是半透明状或透明状,而不呈乳液状,常称为"微乳状液",它的性质与乳液有很大不同。

乳液的某些物理性质是测定液滴大小、判别乳液类型以及研究其稳定性的重要依据。

(3) 乳液类型的鉴别

区分乳液类型的常用方法为染色法、稀释法、电导法3种。

① 染色法 依据是选择只溶于水或油的染料,只会使得水或油相被染色。其具体方法为,以选择苏丹红Ⅲ染料为例,根据苏丹红Ⅲ只溶于油的特性,将苏丹红Ⅲ加入乳液后,整个乳状液皆被染色的乳液为 W/O 型乳状液;只有液珠呈现染料颜色的,则是 O/W 型乳状液。

② 稀释法 依据是水性或油性稀释剂,可稀释乳状液外相而无法稀释内相。其具体方法为,取两滴乳液分别涂于载玻片上,然后在这两滴乳液处分别滴入水和油,若液滴在水中呈均匀的扩散,而在油中不起变化,则为 O/W 型乳状液;反之,若在油中渐渐溶化,而在水中不起变化,则为 W/O 型乳状液。

另外,一种类似但更容易观察的方法是:将乳液滴在事先浸了20%氯化钴溶液并烤干的滤纸上,O/W 型乳状液不展开,滤纸保持蓝色;W/O 型乳状液在滤纸上迅速展开并呈红色。

③ 电导法 依据是多数油相是不良导体,而水相是良导体。具体方法为,对 O/W 型乳状液,其外相为水相,电导率高,电阻较低,而 W/O 型乳状液则相反。电导法比较简便,但是对有些体系不太适用。比方说,如果 O/W 型乳液中的乳化剂是非离子型的,其电导率并不会很高;而乳化剂若是离子型的,则电导率当然很高。

3.1.2 乳化剂与乳液的原料

(1) 乳化剂

乳化剂是制备乳化体的重要物质,其作用是使本来不相溶的水相和油相能够稳定、均匀地混合在一起。制备的乳液是否细腻和稳定,主要是由所选的乳化剂决定的。乳化剂分为高分子聚合物乳化剂、合成表面活性剂、固体颗粒乳化剂三类。目前,化妆品中常用的乳化剂为:月桂醇聚醚-7、鲸蜡硬脂醇、鲸蜡硬脂基葡糖苷、$C_{12} \sim C_{20}$ 烷基葡糖苷、PEG-10聚二甲基硅氧烷、花生醇葡糖苷、氢化卵磷脂、卵磷脂、棕榈酸、蔗糖多油酸酯等。

(2) 乳液常用原料

乳液化妆品主要由水溶性物质保湿成分、油脂和蜡、增稠剂三类物质组成。

① 水溶性物质保湿成分 乳液常用的保湿剂有多元醇(如甘油、聚乙二醇、丙二醇、1,3-丁二醇、山梨醇等)、胶原蛋白、透明质酸、吡咯烷酮羧酸钠、神经酰胺、氨基酸类、

多糖类保湿剂、乳酸和乳酸钠等。这些物质能通过阻滞水分的挥发而使皮肤柔软和光滑，具有润肤的作用。

② 油脂和蜡　油脂、蜡类及其衍生物是化妆品主要的基质原料，包括蜡类、脂肪醇、矿物油、高级脂肪酸和酯类等。常用的油脂和蜡类主要包括：硬脂酸和单硬脂酸甘油酯、肉豆蔻酸及其异丙酯、羊毛脂及其衍生物、卵磷脂、棕榈酸、十六醇和十八醇、矿物油和凡士林、石蜡、蜂蜡和鲸蜡、角鲨烷、微晶蜡和地蜡、动植物油等。

③ 增稠剂　黏稠度是乳液的一个重要参数。增稠剂原料主要是水溶性高分子化合物，其在水中能膨胀成凝胶。常用的增稠剂主要有以下两大类：a. 无机增稠剂，主要有膨润土、胶性硅酸铝镁和胶性二氧化硅等；b. 有机增稠剂，主要有淀粉、明胶、黄原胶、阿拉伯树胶、黄芪胶、羧甲基纤维素、羟乙基纤维素、海藻酸钠、聚丙烯酸钠、聚乙烯吡咯烷酮、卡波姆等。

3.1.3　乳化的工艺流程

乳液的配方确定后，应制定相应的乳化工艺及操作方法以实现工业化生产。事实上，即使采用相同的配方，但由于操作时乳化时间、加料方式、物料温度、搅拌条件等的不同，所得产品的稳定性和其他物理性能也常常会不同，有时甚至相差很大。因此，根据配方和要求，确定乳化与转相方法、制备程序、工艺条件等才能得到合格的产品。

（1）乳化方法

乳化过程是乳液生产工艺中最为重要的一环。严格控制乳化工艺条件是保证产品质量的重要环节。常用的乳化方法分为低能乳化法和油水混合法两种。

① 油水混合法　首先将水相、油相物料分别在两个不同的容器内进行升温处理，而乳化在第三个容器内进行。可以将油相加入水相，也可以将水相加入油相，根据实际配方情况而定。再加入乳化剂改变两相界面张力，进行均质乳化，最后再冷却降温。整个体系变化比较复杂。有研究表明：根据选择的乳化剂和加入方式的不同，会存在转相过程。转相过程对乳液的粒径和稳定有很大的帮助。

② 低能乳化　通常的乳化大都是将水相、油相分别加热到80℃左右（75～90℃）进行乳化，然后进行搅拌冷却，但这一过程需要消耗大量的能量。而根据物理化学知识可知，进行乳化并不需要这么多的能量。低能乳化法就是不将外相进行全部加热，而是分成 a 相和 b 相两部分，w_a 和 w_b 分别表示被分成两部分的质量分数（$w_a+w_b=1$）。只是对 a 相进行加热，由内相和 a 外相进行乳化而制得浓缩乳状液。然后用常温的 b 外相进行稀释，得到乳状液。低能乳化法主要适合制备 O/W 型乳化体，其中 a 相和 b 相的比值要经过实验进行确定。节能效率也随着 w_a/w_b 的比值的增大而增大。

低能乳化法的优点有：节约能源，节约冷却水；缩短生产周期，提高设备利用效率；不影响乳化体的稳定性、物理性质和外观。

低能乳化法乳化过程应注意的问题包括：a. b 相的温度不但影响浓缩乳化体的黏度，而且还涉及相变型，当 b 相水量较少时，水温一般应适当高一些。b. 均质机的搅拌速度会影响乳化体颗粒大小的分布，最好使用高效乳化设备，如超声设备、均化器或胶体磨等。c. a 相和 b 相的比值一定要选择适当，当乳化剂的 HLB 值在 10～12 时，宜选择 a 值为0.2～0.3；当乳化剂的 HLB 值为 6～8 时，宜选择 a 值为 0.4～0.5。

（2）生产工艺

乳化体的生产要考虑生产耗时、生产成本、操作难度、生产量问题。其生产工艺可根据操作的连续性分为连续乳化、半连续乳化和间歇式乳化三种（图3.2）。

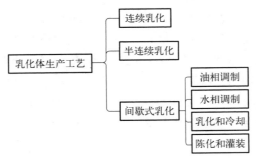

图3.2 乳化体生产工艺

① 连续乳化 先将预热好的各种原料分别由计量泵打入乳化锅中，经过一段时间的冷却，溢流到刮板冷却器中，快速冷却至60℃以下，然后流入香精混合锅，同时，由计量泵加入香精，得到的最终产品由混合锅上部溢出。连续乳化的方式适用于大规模连续化的生产，其优点是产量高、质量稳定、节约能源、设备利用率高。

② 半连续乳化 将油相和水相原料分别计量，在原料溶解罐内加热至所需温度，然后转入预乳化罐内进行预乳化搅拌，之后泵入冷却筒进行冷却。同时，由定量泵加入香精。冷却筒的搅拌速度控制在60~120r/min，冷却筒出口处的物质即为产品。

③ 间歇式乳化 该法是目前最为常用的乳化操作方法。具体为：分别准确称量油相和水相原料，加入专用锅内，加热至一定的温度，之后按照设定的次序投料，并保温搅拌一定时间，然后逐步冷却至50℃左右，加入香精香料，搅拌后出料即可。间歇式乳化工艺又可分为油相调制、水相调制、乳化和冷却、陈化和灌装四个步骤。

3.1.4 乳化体的质量控制

乳化体的质量控制，主要体现在乳化体的感官评价、乳化体的稳定性以及乳化体的质量要求三个方面。

（1）乳化体的感官评价

产品的感官评价决定了消费者使用过程中的体验，代表了产品性能的主要指标，因此建立完善的感官评价体系至关重要。乳化体的感官评价指标主要包括以下几个方面。

① 外观评价 外观评价主要是评价光亮度。光亮度是指产品在未涂抹于皮肤之前，自身反光的程度或在容器中反光的程度，光亮度的分值越高表示产品光亮度越大。

② 涂抹阶段评价 a. 铺展性：用来衡量在涂抹指定圈数后，移动产品在皮肤上的容易程度，分值越高表示产品的铺展性越好。b. 水润感（湿润度）：用来衡量产品给皮肤水润感觉的程度，分值越大表示产品在涂抹时越水润。c. 油润感（滋润度）：用来衡量产品给予皮肤油润感觉的程度，分值越大表示产品在涂抹时越油润。d. 厚重感：用来衡量涂抹时皮肤感受到产品量的多少，可间接评估吸收程度及产品透气程度，分值越大产品越厚重。e. 吸收性：产品完全吸收所需涂抹圈数，完全吸收所需圈数越多表示产品越不容易吸收。

③涂后感评价　a. 油光度：用来衡量涂抹结束后，产品的残留膜在皮肤上反光的程度，分值越高表示涂抹后油光度越大。b. 光滑感：用来衡量产品残留膜赋予皮肤的光滑程度，分值越高，表示涂抹后越光滑。c. 厚重感：用来衡量产品残留膜厚度的大小，分值越大表示产品残留越厚重。d. 黏感：用来衡量产品在完全吸收后赋予皮肤的黏感大小，分值越大，黏感越高。e. 湿润感的保持度：用来指示产品在完全吸收后，赋予皮肤长久湿润感（包括油、水）能力的大小，保持湿度越长，分值越高。

（2）乳化体的稳定性

产品必须进行稳定性试验以确定和保证产品的货架寿命。乳化体的稳定性试验条件见表 3.1。

表 3.1　乳化体稳定性试验条件

储存条件	储存时间	储存条件	储存时间
室温	25℃储存 3 年(货架寿命)	冻融循环 5 次	约−10℃至室温,48h
高温	37℃储存 4 个月,45℃储存 3 个月	循环试验	4～45℃循环,为期 1 个月
冷藏	约3℃储存 3 个月	曝光试验	暴露于日光或人造日光室 1 个月

试验初期需要较频繁检查，第一周要求每天检查，然后第一个月每周检查，第 2～6 个月可以每两周进行检查。稳定性试验的考察项目通常包括：pH 值、黏度、流变性、颜色、相对密度、气味和香精稳定性、质地、产品分离性、电导率、粒径大小、防腐作用、功效等。

（3）乳化体的质量要求

① 使用的原料应符合《化妆品安全技术规范（2022 年版）》的规定。

② 感官、理化、卫生指标应符合 GB/T 29665—2013 的质量要求。

3.2　化妆品的增稠理论

化妆品的增稠是指以增稠剂和黏度调节剂为主体，以调节产品黏度为目的的一种行为。化妆品的增稠体系是否设计合理，会直接影响产品的外观和效果。

增稠体系是指在化妆品配方中，由一个或多个增稠剂组成的，为了达到改善化妆品外观和提高稳定性的原料组。增稠体系的设计是化妆品配方设计的重要组成部分。不同增稠体系对最终产品的影响不同，这种影响不但体现在产品的稳定性和外观上，对产品的使用感以及产品的功效性能也会有较大的影响。一个好的增稠体系对最终产品的生产、储运、使用、成本等诸多方面都会产生积极的作用。

3.2.1　增稠体系的设计原则

增稠体系设计原则主要包括稳定性原则、使用方便降低成本原则、增稠剂复配原则、达到感官要求原则、与包装配套原则等。这些原则是化妆品配方设计过程中，增稠体系设计需要把握的主要原则。

（1）稳定性原则

保证化妆品的稳定性是建立增稠体系最为重要的目的。增稠体系通过改善产品流变特性、增加悬浮力、提高分散性以防止分散体系凝聚三种途径来实现化妆品的稳定性。化妆品的稳定性是否合格主要通过以下几个方面来体现：耐热、耐寒能力，产品不分层，黏度的稳定性，生产、运输的稳定性。

（2）增稠剂复配原则

任何事物都有两面性，不管哪种增稠剂都会有自身的特点，但也会存在一些不足，因此，在设计化妆品配方的增稠体系时，建议选择不同的增稠剂进行复配增稠，才能达到理想效果。

（3）使用方便、降低成本原则

在能达到效果的前提下，应该选用成本低的增稠体系，设计配方时要将使用的方便性和降低生产过程的能耗作为综合成本计算。

（4）达到感官要求原则

化妆品的感官表现通过产品的流变特性来实现，而产品的流变特性则是通过增稠体系实现的。产品的感官表现包括肤感、稀稠性、黏腻性、膏体柔软性、拉丝性、流动性等。这些都是设计增稠体系配方时需要重点考虑的。

（5）与包装配套原则

在化妆品设计时，必须要考虑产品包装对内容物的要求。比如，如果使用小口瓶包装，就应考虑用黏度低的增稠体系；而用泵头的，则应考虑设计易剪切变稀的增稠体系。

3.2.2 增稠剂的选择

增稠剂是各类化妆品配方的骨架结构和核心基础，对产品的外观、流变性质、稳定性、肤感等都至关重要。增稠剂主要可以分为水相增稠剂、油相增稠剂和降黏剂三大类。

（1）水相增稠剂

水相增稠剂是指用于增加化妆品水相黏度的原料，这类原料所具有增加水相黏度的能力与其水溶性和亲水性有关，包括水溶性聚合物，如聚丙烯酸聚合物、羟乙基纤维素、硅酸铝镁和其他改性或互配的聚合物等。水相增稠剂具有以下共同特征：①结构上，高分子长链具有亲水性；②在低浓度下，浓度与黏度成正比；③在高浓度下，一般表现为非牛顿流体特征；④在溶液中，分子间有相互吸附作用；⑤在分散液中，具有空间相互作用，具有稳定体系的功能；⑥当与表面活性剂互配使用时，能提高和改善其功能。

根据来源及聚合物的结构特性，常见的水相增稠剂又可分为有机天然聚合物（动物胶、胶原蛋白、淀粉类、阿拉伯树胶、黄原胶等）、有机半合成聚合物（甲基纤维素、羧甲基纤维素、羧甲基淀粉钠等）、有机合成聚合物（聚乙烯醇、聚乙烯吡咯烷酮、聚丙烯酸钠、聚氧乙烯类等）、无机水溶性聚合物（胶性硅酸铝镁等）这四大类。

（2）油相增稠剂

油相增稠剂是指对油相原料有增稠作用的原料。这类原料除了熔点比较高的油脂，还包括三羟基硬脂精、氢氧化铝/镁硬脂酸盐。

（3）降黏剂

其作用与增稠剂相反，通常为带无机亲和基团的有机聚合物。

3.2.3　增稠体系设计注意事项

增稠体系设计注意事项主要包括原辅料的影响、时间的影响、工艺的影响、活性添加物的影响、香精的影响以及合法性问题。

（1）原辅料的影响

① 离子浓度对增稠体系的影响　不同增稠剂的耐离子性能不同，有的只对一价离子有耐受力，有的还对二价或者三价离子有耐受力，在设计增稠体系时都必须予以考虑。

② 酸碱度对增稠体系的影响　不同增稠剂对酸碱度的影响反应不一，当 pH 值过高或过低时，就必须选用碱性或酸性增稠剂，才能达到满意的效果。

③ 防腐剂对增稠体系的影响　部分防腐剂对增稠剂有很大的破坏作用，与增稠剂不能配伍。因此，在设计增稠体系时，防腐剂也需要重点考虑。

（2）时间的影响

① 增稠剂的黏度会随时间变化　有些增稠剂随着时间的增加，其溶液的黏度会降低，如果将其应用于化妆品中，会直接影响产品的保质期和稳定性。

② 体系中微生物对增稠剂的降解　有些天然的增稠剂容易在微生物的作用下发生降解，从而影响产品的稳定性。

③ 增稠剂在体系中的稳定性　有些增稠剂在体系中容易降解或与体系中其他原料发生化学反应，导致化妆品的黏度、颜色或其他状态发生变化，从而直接影响化妆品的稳定性。

（3）工艺的影响

① 增稠剂添加温度对体系的影响　部分增稠剂可能在高温条件下出现增稠失效的情况，这类增稠剂一定要注意添加温度，以保证其稳定性和增稠效果。

② 搅拌装置的影响　由于不同增稠剂的水合难易程度不同，而水合时间和搅拌分散方式又密切相关，搅拌装置的结构能直接影响分散方式，所以搅拌装置对增稠体系存在影响。

③ 均质剪切应力对增稠体系的影响　有些增稠剂遇到强的剪切应力会出现黏度不可逆的特性，如使用该类增稠剂，则应该等均质完以后加入。

④ 在高温下存放的时间对增稠体系的影响　有些增稠剂可能在高温情况下出现黏度不可逆的现象，这类增稠剂一定要注意保存温度，以保证其增稠效果和稳定性。

（4）活性添加物的影响

由于活性添加物的组分复杂，其离子浓度大或者密度大，在设计增稠体系时，需要重点注意。

（5）香精的影响

香精多为乙醇体系、多元醇体系或油性体系，这些体系都可能给增稠体系带来影响，在设计增稠体系时必须关注。

（6）合法性问题

① 所选增稠剂品种必须在国家相关法律法规的规定范围之内，不得超出规定。

② 选用增稠剂必须是化妆品级以上级别的。在化妆品中可使用的级别为化妆品级、药用级和食品级。工业级的增稠剂不允许用于化妆品中。

③ 选用的增稠剂检验标准符合要求。与其他化妆品原料一样，符合以上两个要求的增稠剂，即可以用于化妆品中，但在生产过程中，使用的增稠剂必须符合原料标准的各项指标要求，否则，将有可能带来重大的质量问题。

3.3 化妆品的防腐理论

3.3.1 化妆品中的微生物

（1）化妆品中常见的微生物

化妆品中含有油脂、蜡类、氨基酸、蛋白质、维生素和糖类化合物等，还含有一定量的水分，这样的体系往往是细菌、真菌等微生物繁衍的良好环境。在化妆品的生产或美容院的现场调配过程中，虽然有严格的防控微生物的要求，但难免混入一些肉眼看不见的微生物，尤其是在使用过程中，不可避免地总会混入不少的微生物，其结果是导致化妆品发霉、变质，表现为乳化体被破坏、透明产品变混浊、颜色变深或产生气泡以及出现异常和 pH 值降低等。使用了变质的化妆品容易引起皮肤的不适，甚至致病。

能够在化妆品中生长和繁殖的微生物主要是细菌，常见的细菌有：铜绿假单胞菌、类产碱假单胞菌、荧光假单胞菌、恶臭假单胞菌、奥斯陆莫拉菌、阴沟肠杆菌、产气肠杆菌、产气克雷伯菌、欧文氏菌、葡萄球菌、链球菌、柠檬酸杆菌等。此外，常见的霉菌有青霉、曲霉、毛霉等。常见的酵母菌有啤酒酵母、麦酒酵母、假丝酵母等。

（2）影响微生物生长的因素

① 营养物　微生物的生长繁殖需要有一定的营养物，除了营养物外，还需要有矿物质存在，如硫、磷、镁、钾、钙与氯以及微量的金属如铁、锰、铜、锌、钴。普通自来水中所含杂质几乎已能供给多数微生物所需要的微量元素，因此采用蒸馏水或去离子水有可能减少微生物的生长。微生物对有些金属盐（如铜盐）需要量极低，当大量存在时，对微生物有毒性。

② 水分　微生物的生长必须有足够的水分，水是微生物细胞的组成部分，其含量达 $70\%\sim95\%$。微生物所需要的营养物质必须先溶解于水，才能被吸收利用，细胞内各种生物化学反应也都要在水溶液中进行。霉菌一般能在含 12% 水分的较干的物质中生长，有些霉菌，如互隔霉在水分低于 50% 的膏霜或化妆液中即不能生长。细菌比霉菌需要更高的水分

含量，酵母菌则处于两者之间。

③ pH 值　在一定的培养基中能生长的微生物的数量与种类和 pH 值有关。霉菌能在较广的 pH 值范围内生长，但最好是在 4～6 之间；细菌则在较中性的介质中（pH 值为 6～8）生长最好；酵母菌以微酸性的条件生长为适宜（多数酵母菌生长的最适宜 pH 值是 4～4.5）。由此可知，一般微生物在酸性或中性介质中生长较适宜，而在碱性介质中（pH 值在 9 以上）几乎不能生长。

④ 温度　多数霉菌、细菌、酵母菌生长的最适宜温度在 20～30℃ 之间，几乎完全和化妆品储存和应用的条件一致。当温度高于 40℃ 时，只有少数细菌生长，而当温度低于 10℃ 时，只有霉菌、少数酵母菌和少数细菌生长，但繁殖速度极低。因此化妆品储于阴凉地方，不仅可以抑制微生物的生长，而且还可以防止发生酸败。在许多化妆品生产过程中采用高温，也对微生物有灭菌作用。

⑤ 氧气　多数霉菌是强需氧型的，几乎没有厌氧型的。酵母菌尽管在无氧时也能发酵，但在有氧时生长最好。细菌对氧的要求变化较大，因此多数作为化妆品防腐对象的微生物是需氧性的。所以化妆品生产时排除空气对防止微生物生长有重要意义。

3.3.2　防腐剂及其特征

（1）防腐剂

为了保证化妆品在保质期内的安全有效性，常在化妆品中添加防腐剂。防腐剂是能够防止和抑制微生物生长和繁殖的物质，它在化妆品中的作用是防止和抑制化妆品在使用、储存过程中的酸败和变质。防腐剂对微生物的作用，只有在足够的浓度且与微生物直接接触的情况下才能产生。防腐剂最先是与细胞膜接触、吸附，穿过细胞膜进入细胞质内，然后才能在各个部位发挥药效，阻碍细胞繁殖或将其杀死。实际上，防腐剂主要是对细胞壁和细胞膜产生效应，另外对影响细胞新陈代谢的酶的活性或对细胞质部分的遗传微粒结构产生影响。

（2）化妆品用理想防腐剂的特征

化妆品用防腐剂应具备以下特征：①对多种微生物都应有抗菌、抑菌的效果；②能溶于水或化妆品中的其他成分；③在低浓度下即具有很强的抑菌功能；④不应有毒、刺激性和致敏性；⑤在较大的温度和 pH 值范围内具有作用；⑥对产品的颜色、气味均无显著影响；⑦与化妆品中其他成分相容性好，即不与其他成分发生化学反应；⑧价格低廉、易得，使用方便。

虽然防腐剂的品种很多，但能满足上述要求的并不多，特别是面部和眼部用化妆品的防腐剂更需要慎重选择。

（3）影响防腐剂效能的因素

① 介质的 pH 值　酸型防腐剂的抑菌效果主要取决于化妆品原料中未解离的酸分子，如常用的山梨酸及其盐、苯甲酸及其盐等。一般酸型防腐剂的防腐作用随 pH 值而定，酸性越强则效果越好，而在碱性环境中几乎无效。如苯甲酸及其盐适合 pH 值在 5 以下，山梨酸及其盐则适合 pH 值为 5～6。而酯型防腐剂，如对羟基苯甲酸酯类在 pH 值为 4～8 的范围内均有效。

② 防腐剂的溶解性 对于液体类的化妆品，要求防腐剂均匀分散或溶于其中。对于易溶于水的防腐剂，可将其水溶液加入，如果防腐剂不溶或难溶，就需要用其他溶剂先溶解或分散。需要注意防腐剂在化妆品不同相中的分散特性，如防腐剂在油与水中的分配系数，特别是高比例油水体系的防腐剂选择。例如，微生物开始出现于水相，而使用的防腐剂却大量分配在油相，这样防腐效果肯定不佳，应选择分配系数小的防腐剂。另外，溶剂的选择也需要注意，很多有机溶剂具有刺激性气味，如乙醇浓度大于 4% 就会感觉到明显的酒味。

③ 多种防腐剂的混合使用 每种防腐剂都有一定的抗菌谱，没有一种防腐剂能抑制或杀灭化妆品中可能存在的所有腐败性微生物，而且许多微生物还会产生耐药性。因此，可将不同的防腐剂混合使用。在混合使用防腐剂时，可能出现 3 种不同的抗菌效应。一是增效与协同作用。即两种或多种防腐剂混合使用时，超过各自单独使用时防腐效果的加和，可扩大抗菌谱、降低防腐剂用量并降低耐药性的产生。二是相加效应。即两种或两种以上的防腐剂混合使用时，其作用效力等于各自防腐效果的简单相加。三是拮抗作用。即两种或多种防腐剂混合使用时，其作用效力不及单独使用的效果。拮抗作用是需要尽可能避免的。

3.3.3 防腐剂的作用机理

防腐剂不但抑制细菌、霉菌和酵母菌的新陈代谢，而且抑制其生长和繁殖。防腐剂抗微生物的作用只有在其以足够浓度与微生物细胞直接接触的情况下才能产生。

① 抑菌和灭菌作用 在实际工作中，抑菌和灭菌作用有区别。但从抗菌机理考虑，这种区别是不尽合理的。其两种作用在微生物死亡率方面是不同的。在化妆品中添加防腐剂后一段时间内并不能杀死微生物，即使防腐剂存在，微生物还是生长。这主要取决于使用防腐剂的剂量。

防腐剂与消毒剂不同之处是消毒剂要使微生物在短时间内很快地死亡，而防腐剂则是根据其种类，在通常使用浓度下，需要经过几天或几周时间，最后才能达到杀死所有微生物的状态。在防腐剂的作用下，杀死微生物的时间符合单分子反应的关系式：

$$K = \frac{1}{t} \times \ln \frac{Z_0}{Z_t} \tag{3.1}$$

化简得

$$Z_t = Z_0 \times e^{-Kt} \tag{3.2}$$

式中，K 为死亡率常数；t 为杀死微生物所需的时间；Z_0 为防腐剂开始起作用时的活细胞数；Z_t 为经过时间 t 以后的活细胞数。

严格地说，只有防腐剂的剂量足够高，遗传上是均匀的细胞质，并且是一个在预先设定的封闭系统中（即防腐剂不蒸发、pH 值不变和没有二次污染），上述公式才能成立。但其对于研究化妆品中防腐剂的作用仍然是很好的依据。

实践表明，随着防腐剂浓度的增加，微生物生长速度变得缓慢，而其死亡速度加快。如果防腐剂的浓度是在杀灭剂量的范围内，首先大多数的微生物被杀死，随后，残存的微生物又重新开始繁殖。防腐剂只有在浓度适当时，才能发挥有效的作用。

即使防腐剂的效果不是直接取决于微生物存在的数量，但实际上，应力图在微生物数量还比较少的时候采取防腐措施。也就是说，要在最初的延滞阶段，而不是在对数生长期再来抑制微生物。防腐剂并不是用来在已经含有大量细菌菌群的基质中杀死微生物的，事实上，就大多数防腐剂的使用浓度来说，这是根本不可能的。

② 防腐剂对微生物的作用　防腐剂（或杀菌剂）先是与细胞膜相接触，进行吸附，穿过细胞膜进入细胞质内，然后，才能在各个部位发挥药效，阻碍细胞繁殖或将细胞杀死。实际上，杀死或抑制微生物是基于多种高选择性的各种效应，各种防腐剂（或杀菌剂）都有其活性作用标的部位（防腐剂活性作用标的部位见表 3.2），即细胞对某种药物存在敏感性最强的部位。

防腐剂（或杀菌剂）抑制和杀灭微生物的效应不仅包括物理的、物理化学的机理，而且，还包括纯粹的生物化学反应，尤其是对酶的抑制作用，通常是几种不同因素产生的某种积累效应。实际上，主要是防腐剂对细胞壁和细胞膜产生效应，对酶活性或对细胞质的遗传微粒结构产生影响。

表 3.2　防腐剂（或杀菌剂）活性作用标的部位

活性作用标的部位	防腐剂（或杀菌剂）	活性作用标的部位	防腐剂（或杀菌剂）
—NH_2 酶	甲醛和甲醛供体	膜	季铵化合物、苯氧乙醇、乙醇和苯乙醇、酚类
核酸	吖啶类	—SH 酶	汞的化合物、2-溴-2-硝基丙烷-1,3-二醇
蛋白质	酚类和甲醛	—COOH 酶	甲醛和甲醛供体

细菌细胞中的细胞壁和其中的半渗透膜不能受到损伤，否则，细菌生长受到抑制或失去生存能力。细胞壁是一种重要的保护层，但同时细胞壁本身是经不起袭击的。许多防腐剂（如酚类）之所以具有抗微生物的作用，是由于能够破坏或损伤细胞壁或者干扰细胞壁合成的机理。

总的看来，防腐剂最重要的因素可能是抑制一些酶的反应，或者抑制微生物细胞中酶的合成。这些过程可能抑制细胞中基础代谢的酶系，或者抑制细胞重要成分的合成，如蛋白质的合成和核酸的合成。

3.3.4　化妆品中常见的防腐剂

能够抑制微生物的生长和繁殖的防腐剂不少，但能应用在化妆品中的防腐剂不多。目前，《化妆品安全技术规范（2022 年版）》中规定的化妆品中准用防腐剂一共有 48 种，这里仅就一些较常用的防腐剂类型进行介绍，详见表 3.3。

表 3.3　化妆品中常见的防腐剂

种类	名称	性质
一元醇类防腐剂	苯氧乙醇	一种公认的无刺激、不致敏的安全防腐剂，但单独使用时抑菌效果较差，通常与对羟基苯甲酸酯类、异噻唑啉酮类、IPBC 等复配使用，此防腐剂最大的优点是对铜绿假单胞菌效果较好。在化妆品中最大允许浓度为 1.0%
	苯甲醇（苄醇）	一种芳香醇，无色透明液体，不溶于水，能与乙醇、乙醚、氯仿等混溶，对霉菌和部分细菌抑制效果较好，但当 pH 值小于 5 时会失效，一些非离子表面活性剂可使它失活。温度达 40℃时，可以加快苯甲醇的溶解。其在化妆品中的添加量为 0.4%～1.0%

种类	名称	性质
苯甲酸及其衍生物类防腐剂	对羟基苯甲酸酯类防腐剂（尼泊金酯）	其酯类包括甲酯、乙酯、丙酯等，这一系列酯均为无臭、无味、白色晶体或结晶性粉末。该产品在酸性或碱性介质中都有良好的抗菌活性，其混合使用比单独使用效果更佳。常用于油脂类化妆品中，含量一般在0.2%以下。欧盟目前已经禁止在化妆品中使用尼泊金异丁酯、尼泊金异丙酯等5种对羟基苯甲酸酯类物质
	苯甲酸（安息香酸）/苯甲酸钠	无臭或略带安息香气味，未解离酸具有抗菌活性，在pH值为2.5～4.0范围内有最佳活性，对醇母菌、霉菌、部分细菌作用效果较好，在化妆品中最大允许浓度为0.5%（以酸计），在产品中pH值影响较大
甲醛供体和醛类衍生物防腐剂	咪唑烷基脲	分子中甲醛含量较低，游离甲醛浓度低，比较温和，可在较宽温度范围内使用（使用温度不超过90℃）。对细菌抑制效果较好，最低添加量为0.2%；但对真菌抑制效果较差，最低添加量需到达0.8%。广泛应用于各种驻留类和淋洗类化妆品中。在化妆品中最大允许浓度为0.6%
	双（羟甲基）咪唑烷基脲	分子中总结合甲醛的含量较高，游离的甲醛含量也相对较高。一般添加量为0.1%～0.3%
	DMDM乙内酰脲	最适合pH值为3～9，温度不超过80℃。其对细菌的抑制效果较好，最低抑菌含量为0.1%，对真菌的抑制效果较差，最低抑菌含量为0.15%，总抑菌含量为0.15%。机理为通过溶解细胞的细胞膜使细胞组织流失而杀灭细菌。广泛应用于各种驻留类和淋洗类化妆品中。最大允许浓度为0.6%
其他	氯苯甘醚	白色或米白色粉末，有淡淡的酚类气味，在水中的溶解度小于1%，溶解于醇类和醚类，微溶于挥发性油，与其他防腐剂一起使用，自身防腐性能可得到增强，与大多数防腐剂相容，适宜pH值为3.5～6.5，最大允许浓度为0.3%
	2-溴-2-硝基丙烷-1,3-二醇（布罗波尔）	亚硫酸钠和硫代硫酸钠会严重影响其活性，与氨基化合物共存时，有生成亚硝胺的风险。一般添加量为0.01%～0.05%，最大允许浓度为0.1%
	异噻唑啉酮（凯松）	为甲基氯异噻唑啉酮和甲基异噻唑啉酮与氯化镁及硝酸镁的混合物。一种淡黄色或琥珀色的水溶性液体，极易溶于水、低分子醇和乙二醇中，但在油中溶解性差，不会给产品带来异色异味。稳定性好，pH值适用范围为2～9。用于淋洗型产品中时，最大允许浓度为0.0015%
	脱氢乙酸及其钠盐（DHA）	是四分子乙酸通过分子间脱水而制得的。易溶于乙醇和苯，难溶于水，其钠盐易溶于水。无臭、无味、白色结晶性粉末，无毒。最佳使用pH值为5.0～6.5，在酸性介质中抗菌效果好，最大允许浓度为0.6%（以酸计）

种类	名称	性质
其他	碘丙炔醇丁基氨甲酸酯 （IPBC）	IPBC 的配伍性很出色，常与其他类型防腐剂复配使用，但其水溶性很差，因此限制了其在高水性配方中的使用。IPBC 对真菌的抑制效果较好，对细菌的抑制效果较差。禁用于三岁以下儿童使用的产品中，禁用于唇部用产品、体霜和体乳。淋洗类最大允许浓度为 0.02%，驻留类为 0.01%

3.4　化妆品的抗氧化理论

大多数化妆品中都含有油脂、矿物油和其他有机化合物，在制造、储存和使用过程中这些物质容易变质。引起变质的主要原因是微生物作用和化学作用两个方面，尤其是化学作用中的氧化作用而引起的变质问题。化妆品中易被氧化的物质主要是动植物油脂中的不饱和脂肪酸。氧化变质主要是化妆品被光照或与空气中的氧接触引起的氧化作用，通常表现为使产品变酸，称为酸败。抗氧剂是防止化妆品成分氧化变质的一类添加剂，在配方体系中抗氧化体系的存在可有效防止化妆品中不饱和油脂（含有不饱和脂肪酸的油脂）的氧化作用。

抗氧剂是阻止氧气不良影响的物质。它是一类能帮助捕获并中和自由基，从而去除自由基对人体损害的一类物质。抗氧剂按照化学结构可大体分为五大类，分别为酚类、胺类、氢醌类、无机酸及其盐类、有机酸及醇与酯类。常见的抗氧剂可见本书 2.3 节。

3.4.1　油脂的抗氧化原理

油脂中的不饱和脂肪酸因空气氧化而分解成低分子羰基化合物，如醛、酮、羧酸等，这些物质具有特殊气味。油脂的氧化酸败是在光或金属等催化下开始的，具有连续性的特点，称为自动氧化。油脂的氧化酸败过程，一般认为是按自由基链式反应进行的，其反应过程包括链的引发、链的传递和链的终止三个阶段。影响油脂氧化的因素除了油脂中的不饱和脂肪酸外，还有氧气、光照、水分、温度、金属离子和微生物等，其中，氧气是导致酸败的最主要的因素。氧含量越大，酸败就越快。

抗氧剂的作用在于它能抑制自由基链式反应的进行，即阻止链传递阶段的进行。这种抗氧剂称为主抗氧剂，也称链终止剂。链终止剂能通过与活性自由基结合生成稳定的化合物或低活性的自由基，从而阻止链的传递和增长。常见的主抗氧剂如酚类、胺类、氢醌类化合物等。同时，为了更好地阻断链式反应，以及阻止氢过氧化物分子的分解反应，需要加入能够分解氢过氧化物 ROOH 的抗氧化剂，使之生成稳定的化合物，从而阻止链式反应的发展。这类抗氧剂称为辅助抗氧剂或称为氢过氧化物分解剂。它们能与氢过氧化物反应，使其转变成稳定的非自由基产物，从而消除自由基的来源，属于这一类的抗氧剂有硫化物、硫醇、亚磷酸酯等。

化妆品用的抗氧剂应具有与化妆品安全共存、对感官无影响、低浓度有效、无毒无害等特性。抗氧剂的功能主要是抑制引发氧化作用的游离基，如抗氧剂可迅速和脂肪游离基或氢过氧化物游离基反应，形成稳定、低能量的产物，使脂肪的氧化链式反应不再进行，因此，在化妆品配方中抗氧剂的添加要越早越好。

通常，有效的抗氧剂应该具有如下的结构特征。①分子内具有活泼氢原子，且比被氧化分子的活泼氢原子更容易脱出，如酚类、胺类、氢醌类分子中都含有这样的氢原子。②在羟基、氨基所连接苯环上的邻、对位引进一个给电子基团，比如烷基、烷氧基等，即可使胺类、酚类等抗氧剂的 N—H、O—H 键的极性减弱，容易释放出氢原子，从而提高链终止反应的能力。③抗氧剂本身应难以被氧化，否则它自身就会因为氧化作用而被破坏，起不到应有的抗氧化作用。④抗氧自由基自身的活性要低，以减少对链引发的可能性，但又要能够有参与链终止反应的能力。⑤抗氧剂随着分子中共轭体系的增大效果提高，因为共轭体系越大，自由基的电子离域程度就越大，这种自由就越稳定，而不致成为引发性自由基。⑥抗氧剂应无味、无臭、无色、不会影响到化妆品的质量。另外，抗氧剂的无毒、无刺激、无致敏性也很重要，同时还需与其他成分相容性好，从而使组分分散均匀而充分发挥抗氧化效果。

3.4.2　抗氧化体系的要求

（1）基本要求

化妆品中抗氧化体系的基本要求为：①无毒或低毒性，在规定的用量范围内可安全使用。②稳定性好，在储存和加工过程中稳定，不分解，不挥发，能与产品的其他原料配伍，与包装容器也不发生任何反应。③要在较宽广的 pH 值范围内有效，即使是微量或少量存在，也具有较强的抗氧化作用。④在产品被氧化的相（油相或水相）中溶解，本身被氧化后的产物应无色、无味且不会产生沉淀。⑤成本要适宜。

（2）抗氧剂的筛选

一种抗氧剂并不能对所有油脂都产生明显的抗氧化作用，一般来说，会对某一种油脂有突出的作用，而对另外油脂的抗氧化作用较弱。因此，化妆品配方中筛选抗氧剂时，首先必须知道配方中所用油脂种类，根据各抗氧剂的特性，进行针对性的筛选。

（3）抗氧剂的复配组方

正因为抗氧剂对不同油脂抗氧化作用存在一定的特异性，而通常一个化妆品中使用的油脂会不止一种，因此，需要对抗氧剂进行复配，其复配组方通常包含以下过程。

① 初步组合　针对配方中不同油脂选用的不同抗氧剂进行合理组合，如果不同的抗氧剂之间存在拮抗作用，就必须更换其中一方的抗氧剂，同时还要考虑主抗氧剂和辅助抗氧剂的合理搭配和增效作用。

② 配方稳定性考察　主要是考察形成的组方在产品体系中的稳定情况，以及对产品体系的影响情况。

③ 抗氧化效果考察　将各种合理的组合加入产品中，考察抗氧化效果，选出最佳组合。

（4）用量的确定和体系优化

抗氧剂体系的确定必须通过进行系列试验，对多种组合进行试验验证和优化后，才能最终选择并确定一个最佳的抗氧化体系。

3.4.3　生产过程中的抗氧化控制

化妆品生产过程中，为了保证抗氧化效果，需要注意以下几个方面的问题。

（1）氧气

氧气作为油脂酸败反应底物之一，有着极其重要影响，氧气含量越大，酸败就越快，因此氧气是造成酸败的主要因素。在化妆品的生产、储存和使用过程中都可能会接触到空气中的氧气，因而氧化反应是不可避免的，只能尽可能地减少氧气的接触。

（2）水分

水分活度对油脂氧化作用的影响很复杂，水分活度过高或过低都会加速油脂的酸败，而且较大的水分活度还会使微生物生长旺盛，微生物所产生的酶还能产生一些相应的作用，如脂肪酶可水解油脂，氧化酶可氧化脂肪酸和甘油酯。因此，过多的水分可能会引起油脂的水解，加速自动氧化反应，也会降低酚类、胺类抗氧剂的活性。

（3）光照

某些波长的光对氧化有促进作用，例如，在储藏过程中，短波紫外线对油脂氧化的影响比较大，所以避免产品直接光照或使用有颜色的包装容器可消除不利波长的光的影响。

（4）温度

一般来说，温度每升高 10℃，酸败反应速率增大 2～4 倍，此外，高温会加速脂肪酸的水解反应，给微生物的生长提供了条件，从而加剧酸败。因此低温条件有利于减缓氧化酸败。

（5）微生物

细菌、霉菌、酵母菌等微生物都能在油脂介质中生长，并能将油脂分解为脂肪酸和甘油，然后再进一步分解，从而加速油脂的酸败，这也是化妆品生产过程、使用和储存等需要保持无菌的重要原因。

（6）金属离子

某些金属离子能大大降低原有的或加入的抗氧剂的作用，还有的金属离子可能成为自动氧化反应的催化剂，大大提高氢过氧化物的分解速度，从而表现出对酸败的强烈促进作用。因此，制造化妆品的原料、设备和包装容器等都应尽量避免使用金属制品或含有金属离子的材料。

 思考题

3-1　简述乳化的原理。

3-2　乳液常用的原料有哪些？

3-3　常见的乳化方法是什么？

3-4　乳液的感官评价指标主要包括哪些？

3-5 增稠体系的设计原则是什么?

3-6 增稠体系的设计有哪些注意事项?

3-7 试述化妆品中理想防腐剂的特征和影响防腐剂效能的因素。

3-8 影响微生物生长的因素有哪些?

3-9 简述化妆品抗氧化体系的基本要求。

3-10 简述化妆品生产过程中如何避免氧化作用。

第 4 章
敏感性皮肤与舒缓类化妆品

　　敏感性皮肤，通常是指受到物理、化学、精神等刺激，容易出现不适的肤质。与皮肤过敏不同，敏感性皮肤没有特定的过敏原，最大的成因是皮肤屏障受损，所以外部的微弱刺激就会导致皮肤敏感不适，可能出现发热、刺痛、瘙痒和紧绷感，还可能伴有红斑、鳞屑等。虽然通常是短暂的，并且在许多情况下没有视觉皮肤病学反应，但敏感性皮肤会影响生活质量。在季节变化时期，尤其在夏季敏感性皮肤的发生率增加，可能是暴露于紫外线辐射下导致的。除了紫外线照射外，其他环境因素，如空气污染、热、冷和风等，以及化妆品使用、饮食和饮酒等生活方式因素，还有压力或内源性激素等生理因素，都会诱发或加重症状。严格来说，敏感性皮肤并不是一种疾病，而是一种肌肤亚健康状态。近年来的流行病学研究证实，敏感性皮肤已经成为一个全球性问题，随地域、文化以及定义的不同，敏感性皮肤发生率存在一定差异，但整体发生率有逐渐增加的趋势，因此，针对这类人群的舒缓类化妆品的研发越来越受到化妆品行业的重视。

4.1　敏感性皮肤

4.1.1　敏感性皮肤的概念

　　敏感性皮肤的确切含义尚未达成一致，其概念目前仍有争论。一般认为敏感性皮肤是一种高度不耐受的皮肤状态，是易受到各种因素的刺激而产生刺痛、烧灼、紧绷、瘙痒等主观症状的多因子综合征，皮肤外观正常或伴有轻度的鳞屑、红斑和干燥。

　　2016 年，国际瘙痒研究论坛的专家们共同制定了《敏感性皮肤定义专家共识》，该共识认为：敏感性皮肤是对于通常不会引起不适感觉的刺激，出现不适症状（包括：刺痛、烧灼感、疼痛、瘙痒和麻刺感）的一种综合征。2017 年，我国制定了《中国敏感性皮肤诊治专家共识》，共识认为：敏感性皮肤特指皮肤在生理或病理条件下发生的一种高反应状态，主要发生于面部，临床表现为受到物理、化学、精神等因素刺激时皮肤易出现灼热、刺痛、瘙痒及紧绷感等主观症状，伴或不伴红斑、鳞屑、毛细血管扩张等客观体征。敏感性皮肤的表现如图 4.1 所示。

4.1.2　敏感性皮肤的特点

　　敏感性皮肤由于皮肤细胞受损而使皮肤的免疫力下降，引起角质层变薄，造成皮肤滋润

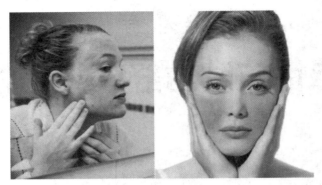

图 4.1　敏感性皮肤的表现

度不够，最终导致皮肤的屏障功能过于薄弱，无法抵御外界刺激。加上皮肤的神经纤维又被外界环境等刺激，过于亢奋，从而易于产生泛红、发热、瘙痒、刺痛、红斑等不适症状。如果正常皮肤变成敏感性皮肤，通常是由于肌肤接触了激素类的东西。一般敏感性皮肤具有敏感性、耐受性差和高反应性三大特点，具体表现为以下 6 个方面。

①　看上去皮肤较薄，角质层不全，容易脱屑，容易过敏，脸上的红血丝明显（扩张的毛细血管）。

②　皮肤容易泛红，一般温度变化，过冷或过热，皮肤都容易泛红、发热。

③　容易受到环境因素、季节变化及面部保养品的刺激，通常归咎于遗传因素，但更多的是使用了激素类的化妆品导致成为敏感性皮肤，并可能伴有全身的皮肤敏感。

④　严重时会出现红肿和皮疹。

⑤　伴有肤色不匀的烦恼，炎症退去容易留下印痕或斑点。

⑥　保水能力差，皮肤紧绷干燥。

4.1.3　敏感性皮肤的类型

根据敏感性皮肤的产生机制和影响因素，一般将敏感性皮肤分为以下几种类型。

（1）生理性皮肤敏感

生理性皮肤敏感是先天性皮肤脆弱敏感，此类人群表现为皮肤白皙、纹理细腻、透明感强、脉络依稀可见和面色潮红。多数女性认为自己是这种皮肤，但真正属于这种皮肤的人不超过 10%。

（2）药物刺激引起的医源性皮肤敏感

在临床治疗皮炎、湿疹和痤疮等一些对个人美观产生影响的皮肤问题时，通常会选用一些带有激素的药物，如视黄酸类和过氧化苯甲酰等。这些药物长期使用会使皮肤变薄，造成皮肤屏障受损和毛细血管扩张，导致皮肤敏感。

（3）激光手术后皮肤敏感

激光的光化效应及热效应会对皮肤产生非常大的影响，如角蛋白、纤维蛋白和酶蛋白变性，天然保湿因子和脂质生成代谢障碍，神经酰胺合成减少，皮肤的"砖墙结构"受到破坏导致角质层的屏障及保湿功能下降。所以激光手术后的皮肤容易受到微生物、紫外线的影响而变得敏感。

（4）疾病状态下的皮肤敏感

鱼鳞病、脂溢性皮炎、玫瑰痤疮和特应性皮炎等自身皮肤疾病的临床前期或临床期会增加皮肤的敏感性。这种情况可能是在疾病状态下，感觉神经信号输入增加和皮肤屏障功能受损导致的。同时，选用不合适的化妆品刺激皮肤或变应性等炎症反应也会增加皮肤的敏感性。

4.1.4　敏感性皮肤的发生机制

敏感性皮肤发生机制目前尚不明确，可能是机体内在因素和外界因素相互作用，引起皮肤的功能受损。主要与以下机制有一定的关系。① 皮肤屏障功能下降。这是敏感性皮肤产生的主要机制。皮肤屏障功能下降不仅会使外用化学物质的渗透性增加，而且会使神经末梢受到的保护减少，从而导致感觉神经的信号输入明显增加。②各种刺激导致血管扩张及某些炎症介质释放。③神经传导功能增强。敏感性皮肤的人群可能有着变异的神经末梢，能释放更多的神经递质，有独特的中枢信息处理过程。

敏感性皮肤与"皮肤过敏"是两个不同的概念（见图 4.2）。皮肤过敏属于一种变态反应，由变应原进入机体后，促使机体产生相应的抗体，引发抗原抗体反应，表现为红斑、丘疹和风团等临床客观体征，常伴瘙痒。而敏感性皮肤更多的是一种原发性刺激反应，

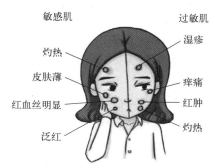

图 4.2　敏感肌和过敏肌的区别

通常是对刺激的耐受性降低，出现一系列异常感觉反应，大多缺乏客观体征。虽然其发生机理不是很清楚，但普遍认为不伴有免疫或过敏机制。变态反应是否参与敏感性皮肤的发生机制目前尚未有定论。有学者认为，大部分人的皮肤敏感就是过敏而引起的，人们在日常生活中接触的低浓度抗原物质可以引起皮肤敏感。过敏和刺激引起的皮肤敏感并不能截然分开，某些抗原本身就具有刺激性，并且刺激反应和过敏反应在其效应阶段也具有相似性。

另外，中医认为，敏感性皮肤是由禀赋不耐、皮肤腠理不密、外感毒邪和热毒藏于肌肤所致。其治疗应当以凉血和清热解毒为主。

4.1.5　敏感性皮肤的影响因素

敏感性皮肤产生的原因有机体的内在因素、种族、性别、年龄和外界刺激等，且这些因素不是简单独立的，而是多种内在和外在因素分别或共同作用的结果。

（1）机体内在因素的影响

机体内在因素的影响主要包括以下几个方面。

① 心理因素　心理压力较大或情绪激动等会激发或加剧皮肤反应。在敏感性皮肤受访者中，有 70.5% 的人认为精神紧张会加重或引起皮肤敏感。精神紧张引起的面部潮红，也是敏感性皮肤发生的危险因素。

② 内分泌因素　月经前后内分泌变化是敏感性皮肤的易感因素，有调查发现，超过 60% 的敏感性皮肤的女性受访者认为内分泌变化会加重或引起其皮肤敏感。

③ 体质弱或患有皮肤疾病　对于体质较弱者，自身抵抗力差，皮肤自我修复功能有限，容易出现皮肤敏感；而某些皮肤病也可以使皮肤的敏感性增强，例如脂溢性皮炎、特应性皮炎、玫瑰痤疮和鱼鳞病等。有研究表明：在女性特应性皮炎患者中，有 66% 为敏感性皮肤。

④ 皮肤类型　混合性皮肤人群中有 50.78% 的人是敏感性皮肤，发生率最高；其次是油性皮肤，为 39.46%，干性皮肤为 35.16%；中性皮肤最低，为 32.56%；不同皮肤类型人群的敏感性皮肤发生率差异有显著性。以上数据研究对象年龄在 18~25 岁，该年龄段最受困扰的皮肤问题是痤疮，尤其对于油性和混合性皮肤。为了控制痤疮，该年龄段人群在皮肤护理上常有过度清洁的趋势，而过度清洁必然破坏皮肤屏障功能，从而导致皮肤敏感。尤其是混合性皮肤，过度清洁会导致其两颊部位屏障功能严重破坏，进而导致皮肤敏感。此外，混合性和油性皮肤更易患痤疮，疾病本身及治疗药物都会进一步损伤皮肤屏障功能从而引起皮肤敏感。

⑤ 局部神经敏感性　具有敏感性皮肤的人可能有着变异的神经末梢，能释放更多的神经递质，有独特的中枢信息处理过程，慢性的神经末梢损伤，或者神经递质清除缓慢等作用共同产生这种反应。例如，有特应性体质的人在接受相同的刮擦刺激后会比正常人产生更严重的后果。另外，皮肤神经传导敏感性的提高也可以扩展到血管的反应，如玫瑰痤疮的患者在摄入特定的食物之后，在温度剧烈变化后以及在身体或情感的压力下，面部会变红。

（2）其他因素的影响

① 种族和地域影响　不同种族人群的角质层厚度及细胞间黏附力有所不同，黑色素生成的量也不同，导致皮肤敏感性会有所差异。通常，亚洲人容易对辛辣食物、温度变化和风表现出高反应，且容易产生瘙痒。尽管各地在环境、气候、生活习惯和种族等各方面均有较大不同，但各地域人群敏感性皮肤发生情况并无明显差异。国外一项研究显示，敏感性皮肤多为女性，并且 85% 是白人。在种族差异研究中，黑人的角质层比白人具有更多的细胞层，黑色角质层密度较高，具有更紧凑的屏障。然而，在另一项研究中发现，黑人皮肤的经皮水分丢失要高于白人。为此，有专家认为，由于亚洲人和黑人有较高的经皮水分丢失值，其皮肤更容易变为敏感性皮肤，所以，种族差异也很难定论。

② 年龄　通常，老年人的皮肤存在感觉神经功能减退等问题，神经分布也在减少，所以青年人会比老年人容易出现皮肤敏感问题。而大多数敏感性皮肤者是在进入青春期后才开始出现的，并没有发现有关既往儿童皮肤敏感相关的迹象。进入青春期以后，各种影响因素对皮肤产生的影响都不容忽视。

③ 性别　一般女性皮肤比男性皮肤敏感。据报道，北京地区大学生敏感性皮肤的发生率为 39.46%，其中女性敏感性皮肤发生率为 48.03%，男性为 30.04%。英国的调查显示，约有 50% 的被调查者认为自己是敏感性皮肤，认为自己是敏感性皮肤的被调查者中，男性和女性的比例分别为 38.2% 和 51.4%。法国大约有 50% 的人认为自己具有敏感性皮肤，其中女性占 59%，男性占 41%。在其他国家，这种自我报告的敏感性皮肤发生率变化不大。

④ 紫外线的损伤　紫外线会对皮肤产生损伤，使血清和表皮中白介素的产生增加，细胞黏附因子激活，局部炎症细胞浸润，各种生物化学炎症介质被释放，特别是组胺、前列腺素、前列环素和激酶。紫外线会导致皮肤干燥，且被紫外线损伤的皮肤在很长一段时间之后仍然不正常。有研究者观察到，受到中等剂量紫外线照射的皮肤，在 16 个月之后浸在热水

中时，原照射部位还出现了组胺性风团。另据报道，有受试者在接受了 8 倍最小红斑量（MED）的紫外线照射（照射部位并没有产生水疱而是红斑）后 6～8 年，再把受试部位浸在 45℃的热水中 3min，原照射部位竟然还诱发出了红斑。

⑤ 外界刺激　一些物理性或化学性的外界刺激能导致皮肤敏感。物理性刺激有：冬季寒冷干燥的气候以及风吹、日晒、热、冷、湿度低和电离辐射等。化学性刺激有：药物、清洁剂和化妆品等。另外，当皮肤屏障功能下降时，经皮水分丢失率会增高，皮肤更加容易受到刺激而导致皮肤敏感。

此外，不健康的生活方式也是引起皮肤敏感的因素之一，如辛辣刺激的饮食以及酒精等均可加重皮肤的敏感性反应。

4.1.6　化妆品与敏感性皮肤的关系

在引起皮肤敏感的因素中，化妆品使用不当所引起的皮肤敏感非常常见。现在人们对于化妆品的大量使用，或者使用质量低下、有毒物质含量超标和添加糖皮质激素类禁用药物的化妆品，就有可能出现化妆品皮炎，导致因化妆品而引起的皮肤疾病大量增加，而皮肤敏感就是其中极其常见的一种。化妆品引起的皮肤敏感主要表现为：皮肤红肿、发痒和发热，严重时会出现水疱、皮疹和皮炎等现象。另外，还可能是个体皮肤对化妆品中的某些成分敏感，如防腐剂、抗氧剂、乙醇、果酸、表面活性剂、重金属以及香精香料等。其中，导致皮肤敏感概率较大的是香精和防腐剂。

近年来，敏感性皮肤护理成为了热点，许多化妆品企业推出了针对性产品。在这些产品中均不同程度地添加了抗敏和抗刺激的功效植物提取物，这些植物提取物在屏障修护、神经镇静和抗炎杀菌中各有所长。

4.2　舒缓类化妆品

舒缓类化妆品，就是针对敏感性皮肤的产品。其作用在于缓解因季节、温度和化妆品等刺激引起的发红、干燥紧绷以及不适等皮肤问题，以维护稳定皮肤状态。该类产品添加了能够起到舒缓抗炎作用的成分，可以短时间内快速安抚问题皮肤。一般舒缓类产品，比较适合敏感性皮肤、干皮等易受刺激而造成不适的皮肤。当然，舒缓类化妆品与功效型化妆品相比会更温和，什么皮肤都可以用。其主要作用表现为对于健康皮肤，起基础维稳的功效，对于敏感性肌肤，进行安抚与修复。

4.2.1　舒缓类化妆品的设计原则

化妆品引发皮肤过敏是化妆品中的某些成分，对皮肤细胞产生刺激，使皮肤细胞产生抗体，从而导致过敏。目前市场上销售的化妆品很多都是用化学原料制造的，乳化剂、香料、色素、杀菌剂以及防腐剂等成分都可能对皮肤造成伤害。

油脂类：虽然能保持皮肤湿润，抵抗外来刺激，但是也会阻止皮肤呼吸，导致毛孔粗大，引发皮脂腺功能紊乱。

乳化剂：会破坏皮肤组织结构，导致皮肤敏感，并有较强的致癌性。

色素：易造成色素沉着，引发色斑。

香料：具有强致敏性，易引发过敏反应。

杀菌剂：杀死有害菌的同时也杀死有益菌，降低皮肤自身的保护功能。

防腐剂：会产生100%的活性氧，是皮肤老化的元凶之一。

因此，舒缓类化妆品的设计原则为：①成分力求简单，潜在致敏原最小化，减少对皮肤的刺激，重建皮肤屏障；②不能包含常见的变应原和刺激物（无防腐剂，无香料、香精，无酒精）；③应选择高质量的、纯净的以及不含杂质的原料，且平均成本降到最低；④选用安全且无毒的功效型原料，最好是来源于天然植物萃取成分；⑤运用抗氧化产物如维生素E、丁基羟基茴香醚和丁基羟甲苯以避免产品的自氧化；⑥有保湿、防晒作用，其中防晒是预防皮肤敏感的重要环节。另外，洁肤类、面膜和化妆水等各种不同功用的化妆品，都可以针对敏感性皮肤进行设计。

4.2.2 舒缓类化妆品的功效性原料及作用机制

近些年来，化妆品行业对于敏感性皮肤的关注与日俱增，绝大多数品牌都推出了针对敏感性皮肤的产品。在这些化妆品中均不同程度地添加了一些具有抗敏、抗刺激功效的植物提取物。而这些成分的功效一般也是针对敏感性皮肤形成的可能机制发挥作用，即屏障修护、神经镇静、抗炎杀菌和舒缓皮肤。根据舒缓类化妆品的功效性原料的作用机制，下面列出一些具有抗敏、抗刺激作用的活性物质及其功效特性。

（1）屏障修护

① 从细胞修复方面　可使用从橄榄果实中提取的活性成分羟基酪醇，它具有强抗氧化能力，具有保护红细胞、抑制血管生成和抗炎症等作用；从葡萄籽中提取的活性成分原花青素，具有清除自由基、稳定细胞膜作用；从薰衣草或蓝蓟籽中提取的活性成分蓝蓟油，具有促进细胞再生作用，同时从薰衣草提取的蓝蓟油还具有清除自由基的功效，而从蓝蓟籽中提取的蓝蓟油还可抗氧化和修复细胞流动性；另外，在常见植物马齿苋中可提取活性成分黄酮和皂苷，可用来清除自由基，防止干燥。

② 结构维持方面　从狭叶松果菊细胞提取的松果菊苷，可用于抗氧化、延缓衰老的产品中；褐藻里提取出的褐藻多糖，具有促进神经酰胺生成、抑制炎症、保护血管和促进愈伤等功效；茶叶里提取出的茶多酚，可在具有抗氧化和舒缓作用的功效化妆品和药品中使用；另外，从芍药里得到的白芍总苷可调节细胞增殖、延缓衰老和抑制炎症因子。所以，这些都可在舒缓类产品中使用，以在皮肤结构维持上面起功效。

③ 角质层修复方面　神经酰胺是人体皮肤角质层细胞间脂质的主要成分，局部使用一定量的神经酰胺可促使受损的皮肤屏障修复，且神经酰胺还有保湿和延缓衰老的作用。另外，外用维生素E可以使其聚集在皮肤的角质层，帮助修复屏障功能，增强皮肤抵御外界刺激的能力且可阻止皮肤内水分的丢失。

（2）神经镇静

人工合成的反式4-叔丁基环己醇，具有抑制瞬时受体电位香草酸亚型1（TRPV1）过表达的能力，因此可以在舒缓类化妆品中使用。

（3）抗炎杀菌

由于敏感性皮肤存在屏障功能损伤或神经功能异常的特点，与正常皮肤相比更难于抵御外界刺激物与过敏原的侵袭，容易发生一系列刺激或过敏导致的皮肤炎症反应，然后进一步损害皮肤屏障结构与神经末梢，导致恶性循环。炎症反应是导致敏感性皮肤的重要因素。敏感性皮肤对于药物或者功效型化妆品里面的原料成分都十分敏感，因此针对这些皮肤问题使用从天然植物中提取的原料成分是安全且可靠的。譬如豆科植物提取物可抑制透明质酸的水解和抑制炎症反应的发生；还有燕麦麸片里可提取出的活性成分二氢燕麦酰基邻氨基苯甲酸，该物质具有抗组胺、抗过敏、抗炎症和抗氧化等功效；还有可从多种植物里提取槲皮素，同样具有抗氧化、抑制炎症以及保护血管的作用。这些都可用于舒缓类产品里，起抗炎杀菌的功效。

同样，及时对敏感性皮肤进行抗菌杀菌的处理也是十分必要的，如可从牡丹皮中提取出丹皮酚，本身就具有天然的抗过敏功效；黄芩茎叶里的活性成分黄芩苷就有祛斑美白以及抑制过敏的作用。

（4）舒缓皮肤

① 芦荟提取物　芦荟提取物作为皮肤舒缓剂被广泛应用，其含有芦荟宁、芦荟苷、芦荟苦素、糖胺聚糖、氨基酸和多肽等物质，除具有防晒和保湿作用外，还具有消炎、抑菌及加速伤口愈合等能力。

② 芹黄素　芹黄素是芹菜的主要有效成分，属于黄酮类化合物。芹黄素能够调理皮肤，缓解皮肤的紧张状态，具有镇静作用，并对 UVB 有强吸收能力。可作为调理剂应用于面部用的化妆品中。

③ 薰衣草精油　薰衣草精油适用于任何肤质，可以舒缓神经的紧张，减压镇静。同时具有促进细胞再生、治疗灼伤、抑制细菌和减轻瘢痕的作用。另外，薰衣草非精油组分可不同程度地缓解病理状态下自由基对皮肤的伤害。

④ 雪松醇　雪松醇属于倍半萜类化合物，能舒缓皮肤的过敏反应，对高过敏性皮肤的作用更明显，可用于敏感性皮肤用化妆品。

⑤ 白杨素　白杨素主要存在于黄芪、蜂胶等原料中，属于黄酮类化合物，可由黄芪中提取。白杨素能够调理皮肤，缓解皮肤紧张状态，具有镇静作用。

4.3　舒缓功效评价方法

目前针对舒缓类化妆品的舒缓功效的研究报道复杂多样，包括基本的体外实验、动物实验、人体实验以及少量细胞实验，主要针对屏障功能、神经镇静和抑制炎症反应三个方面。以下就不同针对性分类对现行舒缓功效评价实验进行总结。

4.3.1　屏障功能维护和修复相关实验

（1）透明质酸酶（hyaluronidase，HAase）抑制实验

透明质酸（hyaluronic acid，HA）是细胞外基质（ECM）中含量最多、所占比例最大的成分，具有很强的吸水能力和黏附性，可调控细胞因子的分泌，影响细胞的生长、增殖、迁移和分化，因而在维持皮肤水分和弹性、创伤愈合和血管形成等过程中起主要的作用。透明质酸酶是透明质酸的特异性裂解酶，抑制透明质酸酶的活性即可保证透明质酸的含量和正常功能。透明质酸酶抑制实验是最典型的舒缓功效评价体外方法，以透明质酸酶抑制率为指标评价物质的舒缓功效，透明质酸酶抑制率越大则舒缓功效越强。

（2）自由基清除实验

线粒体在电子传递过程中产生的自由基会攻击细胞膜、蛋白质甚至 DNA，导致细胞的衰老甚至死亡，与多种疾病都有紧密关系。抑制自由基活性可以有效缓解外界刺激后产生的过量自由基作用下细胞结构功能的退化，进而维护包括皮肤在内各种器官的正常屏障结构。自由基清除实验的底物有 1,1-二苯基-2-三硝基苯肼自由基（DPPH·）、羟基自由基（·OH）、超氧阴离子自由基（$O_2 \cdot^-$）、一氧化氮自由基（NO·）等多种，用于检测包括酶类、维生素类及多酚、黄酮等各种小分子抗氧剂的功效。

（3）红细胞溶血实验

红细胞溶血实验（RBC hemolysis test system）由原欧洲替代方法验证中心（EC-VAM）建立，最初用于替代德来塞测试（Draize 实验）对化合物眼刺激性的标识、筛查或机制研究，其原理在于测定从红细胞中漏出的血红蛋白的量来评价细胞膜的损伤程度，血红蛋白漏出量越多，损伤越大。国内引进该实验以后，将多种化合物、不同来源红细胞的溶血实验与 Draize 实验结果比较，证实了溶血实验的可靠性，现已将其广泛用于刺激物的作用强度或活性物质的安全性评价中。根据红细胞溶血实验的原理，通过对其进行改良，同时添加刺激物与活性物质作用于红细胞，也可以评价活性物质对细胞膜的保护功能。

（4）皮肤屏障结构相关蛋白表达测定

皮肤屏障结构相关蛋白目前尚未得到广泛的分析与研究，但已逐渐引起了生物医药学界的重视。近年来出现了针对外界刺激下活性物质对角质细胞中水通道蛋白-3（aquaporin-3，AQP-3，生理功能：参与细胞的物质吸收与分泌，有助于弹性保持和损伤修复）、半胱氨酸天冬氨酸特异性蛋白酶-14（Caspase-14，生理功能：参与角质细胞终末分化，辅助丝聚蛋白，形成完整角质层）等表达量的影响。比如转谷氨酰胺酶 1（TGM1），它编码与膜相连的钙依赖性硫醇酶，具有转移氨基酸到蛋白质谷氨酸残基上形成异肽键的能力，参与角质蛋白膜套过程中 ε-(γ-谷氨酰) 赖氨酸交联的形成，是角质形成细胞终末分化组成蛋白膜套的关键步骤，是皮肤屏障功能的物质基础。中间丝相关蛋白，如丝聚蛋白（filaggrin，即FLG）、兜甲蛋白（loricrin，即 LOR）和内披蛋白（involucrin，即 IVL）等也是蛋白膜套形成的基础。以 FLG 为例，它连接角蛋白纤维，维持角质细胞扁平状，形成角质包膜。FLG 基因编码的突变会导致一些皮肤干燥和皮肤屏障功能受损的疾病，如特应性皮炎和寻常型鱼鳞病。

（5）皮肤角质层神经酰胺含量分析

神经酰胺是人体角质层脂质的重要成分，功能主要有调节皮肤水分流失（水合作用）、维持皮肤屏障功能、黏合作用、延缓衰老和美白等。有研究显示小鼠的表皮神经酰胺含量与皮肤机械性屏障功能呈正相关且相互影响。目前对此已经有较为系统的量化分析法，但尚未应用在外源物质对角质层含量的影响分析方面。

(6) 表皮紧密连接相关基因表达

紧密连接是维持表皮机械屏障和通透性的重要结构，紧密连接蛋白包括 Claudin-1、Occludin 和 ZO-1 等等。定位于颗粒层的 ZO-1，不仅参与调节细胞物质转运、维持上皮极性，还与细胞增殖分化等多个方面有关。ZO-1 与紧密连接的其他成员密切相关，只要 ZO-1 受到破坏，紧密连接的功能就会随之改变。因此测定 ZO-1 蛋白的表达，可以用来评估屏障修复功效。

4.3.2　神经镇静实验

(1) 降钙素基因相关肽测定

外界刺激下，Ca^{2+} 涌入神经元，导致其释放降钙素基因相关肽（calcitonin gene-related peptide，CGRP），进而引起一系列神经激活和血管扩张等免疫应答反应。当外界刺激与舒缓活性物质同时作用于皮肤，通过荧光标识测定 CGRP 的量可以评估神经元的信号传递，从而研究活性物质是否具有刺激条件下的神经镇静作用。

(2) 瞬时受体电位香草酸亚型 1 表达量测定

瞬时受体电位香草酸亚型 1（transient receptor potential vanilloid 1，TRPV 1）表达于成纤维细胞、角化细胞、黑色素细胞及肥大细胞等，引起炎症性疼痛，减缓屏障修复，接受毒性、高温和酸性等伤害性刺激后被激活，从而产生瘙痒、灼热或疼痛等敏感症状。目前针对神经性皮肤敏感的化妆品原料开发多为 TRPV 1 表达抑制或功能拮抗剂，通过检测 TRPV1 表达量的降低说明活性物质舒缓面部不适感觉的功效。所以可以通过检测 TRPV1 蛋白的表达量，从而评价产品的舒缓功效

4.3.3　抑制炎症反应评价实验

通过抑制炎症功效评价，可以说明受试物质对敏感性皮肤接触外界物质（刺激物或过敏原）时的不良反应进行抑制，包括受试物质对皮肤炎症反应各个环节的关键因素发挥作用，主要包括各种细胞炎症因子的释放及其表达量的变化、肥大细胞数量及其分泌组胺和白三烯等炎性物质的含量、皮肤免疫抗原提呈细胞即朗格汉斯细胞活力等。

(1) 基于白三烯的 5-脂氧合酶活性研究

白三烯（leukotrienes，LTs）是最强烈的炎症因子之一，会造成毛细血管和白细胞的渗漏，导致局部的红肿、发痒等炎症。5-脂氧合酶是一类在体内充当炎症信使的脂质。5-脂氧合酶（5-lipoxygenase，5-LOX）是生物体内含有非血红素离子的双加氧酶，是催化花生四烯酸（arachidonic acid，AA）生成白三烯类过程中最关键的促炎症反应酶，抑制其活性可以减少白三烯的释放而抑制炎症反应。

(2) THP-1 细胞 CD54/CD86 表达量研究

皮肤朗格汉斯细胞数量和形态的限制导致其难于体外培养，目前国际公认可以采用人急性单核白血病细胞（human acute monocytic leukemia cell line，THP-1）CD54/CD86 的表达量上调，等效替代过敏原的朗格汉斯细胞的激活作用。

4.3.4　人体和动物实验

（1）人体实验

大部分舒缓类化妆品原料及产品的开发环节中，人体实验仍然是必不可少的一部分，一般为斑贴试验。选择 18～60 岁符合要求的志愿者为受试对象，进行刺激物和样品的涂抹，根据患者的主观感受打分，从而评判样品的舒缓效果。也有动物作为受试对象的，同样进行斑贴激发后由实验者根据皮肤受损情况打分评判。斑贴试验可以得到较为直观的现象，但试验结果往往带有很强的主观性，缺乏说服力。此外，人体实验中还可以进行角质层水分含量试验、皮肤红斑指数测试、皮肤其他生理指数测试以及皮肤厚度、皮肤表面结构的改变，从而判断皮肤的敏感性状况。这种试验应用于人体，有较为直观的数据结果，但是存在个体差异的干扰。

（2）动物实验

动物实验是目前应用最为广泛的舒缓功效评价方法，除斑贴试验以外，多为抑制炎症乃至过敏反应。这方面的研究不仅限于皮肤，而且深入到内部器官和机体免疫系统。相关的实验类型包括组织学观察、各种免疫因子水平的测定和相关基因的表达分析以及嗜酸性粒细胞、白细胞和肥大细胞活性检测等。动物实验的研究重点在于免疫反应，且操作较为烦琐困难，在化妆品活性成分的开发中应用较少。

 思考题

4-1　敏感型皮肤的表现症状有哪些？

4-2　谈一谈敏感性皮肤、过敏性皮肤还有皮肤刺激的区分。

4-3　敏感性皮肤的类型有哪些？

4-4　简述敏感性皮肤产生的机制。

4-5　化妆品产生皮肤敏感的因素？

4-6　如何设计舒缓型化妆品？

4-7　简述舒缓类化妆品功效成分的作用机制。

4-8　简述抗敏活性评价的实验方法。

第5章

毛发类化妆品

毛发具有保持体温、保护皮肤等作用，与其他哺乳类动物相比，人类的毛发仅在身体的一小部分和头部存在，其他地方几乎处于退化状态。头皮会分泌汗液和皮脂，头皮屑中除含脱落的角质层外，也含有汗液干燥后的残余物和皮脂，外来的尘土和细菌等也很容易黏附在头发上。为了更好地护理头发，从而有了毛发类化妆品。因此毛发类化妆品的首要功能是洗净头皮和头发。

5.1 毛发概述

5.1.1 毛发的结构与性质

（1）毛发的结构

毛发是皮肤附属器官，也是主要的美容器官，毛发虽然会自然生长，但它并不是活的器官，因为它不含神经、血管。其形状可分为直发、波状发和卷发三种（图5.1）。

(a) 直发 　　　　　　　　(b) 波状发 　　　　　　　　(c) 卷发

图 5.1　毛发形状分类

毛发从下至上可分为毛乳头、毛囊、毛根和毛干四个部分，结构如图5.2所示。毛发的生理特征和机能主要取决于表皮以下的毛乳头、毛囊和皮脂腺等。

毛囊为毛根在真皮层内的部分，由内毛根鞘、外毛根鞘和毛球组成，内毛根鞘在毛发生长期后期是与头发直接相邻的鞘层。内毛根鞘是硬直的、厚壁角蛋白化的管，它决定毛发生长时的截面形状。在毛发角蛋白化以前，内毛根鞘与毛发一起生长，其来源均为毛囊底层繁殖的细胞。在接近表皮处，内毛根鞘与表皮和毛囊脱开。

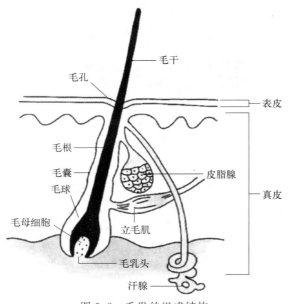

图 5.2　毛发的组成结构

毛乳头是毛囊的最下端，连有毛细血管和神经末梢。在毛囊底部，表皮细胞不断分裂和分化。这些表皮细胞分化的途径不同，形成毛发不同的组分（如毛小皮、毛皮质和毛髓质等），最外层细胞形成内毛根鞘。

皮脂腺的功能是分泌皮脂，皮脂经皮脂管挤出，当毛发通过皮脂管时，带走由皮脂管挤出的皮脂。皮脂为毛发提供天然的保护作用，赋予毛发光泽和防水性能。立毛肌是与表皮相连的很小的肌肉器官，它取决于外界生理学的环境，立毛肌能舒展或收缩。温度下降或肾上腺素作用时，可把毛囊拉至较高的位置，使毛发竖起。

毛干指露出皮肤的部分，是表皮向外生长的特殊部分，其主要成分为角蛋白，占毛干总质量的 85%～90%，其他成分是水、色素、类脂质和微量元素。毛干由三层同心排列的表皮细胞层构成，由内至外分别是毛髓质、毛皮质、毛小皮。毛皮质是毛发的主要成分，由与毛发长轴平行的细长细胞所组成。在这些细胞中有约 10mm 的张力细丝及纤维间基质，这些成分决定了毛发的主要生理化性状。细丝由纤维蛋白组成，其中 50% 的蛋白质呈螺旋状结构，基质由含有丰富胱氨酸的非螺旋体蛋白组成。这些蛋白质在毛囊下端合成，合成的最后阶段半胱氨酸转变为胱氨酸。

毛发的物理性质与其化学组成有关。将毛发浸泡在水中，很快就会膨胀，膨胀后的重量比未浸泡前干重高 40% 左右，这种遇水膨胀现象说明毛发中几乎全是蛋白质成分，而脂质含量很少。毛发具有较强的双重性，这是由于细胞中细丝的排列与毛发长轴平行。

（2）毛发的作用

毛发对人有着多样功能。其中包括以下 5 个方面的作用。①机械性保护作用：眉毛可使淌下的汗水不流入眼睛，鼻毛能防止灰尘进入呼吸道，腋毛能减少局部摩擦，头发可减少头皮损伤。②防紫外线作用：头发覆盖于头皮，可防止紫外线的过度照射。③调节体温作用：由于人类进化的结果，汗腺代替了毛发的体温调节作用。④触觉作用：毛发可通过毛乳头及皮下组织的神经末梢传递对外界的接触感应。⑤社交作用：不同发型和须型也是美容师工作的内容，具有时尚和流行的特征作用。此外，还可通过对毛发的鉴定来确定遗传基因（DNA），或通过测定各种微量元素来判断身体状况。

（3）毛发的外观特征

毛发的长短、质地和色泽因人而异，在同一个人身上不同部位也不同，甚至同一个部位也可能有差异。毛发的颜色有黑色、褐色、金黄色、红色、白色等区别。

成人的毛发有三种类型，但不管哪一类毛发，它们都与毛囊有关，都是从毛囊生长出来的。

① 长毛　长、粗且短，色泽浓。如头发、胡须、腋毛等。常在 1cm 以上。
② 短毛　短、粗且硬，色泽浓。如眉毛、睫毛和鼻毛等。不超过 5mm。
③ 柔毛　软而细的短毛，色泽淡。如汗毛。

5.1.2　毛发的化学组成

毛发的主要化学成分是角蛋白，占毛发重量的 65%～95%。另外，毛发中还含有脂质、色素、微量元素（如硅、铁、铜、锰等）以及水分等。

（1）角蛋白

毛发的角蛋白是一种具有阻抗性的不溶性蛋白质，一般含有 18 种氨基酸，其中以胱氨酸含量最高，与人的皮肤相比，胱氨酸多出 40%～50%；其次是组氨酸、赖氨酸、精氨酸，这三种氨基酸的含量比约为 1:3:10，这种比例是毛发角质蛋白特有的。各种氨基酸组成多肽，并以长链、螺旋、弹簧式的多维结构相互缠绕交联。胱氨酸在蛋白质三级结构中相互形成二硫键连接，极大增强了角质蛋白的强度和阻抗性能，赋予了毛发独有的刚韧特性。

（2）脂质

毛发中的脂质因人而异，占 1%～9%。毛发中的脂质，分为皮脂腺分泌脂质和毛发内部固有脂质，这些脂质在组成上并无差别。脂质的主要成分是游离脂肪酸，同时也含有蜡类、甘油三酯、胆固醇和角鲨烯等物质。

（3）色素

毛发中黑色素含量在 3% 以下。

（4）微量元素

毛发中含有的金属元素有铜、锌、钙、镁等。除了这些金属微量元素外，还有磷、硅等无机成分，占毛发的 0.55%～0.94%。这些微量元素与角质蛋白或脂肪酸形成结合状态。

（5）水分

水分是毛发组成中非常重要的部分。毛发中水分的含量受环境湿度的影响，通常占毛发总重量的 6%～15%，最大时可达 35%。水分的存在可降低角质蛋白链间氢键形成的程度，从而使头发变得柔软润泽。

5.1.3 毛发的化学性质

毛发是一种角质蛋白，而角质蛋白是由氨基酸组成的。氨基酸含有氨基和羧基，氨基可以与酸（H^+）结合显碱性，羧基在水溶液中能电离出氢离子而显酸性，所以它是一个两性化合物。毛发可以与一些化学物质发生化学反应，例如酸、碱、还原剂、氧化剂和沸水等。

（1）水的作用

毛发分子中含有亲水基团，例如氨基酸中的氨基和羧基等。亲水基团可以与水生成氢键。当头发在沸水（100℃）中时会发生水解，虽然反应进行得很慢，但是毛发中的二硫键会断裂。

（2）酸的作用

通常低浓度的酸或弱酸对毛发纤维无明显的损害，仅仅只有离子键变化。但在高浓度和强酸条件下能破坏毛发纤维的主多肽链，而二硫键不会受到破坏。

（3）碱的作用

碱对毛发纤维有着显著的破坏作用。不仅毛发纤维主链发生断裂，而且离子键和二硫键等也会发生断裂。毛发因此受到损伤，变得干枯、易断等。

（4）氧化剂的作用

氧化剂的 pH 值和浓度对毛发纤维有明显的影响。氧化剂可以使毛发纤维中的二硫键断裂氧化生成磺酸基，且不能再还原成二硫键或巯基，使毛发变得粗糙、无光泽等。

（5）还原剂的作用

当还原剂溶液的 pH 值达到 10 以上时，毛发纤维的结构会发生变化，二硫键断裂生成巯基。烫发所用到的就是还原剂，通过还原剂将毛发中的二硫键破坏，使头发变得柔软易塑形，然后在氧化剂的作用下将二硫键还原，从而使头发保持弯曲。

5.1.4 毛发的生长周期

毛发的生长速度与部位有关，头发生长得最快，每天生长 0.2～0.4mm，平均 0.3mm，一个月可以生长 0.6～1.2cm，其他部位每天生长 0.2～0.5mm。男性毛发生长的速度一般较女性快，15～30 岁期间生长得最快，老年时头发生长减慢，发质粗的比发质细的长得快，春夏比秋冬快。毛发的生长速度受性别、种族、年龄等因素影响，毛发的密度随性别、年龄、个体和部位而异。

毛发的生长呈一定的周期性，主要与毛囊本身的生长周期有关。一般分为生长期、退行期和休止期。生长期又可分为 1～6 期，其中 1～5 期为前生长期，6 期则为后生长期。前生长期中毛发尚位于毛囊内，至后生长期，毛干即露出皮面。在整个毛发生长周期中，毛囊会发生显著的变化。生长期毛囊可深入皮肤深层，即皮下脂肪层。退行期毛囊中角质形成细胞先出现核固缩，再发生凋亡，除基膜外整个毛囊可被吸收。而在休止期中整个内毛根鞘完全缺失。与此同时毛发形态也发生变化，生长期毛发根部柔软，周围有白色透明的鞘包绕，毛球卷曲，而休止期毛发根部呈较粗的棍棒状，毛根周围无白色透明鞘包绕。不同部位的毛囊呈非同步生长，具有各自的周期。头发的生长周期较长，一般为 2～5 年，退行期数天，而休止期为 3 个月。除胡须外，其他部位的毛发整个生长周期仅几个月，而且大多数处于休止期。

5.2 头发问题与护理

5.2.1 常见的头发问题

（1）白发

白发是指头发全部或者部分变白，分为先天性和后天性。

先天性少白头，最常见有这种少白头的人常有家族遗传史，往往一出生就有白头发，或头发比别人白得早，此外，无其他异常表现。

后天性少白头，引起的原因有很多：营养不良，如缺乏蛋白质、维生素以及某些微量元素（如铜）等，都会使头发变白；某些慢性消耗性疾病如结核病等，因造成营养缺乏，头发也比一般人的要白得早些；一些长期发热的病人，头发会变黄变脆甚至变白脱落；有些内分泌疾病，如垂体或甲状腺疾患，可影响黑色素细胞产生黑色素颗粒的能力而导致头发过早变白；有些年轻人在短时间内，头发大量变白，则与过度焦虑、悲伤等严重精神创伤或精神过度疲劳有关。后天性少白头的临床表现：在青少年或青年时发病；最初头发有稀疏分散的少数白发，大多数首先出现在头皮的后部或顶部，夹杂在黑发中呈花白状；随后，白发可逐渐或突然增多，骤然发生者，与营养障碍有关。

老年性自发白发常从两鬓开始，逐渐向头顶发展（见图 5.3）。数年后胡须、鼻毛等也变灰白，但胸毛、阴毛和腋毛即使到老年也不变白。老年性自发白发是黑色素细胞中酪氨酸酶活性进行性丧失而使毛干中色素消失所致。灰发中黑色素细胞数目正常，但黑色素减少，而白发中黑色素细胞也减少。

图 5.3 老年性白发

白发机制：毛球中黑色素细胞酪氨酸酶活性进行性丧失，使毛干中的色素逐渐消失。灰发中黑色素细胞数量正常，但胞质中有大的空泡，黑素体所含的色素减少；而白发中黑色素细胞减少或缺乏。根源在于身体中的血液热毒排不出来，使人体中的营养运输无法顺利送达至头发根源，导致营养源的缺失，头发中的必需营养源不足，从而导致白发。

（2）斑秃

斑秃又称圆形脱发。这种病多为突然发生，患处无炎症，无任何自觉症状。早期斑状秃发患者脱发的部位通常在毛囊下端。

其突发的原因有以下几方面。

① 遗传因素　10％～20％的病例有家族史。有报告称，单卵双生者同时在同一部位发生斑秃。从临床积累的病历看出，具有遗传过敏性体质的人易伴发斑秃。

② 神经障碍因素　由自主神经或中枢神经障碍所致。患者精神紧张，导致自主神经功能紊乱。交感神经紧张性增强，毛细血管持续性收缩，造成毛根部血液循环障碍。

③ 精神刺激因素　精神刺激导致自主神经功能失调，血管运动中枢机能紊乱，头皮局部毛细血管痉挛收缩，毛乳头供血发生障碍，以致毛发提前进入休止期，从而引起毛发脱落。

④ 自身免疫性疾病　斑秃常与某些自身免疫性疾病有关。如桥本甲状腺炎、溃疡性结肠炎及白癜风等。

（3）早秃

早秃即早年秃发，指于青壮年时期头发过早地逐渐脱落。早秃常从前发缘向后脱落，或头顶部头发稀薄直至除发缘外整个头皮头发全部脱落。脱发常呈进行性，有家族倾向，多见于男性。过早脱发原因未明了。但病人常有较明确的家族史，遗传因素和血液中有较高水平的雄激素是两个重要因素。血液中有过量的雄激素常是早秃发生发展的重要因素。有下列证据：①男性在青春期前不发生早秃，但用睾酮长期治疗者可发生早秃；②早秃随年龄增加而加重；③早秃者的胡须、阴毛和腋毛不脱落；④发现初期，相应的毛囊有 5α-二氢睾酮积聚，它可能抑制毛囊代谢。但进一步原因尚不清楚。该病常伴皮脂溢出，但已证实其与早秃无因果关系。

（4）脂溢性脱发

脂溢性脱发，又称雄激素性脱发，一般在 20 岁左右开始出现额、颞、顶部的进行性缓慢脱发。男女均可发生，但以男性患者更为常见。导致脂溢性脱发的本质原因至今医学上尚无明确定论。目前倾向于认为脂溢性脱发与人体雄激素水平过高有关。有研究人员做过实验，证明当人体血清睾酮等雄激素浓度达到 $30\mu g/L$ 以上就会抑制毛囊的生长，浓度越高抑制作用越强。但另一方面，不少研究却表明脂溢性脱发的血清雄激素浓度与正常人比较并无明显增加。长期的研究与观察认为导致脂溢性脱发最直接的关键原因在于皮脂分泌过旺，皮肤中有些成分如油酸、亚油酸、角鲨烯等过量时对毛囊有毒性作用，导致毛囊中毒、枯萎、脱落。实验表明，将含有这些成分的油脂涂到动物皮毛上就会引起毛发的大量脱落。这是脂溢性脱发与皮脂分泌过旺有直接关联的证据之一。

5.2.2　头发的护理

头发不仅保护着我们的头皮而且影响着美观。美丽、干净和健康的头发，可以使人精神焕发，所以对头发进行护理是非常有必要的。首先介绍健康头发的标准：①色泽统一，中国人传统以头发黑亮为健康；②不打结，发梢不分叉，柔顺自然，易于梳理；③头发润泽、不干燥；④头发疏密适中；⑤发丝软硬适中，粗细均匀；⑥油脂适中，不油腻，无头屑，无头垢；⑦手感润滑，不干枯，不易断裂；⑧五指紧贴头皮插入，五指并拢夹住发丝向发梢拉，一次脱落头发不超过两根。

头发根据其发性主要分为油性、干性、中性和混合性四种发质。以下主要介绍四种发质应该如何护理头发。

（1）油性发质

① 油性发质特点　皮脂分泌过多，头发油腻，易产生静电，易吸尘；容易产生头皮屑，需要经常清洁；还容易产生脂溢性皮炎等头皮炎症；发质细软者，油性头发的可能性较大。

② 形成的原因　皮脂腺分泌过多的油脂，是形成油性发质的根本原因；护理不当，不经常清洗头发；油性头发也受遗传因素及精神压力、性激素影响。

③ 护理建议　用性质温和或用清爽型的洗发水，并经常清洗头发，保持头皮干净清爽；应该根据发质情况使用护理产品；由于头皮已能分泌足够的油脂，护发素宜涂在发干或发梢上。

（2）干性发质

① 干性发质特点　油脂分泌很少；头发缺水，无光泽、干燥，并且容易断裂；头发蓬松、缠绕，在浸湿的情况下难于梳理；通常头发根部颇稠密，但至发梢则变得稀薄，发梢易分叉；头发僵硬，弹性较低，其弹性伸展长度往往小于25%。

② 形成原因　缺乏油脂或毛发水分丧失；干枯的头发是长时间缺乏护理和化学品残留的后遗症；精神压力和内分泌的变化及饮食的平衡与否等，也会对发质产生影响。

③ 护理建议　宜用滋润型洗发水洗头；洗头频率不要过高；经常喷营养水或免洗型润发露，补充头发水分和养分；为防止发丝内的水分流失，应尽量避免使用电吹风、卷发器具等；使用护发素或营养型焗油膏，给头发补充营养，用健康营养型焗油膏或发尾油护理分叉受损头发；饮食方面，多吃新鲜蔬果及蛋白质丰富的食品。

（3）中性发质

① 中性发质特点　头发不油腻、不干燥，油脂分泌适中；柔软顺滑，梳理后可保持原来的发型。

② 护理建议　注意保养，比如梳头时尽量用木梳；避免外界侵袭或者人为的破坏，比如染、烫等；经常喷洒营养水及免洗型润发露，进行日常的护理。

（4）混合性发质

① 混合性发质特点　头发根部（靠近头皮1cm左右）比较油腻，而发梢部分干燥，甚至分叉。

② 形成原因　缺乏护理或护理不当；精神压力、内分泌的变化及饮食的不平衡等；另外，外界人为的破坏也有一定影响。

③ 护理建议　洗发时要特别注重发根部分和头部皮肤的清洁，同时，经常梳发有助于头部皮肤分泌的油脂抵达发梢，令发梢也得到滋养。平时还可在发梢抹上免洗的润发露，可直接抹在干发或湿发上，随时随地滋润干燥发梢，并防止分叉，让头发更健康，发色更乌黑均匀，发质更柔顺。

5.3 洗发类化妆品

5.3.1 洗发类化妆品常见类型

香波是为了将附着在头发上和头皮上的污垢除去，保持头发清洁的产品。与香皂相比，既具有去污作用，又不会过分去除头发自然的油脂，所以香波既是去污剂，又可赋予头发以光泽、美观及易梳理性。香波的种类很多，按产品外观的透明度可分为透明型、珠光型和膏状；按功能可分为调理香波、中性香波、油性香波、干性香波、去屑香波和染发香波等；按照形态分类有液状、膏状和凝胶状等。若用肥皂洗发，洗发后会有一层灰白色膜状物，使头发又黏又硬，这就是钙离子和镁离子产生的"皂垢"，香波可以克服这一缺点。对现代人来说，用香波洗发好处很多，但有一个问题需注意，就是需要保证香波的卫生质量，以减少对皮肤和眼睛的刺激。

（1）液状香波

液状香波主要包括透明液状香波和液状乳浊香波两种。

① 透明液状香波　具有外观透明、泡沫丰富和易于清洗等特点，在整个香波市场上占有很大比例。透明液状香波主要由主表面活性剂、辅助表面活性剂、增泡剂、稳泡剂、增溶剂、增稠剂、赋脂剂、螯合剂、止痒去屑剂、香精、色素和防腐剂等组成。

② 液状乳浊香波　包括乳状香波和珠光香波两种。乳浊香波由于外观呈不透明状，具有遮盖性，原料的选择范围较广，可加入多种对头发、头皮有益的物质，其配方可在透明液状香波配方的基础上加入遮光剂，对香波的泡沫性和洗涤性有一定的影响，但可改善香波的润滑性和调理性。

（2）膏状香波

膏状香波亦称洗发膏，是国内开发较早的香波品种，它属于皂基型香波，易于漂洗。活性物的含量一般比液状香波高，配方中常含有羊毛脂等脂肪物，洗后头发更为光亮、柔顺。

（3）洗发凝胶

洗发凝胶是一种专门用于清洁毛发的化妆品，呈透明胶冻状，是透明香波的变种。由于外观透明清澈，可配各种浅淡色泽。凝胶型香波主要原料组成有：表面活性剂、水溶性树脂、天然胶原、中和剂、光稳定剂、螯合剂、香精、色素及防腐剂等。

5.3.2 洗发类化妆品配方

香波的主要功能是洗净黏附于头发和头皮上的污垢和头屑等，以达到清洁头皮和头发的目的。在香波中起到主要功能作用的是表面活性剂，除此，为了改善香波的性能，配方中还会加入其他添加剂。

（1）表面活性剂

表面活性剂是香波的主要成分，为香波提供丰富的泡沫和去污能力。

① 阴离子型表面活性剂　香波中常见的阴离子表面活性剂包括脂肪醇硫酸盐、琥珀酸酯磺酸盐、脂肪酰谷氨酸钠、脂肪醇聚氧乙烯醚硫酸盐和单脂肪酸甘油酯硫酸酯盐等。

② 非离子型表面活性剂　主要起到辅助作用，可作为增溶剂和分散剂，可以分散和增溶水不溶性物质（油脂、香精、药物等）。可以调节香波的黏度，还可以改善阴离子型表面活性剂对皮肤的刺激性，起到稳泡作用。

③ 两性离子型表面活性剂　由于其对眼睛和皮肤的刺激性低，可用于低刺激性香波，且两性离子型表面活性剂具有一定程度的抑菌和杀菌作用，与其他类型表面活性剂相容性好。另外，两性离子型表面活性剂由于其同时具有阴离子和阳离子亲水基，所以与皮肤和头发有良好的亲和性。

④ 阳离子型表面活性剂　去污力和发泡力较其他表面活性剂差得多，通常只用作头发调理剂。阳离子型表面活性剂中阳离子的存在可以在头发表面吸附形成保护膜，能使头发柔软、光滑和有光泽。

（2）添加剂

① 调理剂　主要用于改善头发的质感，使头发光滑、柔顺、易于梳理，并具有成型作用的一种制剂。基于功能性组分在头发表面的吸附使其具有调理作用。

常见的如水解胶原蛋白、卵磷脂和各种氨基酸等，对头发有一定的调理作用。此外，单甘酯、羊毛脂醇、羊毛脂等都可作为调理剂，可以有效地吸附在头发上，但是没有抗静电的能力。该类物质给头发补充油分，形成的油性薄膜可以有效抑制头发水分的蒸发，使头发具有湿润感和自然的光泽。洗涤过程中起到润滑作用和加脂作用，且能抑制香波的脱脂力，洗后头发易梳理、有光泽。

② 增稠剂　又称胶凝剂，是一种能增加胶乳、液体黏度的物质。增稠剂可以提高物系黏度，使物系保持均匀稳定的悬浮状态或乳浊状态或形成凝胶。大多数增稠剂兼具乳化作用，可增加香波的稠度达到理想的使用状态，提高香波的稳定性等。

无机增稠剂包括：氯化铵、磷酸三钠、硫酸钠和氯化钠等。有机增稠剂有：卡波树姆、聚乙二醇酯类和聚乙烯吡咯烷酮等。

③ 去屑止痒剂　头皮屑是身体新陈代谢的产物，头皮屑增多的主要原因是头皮表层细菌的寄生和不完全角化。头皮屑的产生为微生物的生长繁殖创造了有利条件，从而导致头皮受到刺激，引起头皮瘙痒。因此控制头皮屑产生的主要方法是杀菌和降低表皮的新陈代谢。吡啶硫酮锌是一种高效安全的去屑止痒剂，也能延缓头发老化，减少白发和脱发的困扰，是一种较好的添加剂。

④ 螯合剂　主要起到增加头发的光泽和去污的作用。常加入的有聚氧乙烯失水山梨醇油酸酯、乙二胺四乙酸钠（EDTA）或非离子型表面活性剂烷醇酰胺、柠檬酸、酒石酸等。

⑤ 遮光剂　包括珠光剂，主要品种有氯氧化铋、乙二醇硬脂酸酯、硬脂酸金属盐（镁、钙、锌盐）、脂蜡醇、鲸蜡醇和鱼鳞粉等。在洗发类化妆品中添加适量的珠光剂，会使头发产生珍珠般的光泽。

⑥ 护发、美发添加剂　维生素 E、维生素 B_5、氨基酸类、中草药提取物等。

⑦ 其他　防腐剂、色素、澄清剂和香精等。

5.4 护发类化妆品

护发类化妆品是指具有滋润头发，使头发亮泽的日用化学制品。主要品种有：护发素、发油、发蜡、发乳和焗油产品等。护发类化妆品的主要作用是弥补头发油分和水分的不足，赋予头发自然、光泽、健康和美观的外表，同时还可减轻或消除头发或头皮的不正常现象（如头皮屑过多等），达到滋润和保护头发、修饰和固定发型的目的。

5.4.1 护发素

护发素，是专门作为香波洗发后使用的护发产品，使用时让其在头发上短暂地停留，然后用水清洗，达到调理头发的作用。护发素是通过吸附在头发表面上，形成涂层，使得头发顺滑，整体呈现良好状态的物质。一般的护发素用后需要冲洗干净，免冲洗型护发素多为喷剂型、凝胶型和精油型。焗油型护发素在使用后，需焗 $20 \sim 30 \text{min}$，其调理作用比较强。

护发素种类繁多，可以按照不同形态、不同功能或不同使用方法进行分类。

（1）护发素按照形态可以分为：透明液体、稠的乳液和膏体、凝胶状、气雾剂型和发膜剂型。

（2）按照功能可分为：正常头发用护发素、干性头发用护发素、受损头发用护发素、去屑护发素、有定型作用护发素、防晒护发素和染发后用护发素等。

（3）按照使用方法分为：冲洗型护发素、焗油发膜、免洗型护发素以及喷雾免洗型护发素等。

典型的护发素含 1%～2% 的季铵化组分，总固含量为 3%～10%，包括赋脂剂、调理剂、稳定剂、防腐剂、护理成分、抗氧剂等。能深度调理的护发素可能含有较高的固含量。一个典型护发素的配方构成如表 5.1 所示。

表 5.1 典型护发素的配方构成

成分	名称	作用
油剂	聚二甲基硅氧烷醇、十六醇、聚二甲基硅氧烷、鲸蜡醇棕榈酸酯、十八醇、矿物油等	赋脂剂
阳离子型表面活性剂	硬脂酰胺丙基二甲胺、二十二烷基三甲基氯化铵、双十八烷基二甲基氯化铵、醋酸月桂酰基丁基胍	吸附在毛发上,赋予毛发滑爽、滋润、柔软的感觉
增稠剂	聚季铵盐	调节黏度
护理成分	水解蛋白、氨基酸、泛醇等	护理
赋香剂	香精	赋香
助乳化剂	PEG-80 氢化蓖麻油、甘油单硬脂酸酯	乳化稳定
pH 值调节剂	柠檬酸、磷酸	调节 pH 值

续表

成分	名称	作用
去屑剂	吡啶硫酮锌等	去头皮屑
稳定剂	甘油、丙二醇、丁二醇、乙醇	防冻
防腐剂	尼泊金甲酯、苯氧乙醇等	防止微生物污染

5.4.2　发油

发油是人类最早使用的整发剂，主要作用就是恢复头发清洗后所失去的光泽和柔软，防止头发、头皮过分干燥，使发丝易于梳理。它的保养和调理功能优于整发功能。

发油是全油性无水油类混合物，一般是呈无色或淡黄色的透明液体。配方组成包括：油分（主要为植物油、矿物油、酯类和聚二甲基硅氧烷）、抗氧剂、油溶性着色剂、防腐剂和营养成分、香精和油溶性香精加溶剂。

优质发油应具备以下性质：①外观清澈透明，在一定温度范围内不会变浑浊；②黏度较低，易于在头发上铺展；③不易氧化酸败变质（变色和变味）；④对头发、头皮无刺激性，且能赋予头发光泽、柔软及弹性。

5.4.3　发蜡

发蜡是以美化发型为主要目的化妆品，使头发更加易于修饰和定型，可将头发打理成自己喜欢的发型，保持头发自然、健康和美观，光亮而不油腻。其具有一定的调理作用，不受或者较少受日常活动和所处环境的影响（如风、湿度、干燥天气、冷、热和阳光等）。

发蜡作为护发剂产品之一，具有对打理成各种自然发型的头发定型的功能，以期望产生光泽感、湿感、蓬松感的外观变化，以及具有滋润感、干爽感等触感效果。定型功能由"制作发型""保持所制作的发型"两个要素构成。其不同于烫发造成的卷发的保持性，而是指短期内能够变成每天所期望的发型。

发蜡的基本成分有：白凡士林、液体石蜡、蜂蜡、白蜡香精、适量精纯橄榄油、植物蜡、定型因子等。另外，根据不同功效，发蜡中还会加入一定比例的植物精华、泛醇、透明质酸等物质。

5.4.4　发乳

发乳为油-水体系的乳化制品，是属于轻油型类护发化妆品，因其既含有油分又含有水分，故其既具有油性成分能赋予头发光泽、滋润的作用，又具有水分所赋予的使头发柔软、防止断裂的效果。发乳不仅可以使头发润湿和柔软，而且还有固定发型的作用。

发乳的原料有油相原料、水相原料、乳化剂和其他添加剂。油相原料主要有蜂蜡、凡士林、液体石蜡、橄榄油、蓖麻油、羊毛脂及其衍生物、角鲨烷、硅油、高级脂肪酸及其酯（如硬脂酸、肉豆蔻酸、肉豆蔻酸异丙酯等）、高级醇（十六醇、十八醇）等。乳化剂是指能改善乳化体中各种构成相之间的界面张力，形成均匀分散体或乳化体的物质。根据乳化剂亲水基的特性，可以分为：①阴离子型乳化剂。这类乳化剂在水中电离生成带阴离子的亲水基团，如脂肪酸皂、烷基硫酸盐（十二烷基硫酸钠）、烷基苯磺酸盐（十二烷基苯磺酸钠）、磷酸盐等。阴离子型乳化剂要求在碱性或中性条件下使用，不能在酸性条件下使用，也可与其他阴离子型乳化剂或非离子型乳化剂配合使用，但不得与阳离子型乳化剂一起使用。②阳离子型乳化剂。这类乳化剂在水中电离生成带阳离子的亲水基团，如十二烷基二甲基叔胺及其他胺衍生物、季铵盐等。阳离子型乳化剂应在酸性条件下使用，不得与阴离子型乳化剂一起使用。③非离子型乳化剂。这种乳化剂在水中不电离。其亲水基是各种极性基，如聚氧乙烯醚、聚氧丙烯醚、环氧乙烷和环氧丙烷嵌段共聚物、多元醇脂肪酸酯、聚乙烯醇等。

5.4.5 焗油产品

焗油是一种染发护发方法。一般是在头发上抹上焗油产品，用特殊器具放出蒸汽加温，使油质渗入头发。焗油在发廊有两种说法：一种是给头发补充营养和水分；二种是将头发染黑色。焗油产品不仅使头发看着润泽，更重要的是，能使秀发更强健。

季节变化，空气污染，烫发、染发等化学损害，过度吹发等物理伤害，挑食偏食等造成的营养不良，都会使头发变得干枯、分叉、易折断。这时，简单的洗发和润发就无法从深层修护改变发质。而定期使用焗油产品可以弥补头发的营养不足，它丰富的营养能深入头发内层，给秀发强力保湿和营养，使头发具有活性和弹性。所以，头发深层护理的关键是焗油。

使用方法：定期的焗油是头发生长、保养和修护所必需的。最好能够每周做一次。家用焗油产品使用简单，最适合在日常使用。只要每次使用完了香波和润发精华素后，把焗油产品直接抹在头发上（特别是发根部），保持3～5min，然后彻底冲洗干净即可。

5.5 染发和烫发化妆品

染发化妆品是给头发染色的一种日用化学品，是可以将毛发的颜色改变，从而达到美化或改变形象效果的化妆品。而烫发类化妆品是可改变头发弯曲度，并维持其相对稳定的美发性化妆品。它们都属于特殊化妆品。

5.5.1 染发化妆品

5.5.1.1 染发化妆品活性成分

染发化妆品的活性成分是染色剂。根据染色的效果可以将其分为暂时性、半永久性和永久性染发剂。

(1) 暂时性染发剂

暂时性染发剂是一种只需要用香波洗涤一次就可除去头发所着颜色的染发剂。由于这些染发剂的颗粒较大，不能通过头发表皮进入发干，只是沉积在头发表面上，形成着色覆盖层。这样染剂与头发的相互作用不强，易被香波洗去。

(2) 半永久性染发剂

一般是指能耐6～12次香波洗涤才褪色的染发剂。半永久性染发剂涂于头发上，停留

20~30min 后，用水冲洗，即可使头发上色。其作用原理是分子量较小的染料分子渗透进入头发表皮，部分进入毛皮质，使得它比暂时性染发剂更耐香波的清洗。由于不需使用双氧水，不会损伤头发，所以近年来较为流行。

（3）永久性染发剂

永久性染发剂分为三种，分别为：植物永久性、金属永久性和氧化永久性染发剂。

① 植物永久性染发剂　利用从植物的花、茎、叶提取的物质进行染色，价格贵，在国内还较少使用。

② 金属永久性染发剂　以金属原料进行染色，其染色主要沉积在发干的表面，色泽是较暗淡的金属外观，使头发变脆。

③ 氧化永久性染发剂　市场上的主流产品，它不含有一般所说的染料，而是含有染料中间体和偶合剂，这些染料中间体和偶合剂渗透进入头发的毛皮质后，发生氧化反应、偶合和缩合反应形成较大的染料分子，被封闭在头发纤维内。由于染料中间体和偶合剂的种类、含量比例的差别，故产生色调不同的反应产物，各种色调产物组合成不同的色调，使头发染上不同的颜色。由于染料大分子是在头发纤维内通过染料中间体和偶合剂小分子反应生成的，因此，在洗涤时，形成的染料大分子不容易通过毛发纤维的孔径被冲洗掉。

5.5.1.2　染发类化妆品的安全性问题

（1）染发化妆品引起的急性中毒

现在市面上的染发剂层次不一，成分剂量很难辨别，而且染发剂中的对苯二胺成分对身体是有害的，可能会导致高铁血红蛋白血症，也就是缺氧性急性中毒，严重的还会致命。

（2）染发化妆品对头发的损害

氧化剂是染发剂的重要组成部分，它对头发角质蛋白的破坏力相当大，易对头发造成损伤，经常使用使头发枯燥、发脆、分叉以及易脱落。

（3）染发化妆品与过敏反应

染发剂的成分主要就是对苯二胺以及双氧水。这两种成分会对人体的造血干细胞产生一定程度上的影响，是公认的致癌物质。虽然说其能够起到染发之后固定颜色的作用，但其也是强过敏原，很容易就会导致一些体质敏感的人皮肤出现过敏的状况，以接触性皮炎比较常见。

（4）染发化妆品潜在的危害

染发剂由两种成分组成，使用时先将它们混匀再涂抹在头发上，岂知这混匀的瞬间发生了化学反应，产生高浓度的有害气体——二噁英。二噁英是公认的一种强烈的致癌物质，它通过呼吸道进入体内，并在肌肉中长期滞留难以分解，干扰人体的内分泌，雌激素和甲状腺激素的分泌均会受到干扰，长期接触将导致人体基因变异畸形，诱发癌症等疾病。

5.5.2　烫发化妆品

5.5.2.1　烫发原理

烫发是一种美发方法，分为物理烫发和化学烫发两种，用得最多的是化学烫发。烫发能使发型更丰富（有卷曲的效果），改变头发的形状、走向（卷度不是很大的效果）。烫发的基本过程分为两步，第一步是通过化学反应将头发中的二硫键和氢键打破，第二步是发芯结构重组并使之稳定。

头发大部分是由不溶性角蛋白组成的，角蛋白含量占 85％以上。角蛋白是由氨基酸相互缩合成多肽链，再由多肽链之间通过二硫键交联而成，它使头发有牢固的结构。大约在 1930 年，洛克菲勒（Rockefeller）研究所的研究人员发现，这些过硫基可被硫化物或含巯基的分子在微碱性溶液中打断。该发现为流行的"冷烫"（也称"化学烫"）提供了方法。

在冷烫时，先把头发用含有巯基乙酸根离子的溶液浸湿，由于它的还原性，可把头发中的二硫键打断成两个巯基：

$$2HSCH_2COO^-(aq) + \text{—S—S—（头发）} \longrightarrow (SCH_2COO^-)_2(aq) + 2HS\text{—（头发）}$$

二硫键打断后，失去交联作用的头发变得非常柔软。利用卷发工具把头发卷曲起来，在机械外力作用下，多肽链与多肽链之间发生移位，这时加入"固定液"，把已经弯曲的头发固定下来。所谓的"固定液"实际上是一种具有氧化性的溶液，如过氧化氢、溴酸钾、过硫酸钾的溶液，它的作用是使头发形成新的二硫键：

$$2HS\text{—（头发）} + H_2O_2(aq) \longrightarrow \text{—S—S—（头发）} + 2H_2O$$

由于头发多肽链之间又重新形成了许多二硫键的交联，因此它又恢复了原来的刚韧，并形成持久的卷曲发型。一般烫发过程中，头发内约有 20％二硫键被断开，在定型过程中，约有 90％被破坏的二硫键又重新形成。

5.5.2.2 烫发化妆品的配方

烫发化妆品的主要成分是烫发剂。而烫发剂所用的原料由可以使头发软化、卷曲的卷曲剂和可以将变化的头发固定下来的定型剂组成。

（1）卷曲剂

卷曲剂是以使毛发中胱氨酸交联断开的还原剂为主要成分。同时还需要碱剂、稳定剂、渗透剂等。

① 还原剂　在我国一般以巯基乙酸铵为主卷曲剂，有些国家使用硫代甘油等巯基乙酸酯类，还有硫代乳酸等。

② 碱剂　还原剂在碱性条件下，还原作用效力增强。在还原剂的种类和用量一定时，随着 pH 值的上升，毛发膨润度增大，波纹形成力也增强。碱剂通常 pH 值在 8.5～9.2 之间。不同碱剂，对毛发的柔软效果、膨润度等也各异，由此产生的波纹形成力也有差异，因此对碱剂的选用一定要慎重。

③ 稳定剂　用于防止残留的少量金属离子如铁离子、铜离子和锰离子等，与还原剂反应。还原剂在碱性条件下，遇残留金属离子会加速氧化影响卷发效果，故而添加焦磷酸钠及巯基乙酸等作稳定剂。

④ 渗透剂　使用烫发剂时，为了将毛发卷成波纹的部分亦能浸透至毛发内部（末梢），确保卷发效果起到渗透、乳化作用，通常添用非离子型表面活性剂。近年来，为了保证烫发后头发的良好触感，也添加阳离子型表面活性剂。

（2）定型剂

经过卷发剂处理后，需用定型剂使头发的化学结构在卷曲成型后恢复到原有的状态，从而使卷发形状能够固定下来，同时，还有去除残留卷发剂的作用。

① 氧化剂　在卷曲剂的作用下，头发中角蛋白的二硫键断裂，为了使其重新结合而使用的氧化剂则是定型剂的主要成分。常用的氧化剂有溴酸钠、过硼酸钠和过氧化氢的水溶液等。

② pH 值调节剂　能保持定型剂一定的酸性，起缓冲作用。常有的有柠檬酸、乙酸、乳酸、磷酸、酒石酸和乙二胺四乙酸等。

③ 润湿剂　帮助定型剂完全润湿头发，对波纹形成力的影响小。如甘油、山梨醇和吡咯烷酮羧酸钠等。

④ 其他　在定型剂中若不计成本，从效果出发还可添加调理剂和遮光剂、着色剂及香料等。

 思考题

5-1　简述毛发的概念。

5-2　简述毛发的化学组成有哪些。

5-3　有哪些困扰人们的常见头发问题？

5-4　说说有哪些常见的洗发类化妆品。

5-5　请举例说说护发类化妆品有哪些。

5-6　简述染发化妆品的安全性问题。

5-7　简述卷发剂的定义及其组成。

第6章

清洁类化妆品

在日常皮肤护理中，清洁皮肤是最基础也是最重要的护肤程序，可以保持皮肤的清洁卫生。皮肤的汗腺会分泌汗液，汗液蒸发后的残留成分如盐、尿素和蛋白质降解物质等，会留在皮肤表面；加上皮肤自身的其他排泄物、表皮剥离脱落的死细胞，以及来自外界环境的空气尘埃；再有细菌繁殖和空气氧化酸败，以及美容化妆品的残留物等，构成了皮肤表面的污垢。这些皮肤上的污垢成分如果得不到及时清洗，就会堵塞皮脂腺、汗腺通道，影响皮肤正常的新陈代谢和其他生理活动，导致皮肤加速老化并引发各种皮肤疾病，更会影响皮肤的美观。所以皮肤需要定期清洁。清洁类化妆品则是能够去除污垢、洁净皮肤而又不会刺激皮肤的化妆品。清洁皮肤是保持皮肤的卫生健康，保持美丽外观不可或缺的生活内容。

6.1 皮肤与皮肤污垢

6.1.1 皮肤的结构

皮肤是指覆盖在人体的表层，直接同外界环境接触，具有保护、排泄、调节体温和感受外界刺激等作用的一种器官，是人的身体器官中最大的器官。

皮肤分表皮和真皮两层。表皮在皮肤表面，由复层扁平上皮构成；真皮则是致密结缔组织，有许多弹力纤维和胶原纤维，故有弹性和韧性。真皮比表皮厚，有丰富的血管和神经。皮肤下面有皮下组织，属疏松结缔组织，有大量脂肪细胞。皮肤还有毛发、汗腺、皮脂腺、指（趾）甲等许多附属器官。

（1）表皮

由复层扁平上皮构成，由浅入深依次分为角质层、透明层、颗粒层和基底层。角质层由多层角化上皮细胞（细胞核及细胞器消失，细胞膜较厚）构成，无生命，不透水，具有防止组织液外流、抗摩擦和防感染等功能。基底层的细胞不断增殖，逐渐向外移行，以补充不断脱落的角质层。基底层内含有一种黑色素细胞，能产生黑色素。皮肤的颜色与黑色素的多少有关。

（2）真皮

由致密结缔组织构成，由浅入深依次为乳头层和网状层，两层之间无明显界限。真皮厚度为 0.07～0.12mm；手掌和脚掌的真皮层较厚，约 1.4mm；眼睑和鼓膜等处较薄，约

0.05mm。乳头层与表皮的基底层相连，其中有丰富的毛细血管、淋巴管、神经末梢和触觉小体等感受器。网状层与皮下组织相连，其内有丰富的胶原纤维、弹力纤维和网状纤维。它们互相交织成网，使皮肤具有较大弹性和韧性。网状层内还有丰富的血管、淋巴管和神经末梢等。

皮肤约占人体体重的 16%。成人皮肤面积为 $1.2\sim2.0m^2$。全身各处皮肤的厚度不同，背部、颈部、手掌和足底等处最厚，腋窝和面部最薄，平均厚度为 $0.5\sim4.0mm$。尽管各处皮肤厚度不同，但都可分为表皮与真皮两层，并借皮下组织与深层组织连接。皮肤的颜色因人种、年龄和健康状况不同而有差异。皮肤上有很密的各种走向的凹下沟纹，称为皮沟。皮沟间大小不等的菱形或多角形的隆起部分为皮嵴，它们在指腹构成指纹。个体之间的指纹形态是不同的，因而指纹具有个体差异。皮肤上有长短不等、粗细不同的毛发，四肢末端有指甲和趾甲。皮肤可分泌汗液和皮脂，分别由汗腺和皮脂腺分泌。

6.1.2　皮肤污垢的概念及组成

皮肤污垢是指附着在皮肤或黏膜表面的垢着物，影响皮肤和黏膜腺体以及毛孔的通畅，阻碍皮肤和黏膜正常生理功能的发挥。皮肤污垢是由脱落的角质形成细胞和黏膜上皮细胞、皮脂、汗液、皮肤表面的微生物、灰尘和各类化妆品的残留物等组成。

6.1.3　皮肤污垢的分类

（1）根据污垢存在的形状分类

①颗粒状污垢，如固体颗粒、微生物颗粒等以分散颗粒状态存在的污垢。②覆盖膜状污垢，如油脂和高分子化合物在皮肤表面形成的膜状物质，这种膜可以是固态的，也可能为半固态或流动态的。③无定形污垢，如块状或各种不规则形状的污垢，它们既不是分散的细小颗粒，又不以连续成膜状态存在。④溶解状态的污垢，如以分子形式分散于水或其他溶剂中的污垢。

（2）根据污垢的化学组成分类

①无机污垢，如泥垢等，它们多属于金属或非金属的氧化物及水化物或无机盐类。②有机污垢，食物残渣中的淀粉、糖、奶渍、肉汁、动植物油迹等，它们分别属于糖类、脂肪、蛋白质或其他类型的有机化合物。

人体皮肤表面常见的油垢主要是油脂，包括动物脂肪和植物油，属于有机酯类。一般情况下，无机污垢常采用酸碱等使其溶解而去除，而有机污垢则经常利用氧化分解或乳化分散的方法从皮肤表面去除。

（3）根据污垢的亲水性和亲油性分类

①亲水性污垢，如可溶于水的食盐等无机物和蔗糖等有机物。②亲油性污垢，如油脂、矿物油、树脂等有机物。

亲水性强的污垢通常用水做溶剂加以去除，亲油性污垢则利用有机溶剂溶解，或用表面活性剂乳化分散加以去除。

（4）根据在皮肤表面存在状态分类

①靠重力作用在皮肤表面沉降堆积的污垢。这种形态存在的外来污垢，在皮肤表面上的

附着力很弱，较容易从表面上去除。②靠吸附作用结合于皮肤表面的污垢与表面直接接触的污垢分子层。由于存在强烈的吸附作用，用通常的清洗方法常很难去除。③靠静电吸引力附着在皮肤表面的污垢。水有很大的介电常数，会使污垢与皮肤表面之间的静电引力大为减弱，此时这类污垢容易从表面解离。

6.2 洁肤类化妆品

6.2.1 泡沫型洗面奶

洗面奶的品种很多，一般分为普通型、泡沫型、磨砂型、凝胶型和特殊型。泡沫洗面奶是消费者使用最多的一种，可以通过其配方中所含表面活性剂的润湿、渗透和乳化作用，去除皮肤上的污垢，这类产品对水溶性污垢的清洁能力比较强。皂基型洗面奶也是其中一类，但是由于其特性明显，所以一般会和普通表面活性剂型洗面奶区别对待。

泡沫型洗面奶分为皂基型洗面奶和表面活性剂型洗面奶。

（1）表面活性剂型洗面奶

表面活性剂型洗面奶是属于液洗类制品。其洁肤机制主要是通过表面活性剂的洗涤去污作用，除去污垢。除污对象以混杂着水溶性和油溶性的一般性污垢为主。常见的表面活性剂有烷基糖苷、烷基磷酸酯及其盐类、N-酰基谷氨酸盐等。

表面活性剂型洗面奶配方举例（1♯和2♯）如表6.1所示。

表 6.1 表面活性剂型洗面奶配方举例

组分	质量分数/%		组分	质量分数/%	
	1♯	2♯		1♯	2♯
（POE-POP）嵌段共聚物	5.0		月桂酰肌氨酸盐		20.0
霍霍巴油	2.0		羟丙基纤维素		1.5
N-油酰基-N-甲基牛磺酸钠	5.0		甘油	8.0	
EDTA 二钠	0.1	0.2	香精	0.3	0.3
羊毛脂醇	1.0		山梨醇	3.0	
水杨酸		1.0	防腐剂	0.3	0.3
PEG-10 甲基葡糖醚	12.0		去离子水	42.3	76.7
油醇聚醚-15	21.0				

制法（以 1♯ 配方为例）：在水相锅中加入山梨醇、甘油（保湿剂）溶解，再加入 PEG-10 甲基葡糖醚，溶解时应缓慢地进行而避免产生较多的气泡，然后在水相中加入 EDTA 二钠，加热至 70℃ 并不断搅拌至溶解。在油相锅中加入羊毛脂醇、油醇聚醚-15、霍霍巴油、N-油酰基-N-甲基牛磺酸钠、聚氧乙烯-聚氧丙烯（POE-POP）嵌段共聚物，搅拌并加热。最后分别将油相和水相过滤抽至乳化锅，搅拌均匀，温度降至 45℃ 时加入防腐剂和香精，混合充分后降至室温检测，合格后出料。

（2）皂基型洗面奶

皂基型洗面奶具有优良的洗涤力和丰富的泡沫。此类洁面乳显碱性，去污能力强，发泡能力强。其配方含有以下几种成分。

① 肥皂 脂肪酸金属盐的总称，日用肥皂中的脂肪酸碳数一般为 10～18，金属主要是钠或钾等碱金属，也有用氨及某些有机碱如乙醇胺、三乙醇胺等制成特殊用途肥皂的。肥皂包括洗衣皂、香皂、金属皂、液体皂，还有相关产品如脂肪酸、硬化油、甘油等。肥皂中除含高级脂肪酸盐外，还含有松香、水玻璃、香料、色素等填充剂。从结构上看，在高级脂肪酸钠的分子中含有非极性的憎水部分（烃基）和极性的亲水部分（羧基）。憎水基具有亲油的性能。在洗涤时，污垢中的油脂被搅动并分散成细小的油滴，与肥皂接触后，高级脂肪酸钠分子的憎水基（烃基）就插入油滴内，靠范德华力与油脂分子结合在一起。而易溶于水的亲水基（羧基）部分伸在油滴外面，插入水中。这样油滴就被肥皂分子包围起来，分散并悬浮于水中形成乳浊液，再经摩擦，就随水漂洗而去，这就是肥皂去污原理。但普通肥皂不宜在硬水或酸性水中使用。在硬水中会生成难溶于水的硬脂酸钙盐和镁盐，在酸性水中则生成难溶于水的脂肪酸，大大降低其去污能力。

② 润肤剂 通过在皮肤表面形成保湿薄膜而阻止水分丢失，使皮肤柔软、光滑。主要包括十六烷基硬脂酸盐、马来酸改性蓖麻油、$C_{12}～C_{15}$ 醇苯甲酸酯等。

③ 其他表面活性剂 主要起到助乳化作用和增强洁肤效果等，例如甘油脂肪酸酯、N-油酰基-N-甲基牛磺酸盐、氨基酸类表面活性剂等。

④ 保湿剂 为减少皮肤表面的损伤，在清洁剂中常常加入具有保湿和修复皮脂膜功能的原料。这类物质有特殊的分子结构，可以吸附并保留水分，在维持皮肤水合作用的同时维护皮肤屏障功能。在清洁类化妆品中常用的保湿剂原料有：传统产品中广泛使用的甘油、尿素、乳酸；皮肤固有的成分如透明质酸、吡咯烷酮羧酸钠、神经酰胺、胶原蛋白等。

皂基型洗面奶配方举例如表 6.2 所示。

表 6.2 皂基型洗面奶配方举例

组分	质量分数/%		组分	质量分数/%	
	1#	2#		1#	2#
牛脂		40.0	氢氧化钾	4.0	5.0
硬脂酸	10.0		甘油单硬脂酸酯	2.0	
N-油酰基-N-甲基牛磺酸钠	2.0		氢氧化钠		3.5
EDTA 二钠	0.1		甘油	10.0	
羊毛脂	2.0	1.0	香精	0.3	0.3
椰子油	2.0	15.0	没食子酸丙酯		0.1
十六醇		2.0	防腐剂	0.3	0.3
棕榈酸	10.0		去离子水	57.3	32.8

制法（以 1# 配方为例）：在油相锅中加入羊毛脂、棕榈酸、椰子油、硬脂酸、防腐剂、甘油，温度设置为 70℃并不断搅拌，过滤抽至乳化锅中（控制温度为 70℃），将提前在水相锅中溶解了氢氧化钾的去离子水，过滤抽至乳化锅中，并设置温度为 70℃反应 60min。降温至 45℃，加入其他原料，搅拌均匀，抽真空脱泡冷却至室温，进行相关检测，合格后出料。

6.2.2 清洁霜和洁肤乳液

（1）清洁霜

清洁霜是一种可以在无水条件下清洁面部皮肤的膏霜，含油量较高且多为油包水型，特别适合洗去油性化妆品成分。其作用机理是以油相组分溶解油垢及油性化妆品原料，以水相组分溶解水溶性污物，然后用面巾纸或脱脂棉擦拭，污物即随清洁霜一起除去，从而达到清洁的目的。一般油包水型清洁霜更适合于偏干性皮肤。含有植物提取成分的清洁霜更适合保护肌肤，在选择原料的时候主要选用植物提取成分。

清洁霜可以分为两大类，即油包水型和水包油型。油包水型清洁霜，一般油腻感较强，适合干性皮肤或秋冬季天气干燥时使用；水包油型清洁霜，较为清爽，使用舒适，适合中性和油性皮肤以及夏季使用。油包水型和水包油型清洁霜的配方中油相组分都占到 $60\%\sim$ 80%，水相组分则占 $20\%\sim40\%$。可见清洁霜是一种油性组分含量较高的洁肤类化妆品。根据乳化形式与乳化体系的不同，清洁霜可分为单一皂基型、复合皂基型与非离子型三种类型。

清洁霜的刺激性很低，在使用后可以在皮肤表面形成一个油性薄膜，特别是对干燥型肌肤有很好的润护作用。清洁霜多采用干洗的方式，一般先将清洁霜均匀地涂抹在面部上，轻轻按摩使清洁霜的油性成分充分渗透，溶解肌肤毛孔中的油污，然后用纸巾将溶解和乳化了污垢的清洁霜轻柔地擦掉。使用后，可以获得光洁、柔润的皮肤。在使用清洁霜的同时，辅以轻柔地按摩，可以促进面部皮肤的血液循环，而且还可以提高清洁效果。脸部干燥的时候，将清洁霜均匀涂于面部，每次用量大概为半个葡萄大小，按摩 $2\sim3$min 后洗去，按摩时间不能超过 3min。普通洁面时，取一元硬币大小的清洁霜，均匀在手心里搓热，按摩面部，保持润滑感觉，洗净面部污垢，以纸巾轻拭去，最后以清水彻底冲洗肌肤，再用洗面奶清洗。

（2）洁肤乳液

洁肤乳液即乳液状的清洁类化妆品，分为发泡型和不发泡型乳液，主要成分为水、丙二醇、维生素 E、聚六亚甲基胍、烷基糖苷、柠檬酸钠等。洁肤乳液的功效多种多样，在清洁皮肤的同时也可保护皮肤不受外界侵害。洁肤乳液清洁力较好，较温和，适合所有类型皮肤使用，尤其适合敏感性皮肤，早晚均可使用。

洁肤乳液最主要的功效是清洁皮肤。洁肤乳液清除皮肤上的污垢，包括皮脂、角质碎屑、空气中的杂质、美容化妆品的残留物等，保持皮肤的干净干爽，避免毛孔被堵塞而导致比如发炎、痤疮等的一系列皮肤问题。随着人们生活水平的提高、生活节奏的加快以及人们对卫生要求的提高，衍生了越来越多的洁肤产品，因此市面上出现了各种洁肤乳液，功效多种多样。如有些洁肤乳液在对皮肤进行清洁的同时，还能起到保湿的效果。

6.2.3 磨面制品和去死皮膏

（1）磨面制品

磨面制品分为磨面膏和磨面乳液。磨面膏又称磨砂膏，是指含有均匀细微颗粒的乳化型洁肤品。其主要用于去除皮肤深层的污垢，通过在皮肤上摩擦可使老化的鳞状角质剥落，除去死皮。磨砂膏按成分可以分为植物型、驴奶型、精油型、珍珠粉型、化学型和花卉精油型等；磨砂膏按护理部位可以分为面部磨砂膏和身体磨砂膏。磨面乳液也称磨面奶，作用与磨砂膏一样。

一般而言，适宜的磨面制品使用次数为：油性皮肤每两周使用一次；干性皮肤或者面部皮肤很薄的则每个月使用一次；中性或混合性皮肤每两周一次，可以只在 T 区使用。另外，混合性皮肤也可以在皮肤较油或者较粗糙的部位局部使用，持续时间不宜过长，几分钟就可以了。面部磨砂膏使用方法：取拇指大小制品，均匀涂在皮肤上，注意避开眼睛周围，双手以由内向外画小圈的动作轻揉按摩，鼻窝处改为由外向内画圈，持续 5～10min。身体磨砂膏的使用方法为：沐浴时沾湿身体，取适量身体磨砂膏涂抹于身体部位，双手打圈方式按摩于全身，然后用清水洗干净即可。即时就能感受到皮肤的嫩白细滑，建议一周 1～2 次。

（2）去死皮膏

死皮是指皮肤表面死亡角质细胞的堆积物，这些堆积物使皮肤黯淡无光，并形成细小皱纹，甚至会引起角化过度等皮肤疾病。去死皮膏可以快速去除皮肤表面的角化细胞，清除过剩油脂，改善皮肤的呼吸，加速皮肤的新陈代谢，促进皮肤对营养成分的吸收，令皮肤柔软、光滑、有弹性。

去死皮膏又称去角质膏。一般脸部出现死皮的原因是皮肤干燥，脸部的角质会变硬，这也就是我们常说的死皮。而去死皮膏中含有木瓜、甘草等多种植物精华，涂在皮肤上，很容易被皮肤吸收，这样可以软化这些角质，同时能给脸部起到保湿作用，从而达到去掉死皮的效果。且去死皮膏在被皮肤吸收的同时会吸附在皮肤上面，相当于给皮肤多增加一道保护措施。

去死皮膏也属于深层洁肤产品，其配方由膏霜基质原料、磨砂剂、去角质剂（如果酸、角蛋白酶等）等组成。可以看出，去死皮膏与磨砂膏的不同之处在于磨砂膏完全是机械的摩擦作用，而去死皮膏的作用机制包含化学性（如果酸）和生物性（如角蛋白酶）作用。磨砂膏多用于油脂分泌旺盛的油性皮肤，而去死皮膏适用于中性皮肤和非敏感性的任何皮肤，一般每周使用一次即可。去死皮膏对皮肤损伤是否较大取决于去死皮的功效成分，若去死皮成分为摩擦剂和果酸类化学性剥脱剂，则对皮肤损伤较大，刺激性较强；若选用角蛋白酶类生物性成分，则作用温和，不会影响皮肤健康。另外，无论是磨砂膏还是去死皮膏，敏感性肌肤均不宜使用。

6.2.4 沐浴用品

沐浴用品是指在沐浴时人们所使用的洁肤类化妆品。根据使用方法的不同，可将其分为浴液、浴盐和泡沫浴剂等（图 6.1）。

(a) 沐浴露 (b) 薰衣草浴盐 (c) 喜马拉雅浴盐 (d) 泡沫浴盐

图 6.1 不同的沐浴用品

（1）浴液

浴液又称沐浴露、沐浴乳，是沐浴时使用的一种液体清洁剂，通常装在泵式容器中，通过下压即可使用。身体清洁时需要进行大面积的清洁，同时，还需要在使用时产生泡沫。因此，通常浴液具有良好的起泡性。另外，与脸部的清洁相比，身体的皮脂量、出汗量都相对较少，但是通过分泌产生体臭的顶泌汗腺却几乎遍布全身。浴液从本质来讲，是用于脸部以外的皮肤清洁剂。

浴液的主要成分有表面活性剂、增泡剂、pH 值调节剂、黏度调节剂等。表面活性剂分为阴离子型表面活性剂（脂肪醇硫酸酯盐类、月桂酰肌氨酸钠、椰油酰谷氨酸钾等）、两性离子型表面活性剂（甜菜碱、椰油酰两性基丙酸钠、氨基酸类表面活性剂等）、非离子型表面活性剂（月桂基胺氧化物、烷基糖苷、PEG-40 蓖麻油等）。现今主要使用甜菜碱作为增泡剂，在改善泡沫、泡质的同时，还可以提高产品的温和性。同时还可添加少量聚合物和氨基酸类表面活性剂提高泡沫质量。一般淋浴产品的 pH 值范围为 5.5～7.0。黏度调节剂主要分为水溶性聚合物和无机盐两类。

浴液是由各种表面活性剂为主要活性物质配制而成的液状洁身、护肤用品。所以可以根据主要表面活性剂成分将浴液分为三种类型。①脂肪酸盐体系浴液，也就是俗称的皂基体系，是用碱中和脂肪酸而成，具有清洁能力强、泡沫丰富、用后干爽的优点，pH 值为碱性。由于人身体皮肤的 pH 值呈酸性，因此使用皂基体系浴液对皮肤有一定的刺激性。②合成表面活性剂体系浴液，是以合成表面活性剂为主体。常见的如氨基酸体系表面活性剂浴液，具有刺激性低、泡沫细腻、洗后滋润的优点。③复配型浴液，以脂肪酸盐和合成表面活性剂组合而成的浴液，既有脂肪酸盐体系优良的清洁力和泡沫丰富的优点，又兼具了合成表面活性剂温和以及低刺激的优点。

（2）浴盐

浴盐亦称浴晶，压制成片状时称为浴片，是一种浴用制品，通常具有诱人的色泽、松弛或清新的香气。可添加到水中进行沐浴，其目的是清洁皮肤，增加沐浴的乐趣。浴盐的使用方法是将浴盐放入浴缸中加水浸浴，使其溶解，浴液呈现出美丽色泽和自然馨香后，便可以入浴浸泡。

浴盐主要由水溶性无机盐、香精和色素组成，赋予其香气和色泽。根据浴盐的性能，有时会添加润肤剂和保湿剂。主要作用如下：

① 清洁作用　清除身体的污垢和气味，具有使角质软化作用，溶解并去除皮肤表面的落屑，使得皮肤光滑。

② 使硬水软化　大多数情况下，可使盆浴中的硬水软化。

③ 心理作用　香精的气味是浴盐最重要的性质之一，清新的气味和令人放松的感觉，使得浴者感到心情舒畅和轻松。

浴盐主要成分是盐类，主要起清洁作用，同时部分盐类具有软化水的功能，比较常用的有倍半碳酸钠、磷酸盐、硼砂、氯化钠。同时浴盐中还有香精和色素等。另外，浴片为了成型需要添加黏合剂，如淀粉。在各种不同类型的浴盐中，需根据其功能添加相应添加剂，如海盐浴盐中加入海盐，泡沫浴盐中加入月桂醇硫酸酯钠盐，牛奶浴盐中加入脱脂或者全脂奶等。

(3) 泡沫浴剂

泡沫浴剂是一种具有优良起泡能力的沐浴用品，沐浴时将其放入浴缸中，加入热水并不断搅拌即可得到丰富的泡沫，对皮肤与眼睛无刺激性、较温和，同时具有宜人的香味。

6.3 常见洁肤用表面活性剂

表面活性剂是洁肤类化妆品中非常重要的一类原料，在其中起到乳化、稳泡、洗涤等作用。表面活性剂是指具有固定的亲水、亲油基团，在溶液的表面能定向排列，并能使界面张力显著下降的物质。它的作用是多方面的，如润湿作用、吸附作用、增溶作用、乳化作用、发泡作用等。含有表面活性剂的水溶液将碳氢化合物（指油污）溶解在水中的本领称为增溶作用。当表面活性剂达到一定的浓度时，在溶液中缔合成胶团，即表面活性剂可将不溶于水的动植物油脂或其他有机物裹在其中，形成胶束，产生增溶作用。

洁肤类化妆品中常用的表面活性剂可以分为以下几类。

(1) 阴离子型表面活性剂

阴离子表面活性剂可以为洁肤类化妆品提供丰富的泡沫和去污能力。

① 月桂醇聚氧乙烯醚硫酸酯钠　属于去脂力极佳的表面活性剂，其对皮肤和黏膜（如眼睑）的刺激性较小。这类清洁剂应用广泛，除用于面部清洁剂外，还大量用于沐浴露和洗发香波的配方中。

② 十二烷基硫酸钠　又称月桂醇硫酸酯钠。为去脂力极强的表面活性剂，为油性皮肤、男性专用洗面奶的常用成分。与其他表面活性剂相比，属于刺激性较大的原料之一，浓度过高时对皮肤有潜在的刺激性。因具有较强的去脂能力，可以破坏皮脂膜，不宜长期使用，以免造成皮肤自身屏障功能的破坏，这类产品不能用于敏感性皮肤和干性皮肤。

③ 酰基牛磺酸钠　该类表面活性剂具有优良的洗净力，且对皮肤的刺激性低，并且有极佳的亲肤性，清洗时或洗后皮肤的感觉较佳，皮肤不会过于干涩，且滑嫩感明显。以此为配方的洗面奶，pH 值通常控制在 5～7，适合正常皮肤使用。

④ 磺基琥珀酸酯类　又称脂肪醇琥珀酸酯磺酸盐。属于中度去脂力的表面活性剂，较少作为主要清洁成分，常与其他洗净成分搭配使用。具有强发泡作用，除洗面奶外，还常用于泡沫沐浴露及儿童沐浴露，或在发泡较差的清洁剂中作为增泡剂使用。其本身对皮肤和黏膜的刺激性较小，是温和的洗净原料。

⑤ 烷基磷酸脂类　属于温和、中度去脂力的表面活性剂，这一类制品必须在中性或偏酸性的环境才能有效发挥洗净作用，与皮肤的亲和力好，洗时和洗后触感均佳。

⑥ 酰基肌氨酸及其盐类　属于氨基酸型阴离子型表面活性剂。对皮肤和头发十分温和，泡沫丰富，调理性能好，并有抗静电效应，且对多种表面活性剂有很好的相容性，故该类表面活性剂在化妆品工业中有广泛的应用前景。其良好的温和性和调理性能使其成为泡沫浴盐、泡沫浴油和身体用清洁剂理想的原料。如月桂酰基肌氨酸三乙醇胺盐对人体皮肤极温和，是粉刺皮肤清洁剂的最佳原料。

（2）两性离子型表面活性剂

常见的两性表面活性剂有甜菜碱、氧化铵、氨基酸型和咪唑啉等。这类清洁剂的刺激性均低，且起泡性能好，去脂力属中等，适用于干性皮肤和婴儿清洁剂配方。如氨基酸系表面活性剂，采用天然氨基酸成分为原料，其本身可以调整为弱酸性，因此对皮肤的刺激性较小，亲肤性特别好，是目前高级洗面奶清洁成分的主流，但成本高。

（3）阳离子型表面活性剂

清洁类产品使用阳离子型表面活性剂的目的主要有：在洗发、护发过程中作调理剂；用于消毒，如十二烷基二甲基苄基氯化铵。该类产品均有良好的抗静电以及杀菌、灭菌等消毒性能，在化妆品中主要用于消毒灭菌和调理剂作用。

（4）非离子型表面活性剂

① 烷基醇酰胺　由脂肪酸与单乙醇胺或二乙醇胺缩合制得，是一类多功能的非离子型表面活性剂，其性能取决于组成的脂肪酸和烷醇胺的种类、两者之间的比例和制备方法。常用的烷基醇酰胺为烷基醇单乙醇酰胺。

② 烷基糖苷　该类表面活性剂是以天然植物为原料制备获得的，对皮肤和环境没有任何的刺激和毒性。清洁力适中，为新流行的低敏性清洁剂，但在洗面乳中以其为主要成分的仍不多见。

（5）天然表面活性剂

天然表面活性剂是以植物或动物组织（如植物种子、根、茎、植物分泌物或动物分泌物等），通过物理过程或化学的方法得到的具有表面活性的物质，常见的有茶皂素和绞股蓝等。

 思考题

6-1　什么是清洁类化妆品？

6-2　简述皮肤污垢的概念及其组成。

6-3　简述泡沫洗面奶的分类。

6-4　磨面制品对皮肤有什么功效？

6-5　沐浴用品有哪些？

6-6　常见洁肤用表面活性剂有哪些？

6-7　皮肤为什么要清洁？

第7章

面膜类化妆品

皮肤健康是审美的一个重要指标，从遥远的古埃及时代开始，人们就试图通过新的方法和材料来维护皮肤的健康。面膜是皮肤护理的一个重要产品，主要功能是皮肤补水，同时各种成分的添加，还赋予了其延缓衰老、保湿、滋润、营养、改善外观、深层清洁等多种功能。通过覆盖皮肤的角质层，面膜可以为角质层提供水分，使角质层充分水合，从而改善皮肤外观和弹性；另一方面，面膜产品还具有封闭效果，可以有效减少皮肤水分的流失，从而使角质层变得柔软，促进有效成分经皮肤的吸收。面膜在皮肤护理和年轻化方面有着重要的应用，成为了当今社会化妆品中的一个重要分支，其发展也逐渐从依赖天然产品移向科学的工艺。当前，具有较明确功效和科学支撑的面膜产品成为广大消费者的需求。

7.1 面膜类化妆品的发展及作用

7.1.1 面膜类化妆品的发展简史

面膜是最早出现的一类美容护肤品，大约在公元前454年，古罗马就开始用牛乳、面包渣和美酒制成美容面膜。而早在古埃及金字塔时代，一些天然的原料，如土、火山灰、海泥等已被广泛应用，通过将其混合后进行敷面，可以治疗一些皮肤病。距今2000年前，举世闻名的埃及艳后，就会在脸上涂抹鸡蛋清，蛋清干了便形成紧绷在脸上的一层膜，早上起来用清水洗掉，从而达到了令皮肤柔滑、娇嫩的效果。

盛唐初期，面膜在中国开始流行，主要被贵族妇女所广泛使用。典籍中记载，"回眸一笑百媚生"的杨贵妃就曾使用鲜杏仁、轻粉、滑石粉为主料，辅以冰片、麝香，用蛋清调制而成的红玉膏助其祛斑祛皱，亮白皮肤。百余年前的慈禧太后，也曾经使用白及、白蔹、白术、白僵蚕等28味药研制成玉容散敷于面部，美白淡斑。即使进入老年，慈禧太后的肌肤依旧细腻、白润。

面膜的发展可以概括为以下几个阶段。第一阶段：水洗膜。古埃及时期，古埃及王后用泥敷脸美容所使用的面膜，这是最早的土制面膜。第二阶段：硬膜。这一类面膜以医药石膏为基础材料，具备了一定的成膜性。第三阶段：水果蔬菜切片面膜。通过将常见水果蔬菜切片后直接敷于脸部，通过吸收其中的成分达到保养皮肤的目的，使用最多的是黄瓜，这个方式一直沿用至今。第四阶段：软膜。第一个真正意义上的面膜诞生于20世纪90年代，它是由海藻结合其他填充材料构成的软膜，软膜具有良好的附着能力，为后续面膜的改良奠定了基础。第五阶段：无纺布精华膜。这是一种织布膜，它用无纺布代替海藻胶原的成膜性，大大简化了软膜的烦琐操作，方便在家护理。但该产品的缺点是：无纺布与皮肤亲和力不佳，不具备仿生物智能的功效，仅仅是精华液的载体，所以仅仅起到敷脸的效果，精华液中营养成分的透皮吸收率有多高是不确定的，其效果也不甚理想。第六阶段（最新阶段）：纳米蚕丝面膜。该类面膜以天然植物提取纤维，再通过生化技术与新型纺织技术相结合，让精华更好存储和导入，其弹性、亲肤性、柔软性、密封性好，让皮肤充分吸收精华成分，从而更为充分地发挥面膜的保湿和改善皮肤的效果。

纵观面膜的发展史，我们可以发现，在古代，面膜基本都源自天然物质的提取物，成本昂贵，因而只在小范围的贵族圈中流行，难入寻常百姓人家。而如今，经过生产技术的不断革新，面膜已经不再是皇室、宫廷的美丽秘方，逐渐演变为融合古典与现代、原生与科技、内与外、动与静、时与空、祛与补、养与活、呼与吸、逆时与新生的伟大护肤理念。

7.1.2　面膜的作用

面膜的护肤作用主要通过密闭、湿热、渗透和清洁四个过程来实现。

① 密闭作用　通过将面膜覆盖在脸部的短暂时间，皮肤暂时隔离外界的空气与污染，有效提高皮肤温度，促进血液循环及新陈代谢，使皮肤的含氧量上升，令皮肤自然光亮有弹性，呈现好气色。

② 湿热作用　涂敷的面膜将皮肤与外界空气隔绝时，皮肤水分难以挥发，从而使得皮肤温度升高，促进血液循环及新陈代谢，使得毛孔的污垢及皮脂易清除，彻底清洁皮肤。

③ 渗透作用　密闭作用增加了角质层内源性水合作用，不仅使得细胞间的水量增加，而且可以帮助细胞间隙变大，促进面膜中有效物质的渗透和吸收。湿热作用提高了皮肤温度，也促进了营养物质的渗透。

④ 清洁作用　在上述作用的基础上，皮肤有效角质层软化，毛孔扩张，面膜更好地吸附皮肤分泌物和污垢，揭下面膜时污垢一起除去，皮肤得到深层清洁。

另外，面膜干燥时有收缩作用，对皮肤施以张力，使其紧绷，能缓解皮肤细小皱纹，具有紧致皮肤的作用。

7.2　面膜类化妆品的分类

根据不同的分类方法，面膜可以分成不同的类型。例如，按基本功能，可以分为清洁类面膜和保养类面膜。前者主要作用包括清除老化角质，增强角质层更新的能力，通过吸附皮肤分泌物，达到清洁目的。清洁类面膜涂敷时要求有一定的厚度，能使表皮温度升高，毛孔扩张，老化角质层软化松动，通过面膜内的黏性和吸附成分，彻底清洁皮肤。保养类面膜则主要通过添加多种有效成分，如保湿、美白、抗皱、防蓝光等成分，达到加强护理和保养的目的。

根据面膜的形状和使用方法，面膜又可以分为片状面膜、膏状面膜、撕拉式面膜和水凝胶面膜。

（1）片状面膜

片状面膜［图 7.1(a)］是一类出现较早的面膜，与其他类型的面膜相比，片状面膜配方成熟，市场规模大。美国的市场调查公司 NPD 集团的研究显示，与其他类型化妆品相比，面膜销量的增长速度占据了压倒性优势，其中最为畅销的就是片状面膜。大多数片状面膜为独立包装，由面膜纸加精华组成，具有很强的便捷性，但由于片状面膜的黏性不够，所以通常需要平躺使用。片状面膜的主要成分有水、保湿剂、防腐剂、功效物和其他调节剂，除此之外，各种品牌还会在片状面膜中加入特有成分，例如芦荟提取物、维生素 C、珍珠提取物、蜗牛萃取液和海藻提取物等，不同成分的添加可以赋予片状面膜多样的功能，其中最为常见的功效包括补水、保湿、美白，另外还有清洁毛孔、抗皱、去角质、舒缓、祛痘等。

（2）膏状面膜

膏状面膜［图 7.1(b)］也称泥状面膜，通常储存在瓶罐中，呈现为膏体、凝胶、乳霜等状态，使用者可以用泥状面膜涂全脸，也可以选择局部使用。相比于片状面膜，泥状面膜具有良好的黏性，能够被涂抹并自行黏附在脸部。膏状面膜的成分包括硅酸铝镁、生物合成胶、乳化稳定剂、液体石蜡或者凡士林、羟乙基脲等。洁面后，将膏状面膜涂敷于皮肤上，10～15min 后洗净即可。

（3）撕拉式面膜

撕拉式面膜［图 7.1(c)］又称揭剥式面膜（peel-off masks），是指涂抹的面膜干燥后可形成可剥离的皮膜，通过剥除老化角质层达到保水和清洁皮肤的作用。这类面膜适合中性、油性、混合性皮肤以及青少年使用。撕拉式面膜，清洁作用强，但是长期使用可能导致皮肤应激和松弛，所以使用频率不宜过高，2～3 周一次为宜。相比于其他面膜配方，撕拉式面膜中多了聚乙烯醇、海藻酸钠、羧甲基纤维素，可以提供良好的成膜性。

（4）粉状面膜

粉状面膜［图 7.1(d)］是最早出现的面膜类型，因其生产和运输方便，被广泛使用。同时，粉状面膜还可以与许多功能性原料、天然提取物等有效成分协同使用，达到清洁、保养等的目的。使用粉状面膜需要先进行调和，然后将其涂敷于面部，但要注意避开眼周和口鼻。粉状面膜是由高岭土、米糠粉、滑石粉、淀粉、钛白粉、氧化锌、碳酸镁和碳酸钙等粉末成分作为基质，并添加其他功效成分构成。滑石粉具有良好的伸展性和润滑性；淀粉的安全性和稳定性较高，溶于水后呈糊状，是一种凝胶剂，吸附力较强，有利于其他粉末一起黏附于皮肤上；氧化锌主要起遮盖、防晒、收敛和抗菌作用；碳酸镁和碳酸钙则作为吸收剂除去多余皮脂和水分。

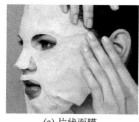   

(a) 片状面膜　　　　　(b) 膏状面膜　　　　　(c) 撕拉式面膜　　　　　(d) 粉状面膜

图 7.1　不同形状的面膜

7.3 面膜的基质和功能性助剂

面膜的主体材料由基质和功能性助剂组成。基质是面膜有效成分的媒介，通常在面膜制品中占有较大比例，因此很大程度上决定了面膜的性状。相对于基质材料，面膜中的功能性成分所占比例较小，但是面膜的性能主要由其决定。不同的面膜类型和面膜品牌，其基质和原料略有不同，但必须符合以下要求：①无毒无刺激性，不影响身体的生理过程，并能在体内进行代谢；②性质稳定，不与生物物质发生生物化反应；③具有优异的成膜和脱膜性能，能在皮肤表面进行贴附。

7.3.1 面膜的基质

根据性状的不同，面膜的基质可分为橡胶基质、蜡状基质、粉状基质、乙烯基质以及水溶性聚合物基质等。

（1）橡胶基质

橡胶基质是以胶乳为基质的膜剂。将其涂敷于皮肤表面待干燥后，可以形成连续不透水的薄膜。该薄膜的形成会导致皮肤温度升高，从而有效促进皮肤血液循环，增加皮肤弹性，同时还可以通过收缩毛孔改善皮肤的通透性。

（2）蜡状基质

蜡状基质是由合适熔点的蜡类或蜡类混合物添加少量的凡士林和极性原料，如十六醇和硬脂醇组成的。如若添加少量的胶乳可改善其性能并使其更容易成膜。蜡状基质在室温时为固态，使用时要先加热熔化，然后趁热将其敷于皮肤表面。在固化过程中，会有紧绷的感觉；当蜡膜固化为阻隔层后，会引起发汗，从而迫使污物和杂质从表皮毛囊开口处溢出。

（3）粉状基质

粉状基质主要包括黏土膜和泥膜，通常含有高含量的固体。粉状基质硬化后会收缩，产生机械收敛作用，同时，吸收剂发挥有效的清洁作用。最常用的粉体是高岭土、膨润土和漂白土等。粉状基质一般都添加水溶性聚合物作为增黏剂，以使固体悬浮物稳定和增加膜的强度。

（4）乙烯基质

乙烯基质以聚乙烯醇或者聚乙酸乙烯酯为原料。利用聚乙烯醇类胶体的黏性，该类型基质可以帮助面膜实现清洁皮肤的目的。较多使用在撕拉式面膜体系中，通过成膜后的撕拉过程，可以有效去除皮肤黑头以及角质等，但过量使用会对皮肤的屏障功能产生影响。

（5）水溶性聚合物基质

水溶性聚合物基质主要为水溶性高分子体系，常用于凝胶类面膜体系。通常，水溶性基质呈透明乳状液，有可剥离型和非剥离型之分。该基质中一般添加成膜剂使其具有成膜、黏结的功能，常见的成膜剂为聚丙烯酸树脂、聚乙烯吡咯烷酮（PVP）、果胶、明胶、环糊精等，同时，还需要添加适量的增塑剂以增加其塑性。

7.3.2　面膜的功能性助剂

除了常见的成膜基质材料以外，面膜类化妆品还需要添加各种功能性成分来实现多层次和全方位护肤的需求。面膜中最常见的功能性成分包括维生素、蛋白质、矿物质、蜂蜜、辅酶 Q10、去角质素、美白因子、保湿剂。

（1）维生素

活性氧（reactive oxygen species，ROS）是导致皮肤衰老的重要原因之一，维生素可以有效清除活性氧，常被作为延缓衰老剂添加到面膜中，使用最多的是维生素 C、维生素 A、维生素 E 和维生素 B_3。

① 维生素 C　维生素 C（抗坏血酸）是非常重要的抗氧剂，它可以有效消除导致核酸、蛋白质和细胞膜损伤的活性氧。维生素 C 水平随着年龄的增长而降低。局部使用维生素 C 可提高人体内 I 型和Ⅲ型胶原蛋白及其处理酶的信使 RNA（mRNA）水平。据报道，局部使用维生素 C 可以促进伤口愈合，减少面部皱纹，改善光老化皮肤的外观，并减轻紫外线辐射的直接影响。此外，维生素 C 还可以增加胶原蛋白的合成，有助于延缓皮肤老化。维生素 C 衍生物，如抗坏血酸棕榈酸酯、抗坏血酸四异棕榈酸酯和抗坏血酸磷酸酯镁，由于其稳定性优于抗坏血酸，因此在制药工业中被广泛使用。维生素 C 的抗氧化性是通过中和单线态氧反应进行的，从而限制活性氧的形成，因此局部使用维生素 C 可以部分纠正与衰老过程相关的退化性结构变化，从而起到延缓衰老作用。皮肤中维生素 C 的含量随着年龄的增长而降低，因此通过在面膜中添加维生素 C 可以有效增强皮肤减缓衰老的能力。

② 维生素 A　视黄醇（A 醇）是维生素 A 的一种，属于脂溶性维生素。A 醇是皮肤医学界公认的高活性延缓衰老成分的超级明星，通过在体内转化成 A 酸后可以结合细胞上的多种受体产生各种生理作用，从而紧致皮肤，达到延缓衰老的效果。

A 醇的主要作用包括：

a. 抗衰老　视黄醇能抑制基质金属蛋白酶的活性，降低其对胶原蛋白和纤维组织的伤害，从而有效淡化细纹，改善皮肤松弛下垂的情况。

b. 调理新陈代谢　视黄醇可以加快角质细胞脱落。

c. 提亮肤色　抑制黑色素生成，同时加速黑色素的代谢，改善皮肤暗沉。

d. 调节皮脂分泌　视黄醇具有一定的控油能力，可以减少痘痘的滋生。

e. 增加表皮保水能力，增厚角质层　当视黄醇作用于真皮层时，皮肤内的糖胺聚糖含量也将显著升高，这时真皮层的锁水能力得到显著增加，滋润皮肤。

③ 维生素 E　维生素 E 又名生育酚或产妊酚，具有强烈的抗氧化作用。维生素 E 是一种脂溶性非酶抗氧剂和抗炎剂，可以保护皮肤免受氧化应激的不利影响，并清除在皮肤老化或光老化过程中增加的自由基。此外，皮肤中的维生素 E 可以抑制前列腺素和一氧化氮的产生，有效防止晒伤、紫外线诱导的脂质过氧化和水肿，因此，维生素 E 具有保护表皮免受氧化应激的作用。大多数的延缓衰老面膜含有 $0.5\%\sim1\%$ 的维生素 E。

④ 维生素 B_3　20 世纪 70 年代，各种临床试验证明维生素 B_3 对皮肤有良好的渗透作用，自此以后，科学家们对探索维生素 B_3 的局部作用及其在皮肤护理中的应用越来越感兴

趣。维生素 B_3 在皮肤上有几种潜在的药物应用前景，包括抗炎作用、防止光免疫抑制、增加细胞间脂质，除此之外，维生素 B_3 还是一种有效的皮肤美白化合物，可以有效抑制黑素体从黑色素细胞转移到角化细胞。

（2）蛋白质

蛋白质同样是皮肤延缓衰老的有效物质。胶原蛋白是皮肤真皮层中最重要的蛋白质之一，随着年龄的增长而减少。胶原蛋白通常以肽的形式被广泛用于面膜中，从而帮助人们补充由于年龄增长而引起的胶原蛋白流失。虽然蛋白类材料具有良好的延缓衰老作用，但由于其对皮肤上层或角质层的渗透性较低，在使用上仍然存在局限性。渗透能力取决于各种因素，包括物质的物理化学性质，如分子大小、稳定性、溶解度、酸度常数、分子氢键的数量、完整性、皮肤的厚度和成分、皮肤的新陈代谢、面积和使用时间。

（3）矿物质

黏土、氧化锌、硫黄、金、铜和银等矿物质常用于面膜的配方中。在皮肤科，硫以其抗菌、抗真菌和溶解角质的特性而闻名。黏土经常被用作医药、美容和化妆品的成分，具有清洁、保湿、去除脂肪粒和粉刺的特性。此外，黏土还被广泛用于皮肤调理面膜。金和银元素常被用于不同形式的化妆品，显示出优异的抗真菌特性。新一代含银面膜，杀菌效果好，有助于缩小皮肤毛孔、预防痤疮等。此外，不同的研究表明氧化锌和铜的纳米粒子分别具有抗菌和杀菌作用。

（4）蜂蜜

蜂蜜是一种有营养的天然物质，广泛用于美容产品。用蜂蜜制备的面膜具有润肤、保湿、舒缓、保持皮肤活力、延缓皱纹形成、调节 pH 值、防止病原体感染等作用。蜂蜜中的化合物有碳水化合物（果糖）、各种游离氨基酸、水、钙、铁、锌、钾、磷、镁、硒、铬、锰、蛋白质和维生素，如维生素 B_2、维生素 B_4、维生素 B_5、维生素 B_6、维生素 B_{11} 和维生素 C，这些都是产生红细胞的必需元素。通常，蜂蜜使用量从 1% 到 10% 不等，但浓度可通过与油、凝胶、乳化剂或聚合物包埋在面膜中达到 70%。此外，最近的体外研究表明，蜂蜜还可以降低微生物的致病性以及逆转抗生素耐药性，进一步扩展了蜂蜜添加面膜的使用范围。

（5）辅酶 Q10

辅酶 Q10 也称泛素酮，是细胞呼吸中最重要的电子载体，对受损和老化的皮肤具有良好的修复作用。皮肤需要各种酶促和非酶促抗氧化复合物，如谷胱甘肽过氧化物酶、超氧化物歧化酶和过氧化氢酶，以及低分子量抗氧剂，如维生素 E 异构体、维生素 C、谷胱甘肽（GSH）、尿酸和辅酶。辅酶 Q10 是一种非酶促剂，也是一种天然抗氧剂，它可以刺激生物修复过程，在受损的生物分子量积累到改变细胞代谢或生存能力之前，将其清除。临床研究显示，辅酶 Q10 在和其他元素，如维生素和精氨酸、半胱氨酸、蛋氨酸、谷胱甘肽和肉碱等同时存在时，效果更佳。因此，辅酶 Q10 成为了面膜产品中最常见的功能性添加剂之一。

（6）去角质素

清除或擦洗表皮上的死细胞和碎片是保持水分、保持毛孔清洁和改善皮肤局部血液循环的重要环节之一。天然有机去角质方法源自传统的医学方法，因文化差异，各国的面膜类化妆品所使用的方法有所差异，但综合而言，活性成分含量都偏低，在很多情况下，这些活性成分无法通过上层皮肤，因而疗效有限，尤其是在祛斑方面功效非常有限。近年来，各大美妆公司开始尝试化学方法去除角质，从而增加活性成分的渗透能力。含有 α-羟基酸（AHAs）的产品被广泛销售，并根据浓度的不同，被用于抚平细纹和表面皱纹、改善皮肤质地和肤色、疏通和清洁毛孔、调节 pH 值等。β-羟基酸（BHAs）或 AHAs 和 BHAs 的组合也常被作为去角质素，而广泛应用于面膜类产品，具有良好的去角质效果。

（7）美白因子

美白面膜，是指添加了可以促进黑色素代谢、抑制及破坏黑色素生成、阻止酪氨酸酶活化或还原黑色素中间体等功效成分的面膜。美白因子一定要能有效渗入皮肤的基底层，才能发挥作用，因此能促进细胞新陈代谢的成分常与美白因子相互配合使用。

美白因子主要包括有维生素 C、甘草萃取物、桑葚萃取物、熊果苷、果酸、曲酸等。然而，并不是把常用的美白成分，直接加入到面膜里，就可以将美白功效最大化。比如，维生素 C 具有美白效果，但将维生素 C 直接加入面膜中，可能还未来得及使用效果就消失了。较合理的剂型，应该是将维生素 C 粉末与调理水分开包装，待敷面膜的时候再加以混合均匀。这是因为维生素 C 本身不稳定，制作成湿状的敷面剂，会严重降低其淡化黑色素的能力。

（8）保湿剂

面膜中大约含有 5% 的脂质成分，即保湿剂。保湿剂通常是甘油、卵磷脂和丙二醇，它们具有亲水性和亲脂性，可附着在皮肤上，并将水分吸入皮肤外层。此外，乙醇酸、透明质酸、透明质酸钠、山梨醇、乳酸、柠檬酸和尿囊素常与保湿剂一起用于面膜，帮助死皮脱落、皮肤锁水，使皮肤更为光滑和柔软。研究表明，甘油有助于维持皮肤细胞间的水分平衡。这是因为甘油可以有效模拟皮肤的天然保湿因子，显著影响角质层中的水结合物质。另一方面，保湿剂可以提供一定的脂质来保护皮肤。脂质只停留在皮肤表面，而不是被皮肤吸收，形成一层透明层，防止水分流失。

7.4　面膜的制作实例

面膜品牌和主打功能的差异，导致面膜的生产工艺略有差异，但生产过程都需要经过配方筛选、原料灭菌、混合、研磨、过筛、加香和包装等过程，根据实际需要，上述步骤可以进行顺序调整。上述工艺中，灭菌是最为重要的一个环节，因为该过程可以有效去除原料中的微生物，从而保证面膜的安全性。本节内容将详细列举三种面膜的制作过程，从而加深对面膜制作过程的理解。

（1）片状补水面膜制作实例

本实例所制备的是一款具有补水功能的片状面膜。配方由保湿剂、增稠剂、调理剂、刺激抑制因子、防腐剂、溶剂和金属离子螯合剂等组成。详细配方如表 7.1 所示。

表 7.1　补水贴片面膜配方

组分	质量分数/%	主要功能
甘油	5.00	溶剂、保湿剂
丙二醇	4.00	溶剂、保湿剂
丁二醇	3.00	溶剂、保湿剂
透明质酸钠	5.00	调理剂、保湿剂
海藻糖	1.00	保湿剂
芦荟汁	0.40	保湿剂
乙二胺四乙酸	适量	金属离子螯合剂
香精	适量	芳香剂
甲基异噻唑啉酮	适量	防腐剂
银耳提取物	4.00	抗氧化剂、调理剂
黄原胶	3.00	增稠剂
仙人掌提取物	1.00	刺激抑制因子
去离子水	补充至 100	溶剂

制备工艺：①称取芦荟汁与本配方所需去离子水的二分之一加入 1# 烧杯中，搅拌均匀。依次称取透明质酸钠、银耳提取物、丁二醇和仙人掌提取物加入 2# 烧杯中，加热搅拌溶解至透明备用。②称取丙二醇和甘油加入 2# 烧杯，再称取黄原胶分散于 2# 烧杯中，再加入二分之一理论用量的去离子水进行搅拌。在其中加入海藻糖和乙二胺四乙酸加热搅拌至 80℃，保温 30min 后降温至 45℃，加入 1# 烧杯中的待用溶液，搅拌均匀后加入香精和甲基异噻唑啉酮充分搅拌，使其混合均匀。③维持搅拌，降至室温后称量，再补加剩余的去离子水，将固定质量的面膜液导入已经折好的面膜袋中，进行封装。

本实例所制作面膜的工艺合理、简单易行，并且面膜对皮肤无刺激，主要功能为补水和调理肤质。银耳提取物具有良好的皮肤补水作用，而芦荟汁则可作为抗氧剂和抗炎剂使用，具有延缓衰老的功效。

（2）乳剂类膏状面膜制作实例

膏状面膜一般不能成膜剥离，使用之后通常需要用水清洗。此类面膜中通常既含有亲水成分，又含有亲油成分，有利于皮肤对有效成分的吸收。本实例列举了一类乳剂类膏状面膜的制备工艺，其配方如表 7.2 所示。

表 7.2　乳剂类膏状面膜配方

组分	质量分数/%	主要功能
三乙醇胺	0.30	乳化剂
硬脂酸	6.00	乳化剂
高岭土	15.00	吸附剂、润滑剂
二氧化钛	2.00	吸附剂、润滑剂

续表

组分	质量分数/%	主要功能
硅酸铝镁	5.00	吸附剂、润滑剂
橄榄油	3.00	滋润皮肤、营养皮肤
香精	适量	芳香剂
甲基异噻唑啉酮	适量	防腐剂
去离子水	补充至 100	溶剂

制备工艺：①将硅酸铝镁溶胀于去离子水（用量为去离子水总量的十分之三）中备用，用 1# 烧杯盛放。②将高岭土和二氧化钛分散于剩余的去离子水中，并加入三乙醇胺混合均匀，在 2# 烧杯中制成水相。③将硬脂酸和橄榄油加入到 3# 烧杯中，搅拌均匀，制成油相。④分别将 2# 和 3# 烧杯加热至 80℃ 左右，然后将二者混合乳化，再加入配制好的硅酸铝镁水溶液，不断搅拌，待体系降温至 50℃ 以后，加入香精、甲基异噻唑啉酮，继续搅拌，混合均匀，最后冷却至室温进行灌装。

上述乳剂类膏状面膜，最大的特点是用硬脂酸和水相原料中的三乙醇胺发生反应，生成乳化剂，这增加了面膜的亲肤性，有利于皮肤对营养物质的吸收；橄榄油的加入则可以有效滋润皮肤；硅酸铝镁为无机水溶性聚合物，具有良好的持水性。因此该面膜可以皮肤护理类面膜使用，具有良好的滋润皮肤和锁水的功效。

（3）天然中药面膜制作实例

使用中药配方的面膜从古至今一直被沿用，大量研究表明中药面膜在淡斑、美白、去粉刺、抗皱以及滋润皮肤方面有着显著效果。本实例列举了一类含有人参提取液的中药面膜制作工艺，其配方如表 7.3 所示。

表 7.3　天然中药面膜配方

组分	质量分数/%	主要功能
聚乙烯醇	14.00	乳化剂
海藻酸钠	5.00	乳化剂、增稠剂
甘油	8.00	保湿剂、润滑剂
乙醇	5.00	溶剂、防腐剂
羧甲基纤维素	3.00	增稠剂
人参提取液	2.00	活性成分
香精	适量	芳香剂
甲基异噻唑啉酮	适量	防腐剂
去离子水	补充至 100	溶剂

制备工艺：①称取人参提取液和去离子水于烧杯中搅拌均匀，称取并加入甘油、乙醇、海藻酸钠、聚乙烯醇、羧甲基纤维素和香精，在加热条件下充分搅拌 10min 左右，溶液逐渐透明，将其置于一旁备用。②加入适量的甲基异噻唑啉酮混合均匀，静置。③过滤除杂，

得到面膜液。将面膜液导入折好的面膜袋中，封口即可。

本实例的面膜中含有人参提取液，具有抗氧化和滋养皮肤的功效，能够有效减少色素的积累和延缓衰老。

 思考题

7-1　简述面膜的护理皮肤的原理。

7-2　简述面膜原料选取的原则。

7-3　如何选择不同类型的面膜？

7-4　维生素在面膜中的作用有哪些？

7-5　面膜中的乳化剂有什么作用？

第8章

防晒类化妆品

　　防晒类化妆品是一类通过反射、散射或吸收紫外线，达到防止或减轻紫外线辐射造成皮肤损伤的化妆品，在我国归类为特殊化妆品范畴。全球工业化程度的不断加深，使得大气中臭氧层遭到破坏，从而到达地面的紫外辐射强度逐年上升，使得皮肤癌、黑色素瘤以及其他皮肤病发病率上升，皮肤健康问题日益突出，皮肤防护的重要性也受到了越来越多人的关注。而涂抹防晒化妆品是目前为止最为简单有效的紫外线防护方式，防晒类化妆品也逐渐成为现代人日常生活中的基础生活护肤品之一。

8.1　紫外辐射及其对皮肤的损害

　　紫外线（ultravioletray，UV）是太阳光中频率为 $750THz \sim 30PHz$ 的光线，对应真空中波长为 $10 \sim 400nm$ 辐射的总称。根据波长及生物效应的不同，太阳光中含有的紫外线可以分为四个波段：长波紫外线（波长 $320 \sim 400nm$，UVA）、中波紫外线（波长 $280 \sim 320nm$，UVB）、短波紫外线（波长 $100 \sim 280nm$，UVC）、极紫外线（波长 $10 \sim 100nm$，EUV）。由于 $100 \sim 200nm$ 属于真空紫外，在空气中会被吸收，因此 UVC 段也常被理解为波长范围在 $200 \sim 280nm$。紫外线是日光中波长最短的光波之一，仅占日光总能量的 6% 左右，紫外线对于促进全身代谢以及杀菌方面都有良好的作用，偶尔晒太阳有利于促进人体对钙和其他矿物盐的吸收，提升免疫力，但过量紫外线会对皮肤产生不同程度的伤害，影响人体健康。

8.1.1　紫外线对皮肤的作用

　　UVA 作为长波紫外线，具有很强的穿透力，太阳光中约有 98% 的 UVA 可以穿过臭氧层到达地面，透射程度深，可以损坏皮肤表皮和真皮层，引发皮肤晒伤以及皮肤黑化现象，因而被称为晒黑段。由于 UVA 对皮肤的作用缓慢而持久，同时它对皮肤的损伤具有不可逆的累积效应，长期暴露于 UVA 环境中容易造成胶原蛋白和弹性纤维的损伤，进而加速皮肤老化和病变，产生皱纹和色斑，更为严重的会引起 DNA 损伤，诱发皮肤癌。

　　太阳光中的中波紫外线 UVB 虽然大多数可以被臭氧层吸收，但能够引发皮肤强烈的物理性病变，大多数的皮肤伤害都是由 UVB 引起的。UVB 能够穿透表皮层，短期照射会引发皮肤急性红斑反应，灼伤皮肤，是皮肤晒伤的根源，因此中波紫外线又被称为晒红段。长期照射会引发皮炎，提高患皮肤癌的概率，UVB 的皮肤致癌性是 UVA 的 1000 倍，同时 UVB 与 UVA 存在协同作用，UVB 的存在能够提高 UVA 的致癌性。

短波紫外线 UVC 能量高、透射力弱，几乎所有 UVC 都能够被臭氧层吸收，很少到达地面，且只能穿过人体角质层，不会对人体皮肤造成伤害。因其能量高，极具生物破坏性，所以常被用于环境消毒，因而波长在 200～280nm 的短波紫外线也被称为短波灭菌紫外线，该波段也被称为杀菌段。

少量的紫外线照射不会对皮肤产生损伤，但不同波段过量的紫外线照射会对人体皮肤产生不同程度的损伤。随着紫外线波长的增加，能量降低，透射深度和透射量随之增加。虽然大气臭氧层可以基本吸收掉 280nm 以下的紫外光，但 UVA 和 UVB 对皮肤的损伤依然十分严重，对皮肤进行紫外线防护对于保护皮肤健康、延缓皮肤衰老具有十分重要的意义。

8.1.2 紫外辐射诱导的皮肤损伤

（1）皮肤光老化

皮肤是人体抵御外界伤害的第一道防线，会随着年龄的增长缓慢发生老化。皮肤老化是一个复杂且漫长的生理学过程，皮肤的老化可以大致分为自然老化及光老化两大类。光老化是指皮肤在长期经历日光中紫外线辐射后结构和功能发生特征性改变的现象。皮肤光老化主要是由紫外线辐射后产生的活性氧（ROS）引起的，最主要的特征性改变就是皱纹的出现，光老化的特点是只发生在光暴露的部位，常表现为明显的皮肤松弛粗糙、皮沟加深以及色素沉着、色斑加深等现象，组织学上表现为角质形成细胞异常、表皮过度损伤以及黑色素细胞灶性增生等。

光暴露部位皮肤的过早老化主要诱发因素是紫外线，尤其是 UVB 对皮肤的作用。研究发现，UVB 在作用于皮肤后能够诱导 ROS 的产生，攻击细胞膜造成脂质过氧化，最终耗尽细胞内的抗氧化酶，同时 ROS 激发了细胞内的信号传导，加速了皮肤老化过程。皮肤的老化不仅是由年龄增长造成的，同时也是由皮肤浅表外露，易受到外界物理因素和化学因素刺激造成的。外界刺激引发的皮肤细胞自由基堆积是引起皮肤衰老的一个重要原因。当紫外线照射人体皮肤时，会产生过氧化氢（H_2O_2）、羟自由基（·OH）等 ROS，使得自由基增多以及消除发生障碍，这些自由基可以破坏皮肤组织内的蛋白质、DNA 以及脂质成分，进而引起组织代谢紊乱以及结构破坏，新生成的自由基又会与脂质作用，产生更多自由基，最终引发链式反应，产生更多的脂质过氧化物，引发细胞结构损伤甚至是细胞死亡，宏观上加速了皮肤老化过程。

（2）日晒红斑

日晒红斑是在紫外线照射下引起的一种皮肤局部光毒性反应。皮肤日晒红斑又称日晒伤、紫外线红斑或日光灼伤。轻型红斑表现为皮肤红肿、灼热刺痛，重型表现为水疱、脱皮，同时伴有乏力、不适等症状。红斑在一段时间后会逐渐消退，进而出现皮肤脱屑以及继发性色素沉着。引发日晒红斑的主要波段是 UVB，会诱导免疫抑制细胞因子的释放，并导致白细胞凋亡，UVB 会以抗原特异性方式抑制免疫反应，并不会引起全身性免疫抑制，因而 UVB 也常被称为红斑区。

日晒红斑根据紫外线照射后出现红斑的时间可分为两类，即即时性红斑和延迟性红斑。

即时性红斑通常出现在照射过程中或者照射后数分钟内，一般在数小时内就会消退。延迟性红斑是指在紫外线照射数小时后产生的红斑反应，一般在 4～6h 后红斑反应开始出现，随时间延长反应逐渐增强，约一天后红斑反应达到峰值，红斑会持续数日后消退，同时引起皮肤脱屑以及色素沉着。

（3）日晒黑化

皮肤日晒黑化是指紫外线照射后在光照部位出现的弥漫性色素沉着。通常边界清晰，无自觉症状。长波紫外线 UVA 是引起这一变化的主要因素，所以该波段又称为晒黑段。

按照色素沉着持续时间的长短可以将日晒黑化的反应类型分为三类，如表 8.1 所示。

表 8.1　日晒黑化反应的类型

类型	特点
即时性黑化	皮肤紫外线照射过程中或者照射后立即发生皮肤黑化,这种色素沉着现象消退快,持续时间在数分钟至数小时不等
持续性黑化	在皮肤出现即时性黑化后,随紫外线照射强度增加,色素沉着现象出现时间由数小时持续至数天无法消退
延迟性黑化	持续数天紫外线照射后发生的皮肤黑化现象,色素沉着能够由数天延长至数月无法消退

皮肤日晒黑化现象在出现时虽然通常不会伴有自觉症状，但色素沉着的出现意味着皮肤受到严重损伤，所以出门应该注意防晒，尽量避免皮肤黑化的发生。

（4）光敏感性皮肤病

光敏感性皮肤病是指皮肤在光敏物质或受到日光照射的诱导下所引起的皮肤病。UVA 和 UVB 以及波长在 400～760nm 的可见光都能够引发。光敏感性皮肤病可分为光敏性皮炎和植物日光性皮炎两类。

① 光敏性皮炎　光敏性皮炎又可以分为光毒性皮炎及光变态反应性皮炎两类。

a. 光毒性皮炎　光毒性皮炎与日晒伤的症状相似，是指皮肤上的光敏物质在吸收太阳光后被激发，并以自由基和热等形式释放出能量从而导致细胞损伤的过程。皮肤光损伤只发生于光照部位，常表现为延迟性红斑、水肿以及刺痒感，严重时出现水疱，损伤会在数日内消退，消退后皮肤会出现色素沉着并伴有脱屑。

b. 光变态反应性皮炎　光变态反应性皮炎是一种由过敏性反应引起的皮炎。皮肤在接触光敏物质的同时接触日光，光敏物质或其体内代谢物会发生光化学变化，进一步与皮肤中的蛋白质结合成为抗原，从而诱发机体免疫排斥反应。常表现为水疱、丘疹和红斑等症状，发病部位与是否暴露于日光无关，任何部位都有可能出现，且病程持续时间长，光敏物质除去后仍可能对光线敏感。

② 植物日光性皮炎　植物日光性皮炎是在大量服用或接触某类植物（刺槐、小藜、无花果、刺儿菜等），再经历日光暴晒后引发的急性皮炎。该类植物多含有呋喃香豆素，其中由大量食用小藜和刺槐所引起的皮炎为重。手背、面部、颈部等受日光照射部位会出现高度肿胀，严重时眼睑肿胀不能睁开。常表现为皮肤坚实、发亮，口唇外翻，皮肤变为紫红色或潮红色，同时伴有水疱、大疱以及出血，严重时造成皮肤溃疡甚至坏死。患者全身症状表现为恶心呕吐、头痛及发热等。发病时间一般在春夏季，并以女性为主。

（5）光致皮肤癌

光致皮肤癌是指皮肤在长期接触过量紫外线辐射后诱发的恶性皮肤肿瘤。根据来源不同恶性皮肤肿瘤可以分为多种类型，其中较常见的类型为基底细胞癌（BCC）、鳞状细胞癌（SCC）以及黑色素瘤。随着 UVA 日光浴设备的广泛使用，皮肤癌在我国的发病率正逐渐升高，并呈现出年轻化趋势。过量紫外线辐射是光致皮肤癌发病率升高的主要原因。UVB 对皮肤癌相关 DNA 光氧化产物具有诱导产生作用，但 UVA 的穿透性更强，流行病学中 UVA 与皮肤恶性黑色素瘤表现出更好的维度相关性。长期暴露于 UVA 环境中会增加皮肤癌特别是恶性黑色素瘤的风险。

引发光致皮肤癌的机制除 DNA 光氧化产物的形成外还包括紫外线诱导的免疫抑制、原癌基因突变以及抑癌基因突变等。光敏性皮肤癌发病率的增加也与化学试剂（煤焦油、补骨脂素等）和光敏药物的使用有关。当然其他比如在体内可以产生降低免疫力的物质等非光敏性物质也能够使皮肤癌发病率增加。

8.2　防晒剂

根据《化妆品安全技术规范（2022 年版）》，防晒剂定义为：利用光的吸收、反射或散射作用，以保护皮肤免受特定紫外线所带来的伤害或保护产品本身而在化妆品中加入的物质。防晒剂按照其化学组成以及在化妆品中的作用可以分为无机防晒剂、有机防晒剂以及生物防晒剂三种类型。市面上的防晒化妆品中大多数都是无机防晒剂和有机防晒剂的复配产品，或者三者的复配产品（图 8.1）。而生物防晒剂中的天然防晒剂因无刺激、无毒副作用正在逐渐受到消费者的欢迎。

图 8.1　防晒剂

理想的防晒剂所应该具备的特征为：颜色浅、气味小；安全性高，无毒性、无过敏性和光敏性，对皮肤无刺激性；稳定性好，不易被阳光分解；配伍性好，不与其他化妆品成分起化学反应；不与生物成分反应；成本低、防晒效果好。

8.2.1　无机防晒剂

无机防晒剂又称为物理防晒剂或者物理性紫外线屏蔽剂，一般是一类极微小的白色无机矿物粉末，通过吸收、反射或散射来减弱紫外线辐射。在《化妆品安全技术规范（2022 年版）》中只有二氧化钛和氧化锌两种无机防晒剂被批准使用。

无机防晒剂的防晒机制与其粒径大小有关，初始粒径越小其峰值吸收光谱越短，即随着初始粒径的减小，对 UVA 的反射、散射能力减弱，对 UVB 的吸收增强，当粒径在颜料级别时，防晒能力较弱，防晒机制为简单的遮盖作用，属于物理防晒。当粒径减小到纳米级别，其防晒机制为反射、散射 UVA 同时吸收 UVB，属于物理和化学双重防晒。

无机防晒剂不能对紫外线进行选择性吸收，但可以在皮肤表面形成阻挡紫外线的反射层，减少了皮肤对紫外线的摄入量，进而达到广谱防晒的效果。因此此类防晒剂制成的防晒化妆品同时兼具吸收 UVA 和 UVB 的效果。同时无机防晒剂对皮肤刺激小，相比一些有机防晒剂，具有更高的稳定性和安全性，对于紫外线辐射导致的皮肤损害更加适用。但其缺点和安全隐患也不容忽视，早期的无机防晒剂含有较大颗粒，折射率高，会使得皮肤表面形成较厚的白色涂层，使用过多会堵塞毛孔、影响汗腺分泌以及皮脂腺分泌，引起毛囊炎等皮肤疾病。而纳米级无机防晒剂虽然防晒能力强、透明性好，但粒径的减小会使得紫外吸收曲线发生变化，对 UVB 的吸收增强，对 UVA 的吸收减弱，同时还会有易凝集、分散性差、易产生自由基以及引起过敏反应的缺点。影响无机防晒剂防晒效果的因素众多，因此针对上述问题还要从其影响因素出发对其进行改性，同时无机防晒剂常与有机防晒剂混合使用，这不仅增加了防晒指数（SPF），而且能提供更广泛的 UV 防护。

（1）二氧化钛（纳米级）

用于防晒化妆品中的二氧化钛粒径分布在 10～30nm 之间，但小粒径易形成 100nm 左右的聚集体。此外，二氧化钛的金红石形态折射率高、可吸收紫外线，因而常被添加到高档防晒化妆品中。纳米级二氧化钛的优点是化学性质稳定、热稳定性高、无毒、无味、无刺激、透明度高。其防晒机制主要是吸收 UVB，同时也能够对 UVA 有一定的反射和散射效果。其抗紫外线能力相比纳米级氧化锌显著性更高。纳米级二氧化钛经处理后通常以固体粉末状形式添加到化妆品中。按照亲疏水性可以分为亲水性粉体和亲油性粉体两类，但现在常将其表面包覆同时含有亲水基团和亲油基团的表面处理剂，使其具有两亲性，提高了通用性。

（2）氧化锌（纳米级）

用于防晒化妆品中的氧化锌粒径一般在 10～200nm 之间，纳米级氧化锌与纳米级二氧化钛性质相似，防晒机制为吸收、反射和散射紫外线，两者在使用时往往进行配伍，但纳米级二氧化钛效果更优。

8.2.2　有机防晒剂

有机防晒剂是一类能够较好吸收紫外线辐射的有机化合物，又称为化学防晒剂、紫外线吸收剂或者光稳定剂。目前，所有在防晒化妆品中使用的有机防晒剂都是芳香族化合物。芳环为分子内氢键构成的螯合环，在日光照射时氢键破裂螯合环被打开，吸收紫外线。然后吸收的能量会以热能、化学能以及其他非紫外光能散发出去，螯合环闭合，这样周而复始对紫外线进行吸收。不同种类的有机防晒剂由于分子结构不同，从而所能吸收的紫外线波段不同，因此其吸收具有选择性的特点。另外用作有机防晒剂的有机物分子中共轭双键的数量会影响到紫外线吸收，数量越多，吸收的最大波长越长，紫外吸收也越强，这也是 UVA 型有机防晒剂比 UVB 型有机防晒剂分子量大的原因。

有机防晒剂又可以分为化学合成防晒剂和天然有机防晒剂两种，目前的有机防晒剂仍然以化学合成为主。此类物质的优点是价格较低、种类较多、配伍性好且销售量大。常见的化学合成防晒剂分为 UVA 吸收剂和 UVB 吸收剂两种。属于 UVA 吸收剂的包括二苯甲酮类化合物、甲烷衍生物类化合物以及樟脑类化合物等，属于 UVB 吸收剂的包括水杨酸酯类化合物、肉桂酸酯类化合物、对氨基苯甲酸酯类化合物等。化学合成防晒剂制成的防晒化妆品不仅透明度高、延展性好、抗汗防水且具有优异的防晒性能。但由于其本身就是易光敏和刺激性的物质，因而使用时可能会引起炎症和过敏等副反应，在国际规范中其用量也因此受到了严格的限制。

在《化妆品安全技术规范（2022 年版）》中列出了 26 种有机防晒剂。这些有机防晒剂又可以大致分为十类：对氨基苯甲酸酯类、水杨酸酯类、肉桂酸酯类、二苯甲酮类、苯并三唑类、三嗪类、樟脑类、甲烷衍生物类以及其他类。各类有机防晒剂的代表性产品，紫外线吸收波段以及特点如表 8.2 所示，部分有机类防晒剂结构式见图 8.2。

表 8.2　有机防晒剂的类别及特点

类别	代表性产品	吸收波段	特点
对氨基苯甲酸酯类	二甲基 PABA 乙基己酯	UVB	价格便宜，但耐水性差，易氧化，易发生颜色变化，易发生过敏反应，现在已基本被其他防晒剂替代
水杨酸酯类	水杨酸乙基己酯	UVB	价格便宜，产品外观好，毒性低，与其他成分相容性好，常与其他防晒剂复配使用，皮肤亲和性好，同时可用于毛发类化妆品。缺点是吸收波段窄、吸收效率低，长时间照射使得产品易变色，能引发过敏反应。它是目前国内常用的一类防晒剂
肉桂酸酯类	甲氧基肉桂酸乙基己酯	UVB	INCI 名称为甲氧基肉桂酸辛酯，吸收效果优良，与油性原料相容性好，紫外线吸收系数高，使用范围广泛，是欧洲盛行的一类防晒剂，且是世界上目前通用的一类防晒剂
二苯甲酮类	二苯酮-3	UVA 和 UVB	具有广谱防晒效果，是具有油溶性的浅色结晶固体，缺点是易引发过敏和易渗透，且具有光毒性，产品中需标注警示语
苯并三唑类	亚甲基双-苯并三唑基四甲基丁基酚	UVA 和 UVB	性质优良，具有广谱防晒效果，稳定性好，安全性高，毒性小，常以 7% 以下浓度配制成乳液用于高防晒指数的化妆品中
三嗪类	乙基己基三嗪酮	UVA 和 UVB	具有广谱防晒效果，耐热性高且具有强紫外线吸收性，缺点是在吸收部分可见光后易泛黄，是一类新型有机防晒剂
其他类	聚硅氧烷-15	UVB	具有低挥发性和良好的稳定性，常以 10% 以下用量应用于染发和护发类产品中
	奥克立林	UVA 和 UVB	是一种浅黄色黏稠澄清油状液体，优点是光稳定好、热稳定性好、吸收率高、具有光谱吸收效果。常用于高 SPF 值的化妆品中，用量限制在 10% 及以下（以酸计）
	二乙氨羟苯甲酰基苯甲酸己酯	UVA	是一种黄色固体，具有油溶性，光稳定性良好，可以消除自由基，防晒效果好，作用时间长，化妆品中的用量限制在 10% 及以下

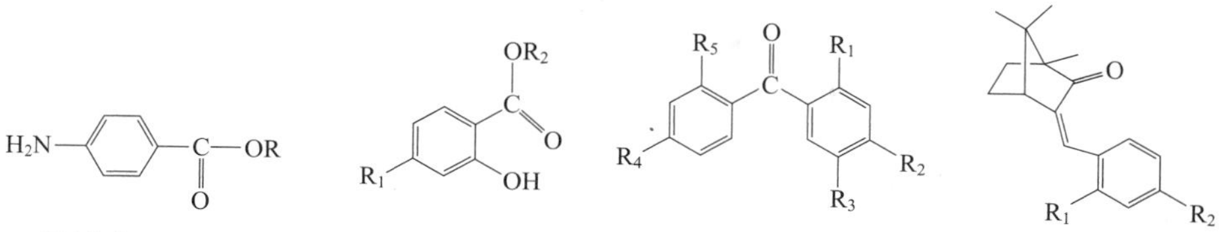

图 8.2　部分有机防晒剂的结构式

8.2.3　生物防晒剂

生物防晒剂是通过生物发酵或者提取等生物方法得到的具有清除氧化应激效果或者对紫外线具有一定吸收能力的一类物质。生物防晒剂大多不具有直接防晒作用或者防晒作用较弱，因而市面上很少出现单纯的生物防晒剂，多为物理防晒剂和化学防晒剂与生物防晒剂配合使用，从而达到广谱防晒性同时起到修复和抗氧化的作用。生物防晒剂又可以分为间接防晒剂和天然防晒剂两类。

（1）间接防晒剂

紫外线辐射过程是一种氧化应激过程，即紫外线辐射通过产生氧化自由基对组织造成损伤。间接防晒剂则能够通过减少或清除氧化基团的中间产物，从而对紫外线造成的组织损伤起到减缓或阻断作用，促进皮肤的日晒修复，起到间接防晒的作用。常见的间接防晒剂包括一些具有抗氧化功能的酶类以及维生素及其衍生物等。

① 维生素 C　维生素 C 具有很强的抗氧化作用，可以减少紫外线所致的免疫抑制作用和炎症损伤，能够抑制酪氨酸酶的活性以及抑制 DNA 损伤，刺激胶原蛋白的合成，从而达到预防紫外线辐射所致皮肤疾病的作用。

② 维生素 E　维生素 E 作为人体抗氧化防御系统的主要成分之一，通过皮脂分泌到皮肤表面，在双颊和额部的皮脂腺中含量较高，起到清除自由基的作用。

③ 辅酶 Q10　辅酶 Q10 对 UVA 产生的细胞内氧化具有抑制作用，同时抑制真皮胶原细胞中胶原酶的表达，起到减缓光老化的作用。

④ 其他　β-胡萝卜素、褪黑素、金属硫蛋白、谷胱甘肽过氧化物酶（GSH-Px）、超氧化物歧化酶（SOD）、过氧化氢酶（CAT）等都能够对人体内的自由基起到清除作用，从而减缓紫外线造成的皮肤损伤，修复皮肤胶原。

（2）天然防晒剂

天然防晒剂多为天然植物中具有防晒功能的提取物，一般为植物中的抗紫外线成分，具有一定的紫外线吸收能力。虽然此类防晒剂相比有机防晒剂防晒和吸收紫外线的能力不足，但是能更好地消除活性氧，增强皮肤修复作用，同时皮肤相容性好，几乎不产生过敏反应，安全性更高，因而近年来越来越受到化妆品公司以及消费者的关注。

天然防晒剂主要分为多酚类、多肽类、黄酮类、萘醌类、油脂类化合物等，这些植物中的化学成分具有吸收紫外线和消除自由基的作用，同时某些植物还具有无机防晒剂的作用，例如芦荟胶能够在皮肤表层形成屏障膜，对紫外线起到反射作用。

① 木质素 木质素大量存在于含甲氧基、芳香环和羟基的天然化合物中，甘蔗渣以及稻壳中都能提取到木质素。其具有消除自由基的能力，可以作为生物活性多功能成分添加到防晒霜中，起到防晒、延缓衰老和美白的功效。

② 水飞蓟素 水飞蓟素是一种天然黄酮类化合物，是一种从水飞蓟的干燥果实中提取得到的天然活性物质，具有很强的抗氧化能力，能够保护皮肤免受自由基破坏，具有抗辐射、延缓皮肤老化的功效，被广泛应用于防晒类化妆品中。

除以上天然防晒剂，某些天然植物本身就具有良好的防晒作用，例如含多酚类成分的绿茶、含萘醌类成分的紫草、含黄酮类成分的刺槐以及黄芪等，这些天然成分安全性高、毒副作用小，常作为辅料添加到防晒化妆品中，弥补了其在自由基消除方面的不足，提高了化妆品的防晒效果。具有防晒成分的植物如图 8.3 所示。

图 8.3 具有防晒成分的植物

8.3 防晒化妆品的种类

一款理想的能够抵御 UV 辐射的防晒化妆品应该首先能够在皮肤上形成舒适而透明的有效防护膜。如果运用到抗汗和水下运动产品中，此膜还应当具有良好的防水性。近年来针对不同应用场景以及不同人群的防晒化妆品在市场上不断更新，在满足基本防晒要求的基础上，按照不同需求产生了各式各样的化妆品类型。目前，市面上的防晒化妆品按照剂型主要有防晒油、防晒水、防晒乳液和防晒霜四类，除此之外，一些新型的防晒化妆品，例如防晒喷雾和防晒棒也逐渐出现在市场中，弥补了传统防晒化妆品的不足，扩展了使用场景的范围，方便了人们的生活。

8.3.1 防晒油

防晒油是一种添加了油溶性紫外线吸收剂的油状液体，是防晒化妆品中最早使用的剂型。防晒油的优点是，本身主要成分为对皮肤具有保护作用的植物油或酯类化合物，不会损伤皮肤，且由于油分多，具有很好的皮肤黏附性；同时，某些防晒剂具有油溶性，将防晒剂在植物油或酯中溶解，制成防晒油，可以起到良好的防晒效果；再者，防晒油的制备工艺简单且容易涂抹。其缺点是防晒效果一般，防晒效果低于乳化型防晒霜，油脂的涂抹会使得皮肤透气性变差，容易沾染灰尘同时产生油腻感，防晒油不适用于油性皮肤人群，也因此不太受到消费者的喜爱。

防晒油的参考配方为：棉籽油：橄榄油：液体石蜡：水杨酸乙基己酯：香精＝0.5：0.23：0.205：0.06：0.005（质量分数比），进行复配。

制作方法为：首先将油相混合均匀，制备成油相混合物，然后将防晒剂溶解于其中，待充分溶解后加入香精，然后过滤除去未溶解部分即可。

8.3.2　防晒水

防晒水又称防晒露，是一种添加了水溶性紫外线吸收剂和其他润肤成分的醇、水型液体。产品中山梨醇、甘油等润肤成分的加入，能够形成保护膜促进防晒剂在皮肤上的黏附。此类产品相比防晒油无油腻感且搽在皮肤上会有清爽的感觉，但由于其成分水溶性好，因而具有耐水性差的缺点。

防晒水的参考配方为：乙醇：去离子水：乙二醇单水杨酸酯：山梨醇：PEG-25 对氨基苯甲酸＝0.6：0.28：0.06：0.05：0.01（质量分数比），按比例复配，然后加适量香精。

制备方法为：首先将水相液体混合制备成混合物，然后加入固相成分搅拌至均匀混合，陈化静置 7~10 天，然后放置于 0℃环境冰冻 24h，最后过滤掉沉淀即可。

8.3.3　防晒乳和防晒霜

防晒乳是依据防晒原理制成的具有保护皮肤免受紫外线照射功能，从而避免皮肤中黑色素产生与累积的一类护肤品。防晒霜是指一类添加具有反射、散射或吸收紫外线功能的防晒剂来达到防止皮肤晒黑、晒伤的化妆品。防晒乳与防晒霜的主要区别在于物理性状不同，即含水量不同造成的表观差别。防晒霜的含水量一般在 60% 左右，呈膏状，看上去较稠；防晒乳的含水量在 70% 以上，有流动性，看上去稀薄。由于含水量高，一般乳液类化妆品会比霜剂类化妆品清爽，但配方师可以通过往防晒霜中添加油性成分和增稠剂来调整其"油腻"程度，因此防晒霜的"油腻"程度还要根据产品使用时的体验感来决定。

防晒乳和防晒霜中通常含有二氧化钛和氧化锌等可以反射和散射紫外线的无机防晒剂，以及甲氧基肉桂酸辛酯（OMC）等可以吸收紫外线的有机防晒剂，且两种化妆品大都含有同时防护 UVA 和 UVB 功效的成分，增强了对紫外线吸收的范围。防晒乳液目前已成为使用最为广泛的防晒类化妆品剂型，市售防晒类化妆品中其占比能够达到 90% 左右。其能够受到消费者普遍欢迎的主要原因是，当采用乳液体系作为基质时，防晒化妆品的适配性得到提高，各类市面上使用的防晒剂一般都可以加入配方中，并且配伍性好，各种防晒剂单体的防晒效果都能得到充分发挥，且用量受到的限制少，能得到具有较高 SPF 和长波紫外线防护指数（PFA）值的防晒化妆品。另外，防晒乳的皮肤体验感比其他剂型好，具有不油腻、易涂抹和不泛白的优点，同时适用性广，可用于制备 O/W（水包油）型和 W/O（油包水）型等不同类型的乳液，适合不同皮肤类型的人群在不同季节和不同部位使用。但乳液基质具有适于微生物生长的特点，所以具有易变质的缺点。防晒乳和防晒霜的制作方法与一般乳液类化妆品相同，其参考配方如表 8.3 所示。

表 8.3 防晒乳和防晒霜的参考配方

组分	质量分数/%			
	防晒乳		防晒霜	
	O/W 型	W/O 型	O/W 型	W/O 型
去离子水	65.15	54.8	69.0	61.6
液体石蜡	15.0	13.0		
硬脂酸			13.0	
十六醇	5.0			
羊毛脂			5.0	
肉豆蔻酸异丙酯			2.0	
聚二甲基硅氧烷	2.0			
司盘-60(Span-60)	1.5			
Arlace P135		4.0		3.5
Arlamol S7		2.0		8.0
Arlamol HD		4.0		10.0
生育酚乙酸酯		2.0		2.0
吐温-60	4.5			
超细钛白粉		10.0		2.0
水合硫酸镁		0.7		0.7
小麦胚芽油		3.0		3.0
微晶蜡		2.0		2.0
小烛树蜡		0.5		1.0
硬脂酸镁		1.0		1.0
单硬脂酸甘油酯			2.0	
甲氧基肉桂酸辛酯	2.0		2.0	2.0
对甲氧基肉桂酸异戊酯			3.0	
丁基甲氧基二苯甲酰基甲烷	0.5			0.2
Carbopol 945	0.2			
三乙醇胺	0.15		1.0	
甘油	4.0	3.0		
丙二醇			3.0	3.0
香精	适量	适量	适量	适量
防腐剂	适量	适量	适量	适量

8.3.4　防晒棒和防晒喷雾

　　防晒棒和防晒喷雾都是在传统防晒品基础上研发出的新型便携式防晒产品。防晒棒是一种棒状固体，以满足人们外出携带方便的需要，同时防晒棒的配方设计简单，主要成分为防晒剂和蜡，易形成有效防晒膜，防晒效果优异，但不适用于身体大范围涂抹。

　　防晒喷雾是一种可快速大面积使用的防晒化妆品，弥补了长时间户外出行中无法快速重新涂抹防晒品的问题，具有保湿、清爽的皮肤体验感。同时防晒喷雾除用于脸部和身体各处皮肤，还可喷洒在头发上，帮助头发达到防晒的目的。防晒喷雾主要为 O/W（水包油）型乳液，是以乙醇为主要溶剂的喷雾产品，除此之外，也有以液化气作为推进剂的气雾罐型产品。防晒喷雾在保留传统防晒剂优点的基础上还有众多优点。

① 防晒效能高　采用隔光技术，可实现中波和长波紫外线的长效隔离，有效防止皮肤晒黑、晒伤、光致老化。

② 肤感好　配方中添加天然薄荷萃取物以及天然保湿因子，皮肤接触时会产生清爽冰镇的感觉，同时长效保持皮肤水润；不堵塞毛孔，不致粉刺，不含对氨基苯甲酸（PABA），防水、防汗。

③ 易均匀涂抹　采用喷雾式设计，轻轻一压便可实现全方位、多角度、均匀附着在皮肤之上，省时省力不沾手。

④ 抗氧化　添加维生素 A、维生素 C、维生素 E 等抗氧化成分，消除氧化自由基。

此类防晒品的配方设计应满足以下几点：

① 高防晒剂含量，满足高防晒指数要求。

② O/W 型（水包油），形成稀薄的乳化承载体系。

③ 组分间相容性好，保证体系稳定不分层。

④ 防晒剂分散均匀，保证高防晒效率。

8.4　防晒效果的评价方法

防晒化妆品的防晒效果评价方法主要包括人体功效评价试验以及体外仪器实验两种。人体功效评价试验用于测定防晒化妆品对 UVB 和 UVA 防护性能的两大关键指标 SPF 值和 PFA 值，对于防水性能有要求的防晒化妆品，还需要进行产品的防水性能测试。体外仪器实验是在特定实验室条件下，按照规定程序和方法对化妆品功效进行测试的方法，体外仪器实验包括动物实验以及体外实验，其中体外实验又包括理化实验、微生物实验、细胞实验、组织实验及离体器官实验等。

8.4.1　SPF 值人体测定法

最初防晒产品的开发是用于减少 UVB 诱发的光毒性反应日晒红斑。个体皮肤对辐射的反应和紫外线辐射释放的能量是最轻微可见红斑能量的决定性因素。由于长波紫外线 UVA 与中波紫外线 UVB 辐射出的能量所引起的皮肤红斑效应存在较大差别，产生最轻微可见红斑所需 UVB 辐射能量仅为 UVA 辐射能量的千分之一，即每单位剂量 UVB 比 UVA 有效 1000 倍。早期防晒产品主要用来吸收 UVB，同时红斑也是防晒效果的主要指标。国际上对 UVB 防晒产品防晒性能的评价已经有较为统一的方法，即防晒指数（Sun Protection Factor，SPF）法。

《化妆品安全技术规范（2022 年版）》中将 SPF 定义为："引起被防晒化妆品防护的皮肤产生红斑所需的 MED 与未被防护的皮肤产生红斑所需的 MED 之比，为该防晒化妆品的

SPF。"SPF 值越大，表示防晒效果越好。SPF 可用下式表示：

$$SPF = \frac{使用防晒化妆品防护皮肤的\ MED}{未防护皮肤的\ MED}$$

式中，MED 是最小红斑量，指引起皮肤清晰可见的红斑，其范围达到照射点大部分区域所需要的紫外线照射最低剂量（J/m^2）或最短时间（s）。

防晒指数法是 20 世纪 70 年代由美国食品药品监督管理局最早提出的，其他国家大多参照美国公布的方法，并依据本国国情进行修改，制定出与本国实际情况相符的防晒化妆品防晒性能测定方法。SPF 的测定是以人体作为测试对象，以日光或者氙弧灯日光模拟器产生的模拟日光对 20 名以上的受试者进行背部照射。首先不涂抹防晒化妆品确定皮肤固有 MED，然后在受试部位涂抹一定量防晒品，进行日光照射或模拟日光照射，得到防晒部位的 MED，按照 SPF 计算公式统计每位受试者测试部位的 SPF 值，最后取平均值作为该防晒化妆品的 SPF 值。

目前国际上对于 SPF 值的标识方法并没有统一的标准。1993 年，美国食品药品监督管理局将防晒品中的 SPF 值划分为五个等级，如表 8.4 所示。

表 8.4　SPF 值与防晒等级之间的关系

SPF 值	防晒等级
2～6	最低防晒
6～8	中等防晒
8～12	高度防晒
12～20	高强防晒
20～30	超高强防晒

我国在《防晒化妆品防晒效果标识管理要求》对 SPF 值的使用有如下规定：

（1）防晒指数（SPF）的标识应当以产品实际测定的 SPF 值为依据；

（2）当产品的实测 SPF 值小于 2 时，不得标识防晒效果；

（3）当产品的实测 SPF 值在 2～50（包括 2 和 50）时，应当标识该实测 SPF；

（4）当产品的实测 SPF 值大于 50 时，应当标识为 SPF50＋。

事实上讲，当 SPF 在 8～15 之间时，晒斑以及晒黑现象均受到抑制，当 SPF 值高于 15 时，晒斑及晒黑现象能够完全被抑制，因此，如今的防晒剂都要求有较高 SPF 值。SPF 值的影响因素众多，防晒成分的量与类型以及配方中其他成分都会影响到化妆品的 SPF 值。美国食品药品监督管理局出版的防晒剂专题中，将 SPF 值最大限定为 50，但考虑到我国种族差异以及地域气候条件差异，皮肤专家认为，日常防晒品的 SPF 值在 15 左右便可以基本满足人们的防晒需求，SPF 值最高不要超过 30。

8.4.2　PFA 值人体测定法

近年来，随着研究的深入，UVA 对皮肤的伤害日益受到人们的关注，国外已经对 UVA 防护能力的评价方法展开了研究。目前，对于 UVA 防御效果的评价，在国际上尚没有统一的评定标准。但对晒黑防护程度的测定值，即长波紫外线防护指数（Protection Factor of UVA，PFA）值在国际上得到了多数国家的认可。

PFA 值是用来评估防晒剂保护皮肤发生日晒黑化的指标，日晒黑化作为一种主要由 UVA 引起的皮肤光氧化反应，因此 PFA 值可以用作评价 UVA 防护效果的指标。《化妆品安全技术规范（2022 年版）》中，将 PFA 定义为"引起被防晒化妆品防护的皮肤产生黑化所需的 MPPD 与未被防护的皮肤产生黑化所需的 MPPD 之比，为该防晒化妆品的 PFA 值"。用公式表示为：

$$PFA = \frac{使用防晒化妆品防护皮肤的 MPPD}{未防护皮肤的 MPPD}$$

式中，MPPD 是最小持续黑化量，指辐照后 2～4h 在整个照射部位皮肤上产生轻微黑化所需要的最小紫外线辐照剂量（J/m^2）或最短辐照时间（s）。对于 MPPD 的实验观察应该选择曝光后 2～4h 之内一个固定的时间点进行，室内光线应充足，且至少应有两名受过培训的观察者同时完成。

我国对于防晒化妆品中 UVA 防护效果的标签中，并不会直接标注 PFA 值，而是根据测得的 PFA 值大小换算为 UVA 防护等级"PA 等级"的方式进行标识。其中 PFA 值只取整数部分。PFA 值与标识 PA 等级的换算关系如表 8.5 所示。

表 8.5　PFA 值与标识 PA 等级的换算关系

PFA 值	对 UVA 的防护效果	标识 PA 等级
<2	无	不得标识 UVA 防护效果
2～3	有防护作用	PA+
4～7	有良好防护作用	PA++
8～15	有高度防护作用	PA+++
≥16	有最大防护作用	PA++++

8.4.3　防水性测试

作为防晒化妆品的一项经典属性，防水性能成为用作夏季户外运动的和水下运动场景下尤其是具有高 SPF 值防晒化妆品的必备属性。在《化妆品安全技术规范（2022 年版）》中，详细介绍了防晒化妆品防水性能的测定方法。试验测试标准基于受试部位涂抹防晒品后经过一定时间防水性测试前后的 SPF 值。按照测试时间长短，试验又分为一般抗水性测试（试验时间 40min）和强抗水性测试（试验时间 80min）两个级别。抗水测试结果，可以用抗水保留分数（water resistance retention，WRR）表示，其定义式为

$$WRR = \frac{(SPF_{iw} - 1)}{(SPF_{is} - 1)} \times 100$$

其中 SPF_{iw} 指受试个体抗水测试后的 SPF 值，SPF_{is} 指受试个体抗水测试前的 SPF 值。若满足 WRR 平均百分比的 90% 可信区间（CI）≥50%，同时抗水测试前 SPF 值均数的 95% CI 小于均数的 17%，则认为测试样品具有抗水性。然而由于红斑形成受到多重因素的影响，运用该方法测试时经常会存在 20%～30% 的误差。

如果防晒化妆品宣称具有防水效果，应同时标注防水性测试前后的 SPF 值，或者只标注防水性测试后的 SPF 值，不可以只标注防水性测试前的 SPF 值。对于未经防水性测试或者测试化妆品 SPF 值减少 50% 以上的，不能宣称有防水效果。

8.4.4 仪器测试法

相较于人体功效评价试验在评价化妆品防晒性能时所需试验条件的严苛复杂、对试验人员要求的专业性，同时紫外线辐射也会对受测试人员的皮肤造成不同程度的损害，体外仪器实验具有操作简单、测试周期短的优点，更加适用于光不稳定性化妆品防护效果的测定。

紫外分光光度计法和SPF仪测试法是常用的两种测试方法。两者都是根据防晒化妆品中的防晒剂对紫外线具有反射、散射和吸收作用的性质，运用朗伯-比尔定律，将防晒化妆品样品涂抹在商用聚甲基丙烯酸甲酯板上或特殊胶带上，然后用不同波长的紫外光进行照射，用来模仿人体皮肤受到紫外线照射的过程，记录测试品的吸光度，最后将结果转化为SPF值来评估防晒化妆品防护效果的优劣。

SPF测试仪实际上是经过改进的紫外分光光度计，其原理为通过扫描试验样品对紫外光谱的透过率或吸收率，然后对记录的光谱数据以及其他实验因素通过特定程序进行数据转换，最终显示为防晒化妆品的体外SPF值。

思考题

8-1 UVA和UVB分别能造成哪些皮肤损伤？

8-2 诱发皮肤光老化的主要因素及作用机制是什么？

8-3 理想的防晒剂应该具备什么特征？

8-4 有机防晒剂的定义及吸收紫外线的特点是什么？

8-5 防晒乳与防晒霜的主要区别是什么？

8-6 防晒喷雾有哪些优点？

8-7 防晒产品在使用SPF值时应该遵守哪些规定？

8-8 简述PFA值的定义及与PA等级的换算关系。

第9章

保湿类化妆品

保湿是皮肤护理类化妆品的基础功能，皮肤要维持正常的生理功能，需要稳定的内环境。保湿类化妆品通过模拟皮肤天然保湿系统，达到增加表皮含水量、修复皮肤屏障功能、减少皮肤干燥脱屑的功效。皮肤干燥在一定程度上不仅仅是个人的生理感觉，同时还与毛孔粗大、色素沉着，甚至细纹和皱纹等皮肤问题都相关联。因此，保湿类化妆品在整个皮肤护理过程中占有较高的比例。皮肤状态与其含水量呈正相关，充足的水分是维持皮肤弹性和柔软的重要因素。除此之外，影响皮肤含水量的因素还有年龄和性别、季节及环境因素、生活习惯和精神压力、物理和化学性损伤以及疾病和药物因素等。皮肤角质层中充满了角蛋白纤维，能够防止水分发生外渗，同时这一层中还有角蛋白，具有吸收水分的作用，两者的共同作用，可以维持皮肤的湿润与正常生理功能。保湿类化妆品可以维持皮肤的含水量，保证角质层发挥其正常的屏障功能，同时保湿对其他功效活性物的吸收也有促进作用，因此保湿滋润类化妆品在整个化妆品中处于极其重要的位置。

9.1 皮肤的保湿机制

水对维持皮肤尤其是角质层的正常功能是非常重要的，其关键作用是参与正常脱屑所需的许多水解过程。当角质层含水量降低至一定值时，正常脱屑所需的酶将会被破坏，这会导致角化细胞黏附堆积于皮肤表面，从而出现皮肤干燥、粗糙、脱屑等现象，这会使皮肤屏障功能受损。而水含量充足则有利于酶发挥作用，从而促进角质层成熟，保持角质层的弹性。

9.1.1 皮肤的生理作用

皮肤作为人体的第一道防线，参与全身的机能活动，以维持机体和外界环境的对立统一，机体情况异常有时也可在皮肤上反映出来，皮肤能接受外界的各种刺激并通过反射调节使机体能够更好地适应外界环境的各种变化，所以具有十分重要的生理作用。皮肤的生理作用是机体正常生理活动过程中皮肤发挥的作用，主要包括保护、感觉、吸收、分泌和排泄、调节体温、代谢、免疫等，这对机体的健康非常重要。

（1）保护作用

皮肤覆盖于人体表面，是人体面积最大的器官，既可防止体内水分、营养物质及电解质的流失，又可以保护体内组织和器官免受外界机械性、物理性、化学性或生物性的侵袭或刺激，维持机体内环境的相对稳定。

（2）感觉作用

皮肤是人体最主要的感觉器官，皮肤内分布着感觉神经及运动神经，直接感受外界刺激。皮肤的神经末梢和感受器能将来自外部的种种刺激传输给大脑，经过大脑的分析、判断，从而有意识或无意识地在身体上做出相应的反应。借助皮肤的感觉作用，人类可以能动地参与各项生产活动。

（3）吸收作用

皮肤具有防止外界异物入侵的作用，但也具有通过角质层、毛囊、皮脂腺和汗腺导管吸收外界物质的功能。皮肤吸收的主要途径是通过渗透作用进入角质层细胞，再通过表皮其他各层到达真皮而被吸收；其次是通过毛囊、皮脂腺和汗腺导管而被吸收；还有少量通过角质层细胞间隙进入皮肤内。皮肤被水浸软后吸收功能较强，水溶性物质不易被吸收，脂溶性物质则较易被吸收。皮肤的吸收作用对维护身体健康是不可缺少的，它是现代皮肤科外用药物治疗皮肤病的理论基础。

（4）分泌和排泄作用

皮肤具有一定的分泌和排泄功能，这主要是通过皮脂腺排泄皮脂、汗腺分泌汗液进行的。

① 皮脂的分泌和排泄　皮脂是由皮脂腺分泌出来的，主要成分有甘油三脂肪酸酯和脂肪酸等，皮脂的组成成分如表 9.1 所示。它具有形成皮表脂质膜、润滑毛发和皮肤、抑制细菌、防止体内水分蒸发和一定的保温作用。

表 9.1　皮脂的组成成分

成分	含量/%	成分	含量/%
甘油三酯	39	角鲨烯	12
脂肪酸	15	胆固醇酯	3
蜡酯	26	胆固醇	2
甘油二酯	2	神经酰胺	1

当皮脂排出量在皮肤表面达到一定值且有一定厚度后，皮脂分泌就会减慢甚至停止，此量被称为饱和皮脂量。皮脂分泌量在不同的身体部位有所差异，通常来讲，手脚的皮脂分泌量较少，而头部、胸部、面部由于皮脂腺多分泌量也较多。另外，皮脂分泌量还因性别、年龄、人种、药物和环境而有所差异。同时，皮脂分泌量还受到饮食的影响，过多地食用糖和淀粉类食物会使分泌量显著增多。

② 汗腺的分泌和排泄　局泌汗腺分泌汗液，具有散热降温、保护皮肤、排泄代谢产物、代替肾脏部分功能等作用。汗液在正常温度下分泌量较少，当气温高于 30℃时，活动性局泌汗腺增加，汗液排出量显著增多。当精神上受到影响时，汗的分泌量也会发生显著变化。

（5）体温调节作用

皮肤是热的不良导体，可保持体温的恒定。无论春夏秋冬，人的体温总是恒定在 37℃

左右，原因在于皮肤通过散热和保温两种方式参与体温的调节。当外界温度降低时，皮肤的毛细血管收缩，汗液分泌减少，有利于保温，不至于受寒或冻伤；外界温度过高时，皮肤血管扩张，血流增多，汗腺分泌增强，有利于散热，防止体温升高。

（6）代谢作用

皮肤中含有的多种代谢酶，蛋白质、脂肪、水以及糖和电解质的代谢也能在皮肤中进行。

（7）免疫作用

皮肤可看作是一个具有免疫功能并与全身免疫系统密切相关的外周淋巴器官。皮肤内含有大量的免疫活性细胞，主要有淋巴细胞、朗格汉斯细胞、肥大细胞、巨噬细胞等，均分布在真皮浅层毛细血管的周围并相互作用，通过其合成的细胞因子相互调节，对免疫细胞的活化、游走、增殖分化和免疫应答的诱导、炎症损伤及创伤的修复均有重要的作用。

9.1.2　皮肤的分类

影响皮脂腺分泌功能的因素主要包括：性别、年龄、皮肤湿度、环境、饮食等。根据皮脂分泌量的多少，人类皮肤分为油性、中性、干性三大类型。

（1）油性皮肤

此类皮肤的皮脂分泌量多，脸上经常是油腻光亮的，毛孔粗大，肤色暗沉，常有黑头，皮肤偏碱性。且由于皮脂分泌过剩，污垢易附着在皮肤上，容易长粉刺和小疙瘩。但油性皮肤的人不易衰老、起皱纹，对外界刺激不敏感。夏季是油性皮肤的多发季节，可选用去污能力强的清洁用品洗脸，保持毛孔的通畅和清洁。少用含油量高的化妆品，使用油分较少、能抑制皮脂分泌、收敛作用强的清爽型护肤品。补水保湿对油性皮肤的护理是至关重要的。皮肤出油是因为当身体水分不够时，身体就会透支皮肤的水分，皮肤会自动分泌出油脂来保护身体，所以补水保湿才是控油的关键。因此油性皮肤在控油的同时一定要注意及时补水，并做好保湿工作。油性皮肤保养还要注意保持皮肤的清洁，一天至少洗脸两次。

（2）中性皮肤

中性皮肤是健康理想的皮肤，多见于青春发育期前的少女。这类皮肤皮脂和水分分泌适宜，介于干性和油性皮肤之间，皮肤酸碱度适中，皮脂分泌通畅，纹理细腻、柔软，没有粗大的毛孔或太油腻的部位，红润光泽富有弹性，无瑕疵，对外界刺激不敏感。但易受季节变化的影响，冬天较干燥，夏天较油腻。中性是皮肤的最佳状态，一般来说不需要特别的护理，平时多注意日常补水，调节水油平衡。但其容易受到季节的影响，所以应根据季节来选择保湿或抑制油脂的产品。

（3）干性皮肤

干性皮肤干燥、粗糙，缺乏弹性，皮肤的 pH 值不正常，易敏感，经不起风吹雨打和日晒，常因情绪波动或环境变化而发生明显的变化，保护不好易出现早期衰老的现象。但外观比较干净，肤质细腻，较薄，毛孔不明显，皮脂分泌少而均匀，无油腻感，肤色洁白或白里透红。此类皮肤宜使用刺激性小的清洁产品洗脸，之后擦拭多油的护肤品。需要注意补充皮肤的水分与营养成分。平时要多食蔬果、多喝水，不要过于频繁地沐浴及过度使用洗面奶，多选用碱性较低、保湿能力强的化妆品。

9.1.3 皮脂膜和天然保湿因子

(1) 皮脂膜

皮脂膜是由角质细胞产生的脂质、脱落的角质细胞、皮脂腺里分泌出来的油脂及汗腺里分泌出来的汗液经过低温乳化，在皮肤表面形成的一层保护膜。皮脂膜的主要成分有乳酸、游离氨基酸、尿素、尿酸、盐、中性脂肪及脂肪酸等。皮脂膜的存在使皮肤表面的 pH 值维持在 4.5~6.5 的弱酸状态，因而具有中和弱碱的能力。即使在皮肤表面涂上碱性溶液，皮肤也具有经过一定时间能恢复到原 pH 值的缓冲作用。皮脂膜对皮肤乃至整个机体都有着重要的生理功能，主要为以下几个方面：

① 润泽肌肤　皮脂膜由皮脂和水分子乳化而成，其脂质部分有滋润皮肤、让皮肤保持润滑和滋养的作用，可使皮肤柔韧、润滑、富有光泽。而水分子可使皮肤保持一定的湿润，防止干裂。

② 屏障作用　皮脂膜是皮肤锁水最重要的一层，能够有效锁住水分，阻止皮肤水分过快蒸发，并能防止外界水分及某些物质大量透入，使皮肤含水量保持在正常范围内。

③ 抑菌作用　皮脂膜是皮肤表面的免疫层，其中含有的一些游离脂肪酸能够在一定程度上抑制细菌在皮肤表面生长、繁殖，对皮肤有自我净化作用。

④ 中和作用　皮脂膜的 pH 值呈弱酸性，缓冲了碱性物质对皮肤的侵害。

(2) 天然保湿因子

皮肤角质层中最理想的含水量保持在 10%~20%，低于 10% 皮肤就会粗糙。一般来说，皮肤角质层中的水分之所以能够被保持，一方面是皮脂膜具有防止水分过快蒸发的作用，另一方面则是因为皮脂层中存在着天然保湿因子（简称 NMF），能够让皮肤从空气中吸收水分。其组成成分如表 9.2 所示。

NMF 之所以具有让皮肤吸收水分的功能主要是由于其化学组成，特别是乳酸盐和吡咯烷酮羧酸具有极强的吸湿性，它们可以吸收大气中的水分，以起到保湿剂的作用。在对皮肤进行保湿护理时，不仅要考虑 NMF，还需考虑皮脂和细胞脂质等，这些油性成分包裹着 NMF 或与其相结合，防止它的流失，并起着一定的阻止水分挥发的作用。

表 9.2　天然保湿因子的化学组成

成分	含量/%	成分	含量/%
游离氨基酸	40.0	钠(Na)	5.0
吡咯烷酮羧酸	12.0	钾(K)	4.0
乳酸盐	12.0	氨、尿酸、氨基葡萄糖肌酸	1.5
糖类、有机酸、多肽、未知物	8.5	钙(Ca)	1.5
尿素	7.0	镁(Mg)	1.5
氯化物	6.0	磷酸盐、柠檬酸盐、甲酸盐	1.0

9.2　保湿类化妆品的作用机理

传统的保湿机理认为是皮脂和汗液混合在皮肤表面形成封闭性的皮脂膜抑制皮肤中水分的蒸发从而保持角质层的水含量在正常范围内；另一方面则认为是天然保湿因子（NMF）起到了参与角质层水分保持的作用。传统的保湿化妆品均是依据这一保湿机制研发的。现代皮肤生理学对皮肤细胞的基本组成及代谢过程的研究进入分子水平，并将保湿类化妆品的保湿机制概括为以下几个方面。

（1）防止水分蒸发的油脂保湿

油脂型保湿剂（如凡士林、矿物油、角鲨烷等）不会直接给皮肤提供水分，而是在其表面形成一层疏水性的、封闭的油膜保护层作为保湿屏障，阻止或延迟水分的蒸发和流失，促进皮肤深层扩散而来的水分与角质层进一步水合，从而起到锁水的作用。但这类产品大多过于油腻，可能会堵塞毛孔引起粉刺或痤疮，因此不适合油性皮肤使用。此类产品适合极干性皮肤或在干燥的冬季使用，以达到防止水分过快流失的作用。

（2）吸收水分的吸湿保湿

化妆品中的保湿剂（如甘油、丙二醇、聚乙二醇等）具有较强的吸湿性，能够从大气中吸收水分，也可以从皮肤深层吸收水分并保存于角质层中，以保持皮肤的湿润。这类保湿剂的作用机理是：当皮肤周围环境相对湿度达到 70% 以上，吸湿剂会从外界环境中吸收水分；而当湿度小于 70% 则会从皮肤深层吸收水分以保持角质层的湿润。因而，此类保湿剂不适合在寒冷干燥、多风的冬季使用。因为在相对湿度较低的条件下，此类保湿剂只能从真皮吸收水分来保持角质层的湿润，但由于外界湿度较低，吸取来的水分会通过表皮不断地蒸发到空气当中，从而导致皮肤更加干燥，影响皮肤的正常功能。故单独使用该类保湿剂在干燥环境下会增加经皮水分丢失（TEWL），应与润肤剂和油脂型保湿剂配合使用。而单独使用时更适用于相对湿度较高的季节以及南方地区。很多护肤品，如水乳、面霜等中或多或少都含有这类成分，一方面帮助皮肤吸收，另一方面对产品的稳定性有益。

（3）修护角质细胞的修复保湿

此类保湿是在保湿剂中添加各种营养成分，从而提高皮肤自身的保湿能力来达到良好的保湿效果。如维生素 A 可以调节皮肤细胞的生长及活动，有助于保持皮肤柔软和饱满，改进皮肤的锁水功能，同时有较明显的抗角质化的效果，能够延缓皮肤老化，在皮肤细胞的分裂和发育方面有调节作用；维生素 C 不仅可以促进胶原蛋白的合成，加速皮肤伤口的愈合速度，还可以延缓皮肤衰老，防止形成皱纹，帮助皮肤美白；维生素 E 会在皮肤的角质层聚集，帮助修复皮肤角质层的防水屏障，阻止皮肤的水分蒸发散失，同时维生素 E 还具有延缓皮肤衰老的功效。

（4）结合水分的锁水保湿

这种保湿剂既不是油溶性的，也不是水溶性的，而属于亲水性物质，可以形成网状结构，将游离水聚集，将自由水变为结合水而不容易蒸发，是化妆品中最好的天然保湿成分，如透明质酸、胶原蛋白、弹力素等。这种化妆品适用范围广，适用于各类肤质、各种气候条件。

9.3 化妆品中常用的保湿剂

保湿剂是一类能够保持、补充皮肤角质层中水分的物质，具有防止皮肤干燥，将失去弹性、干裂的皮肤变得柔软、光滑的作用。作为保湿类化妆品的原料应具备以下要求：

① 能显著地从周围环境中吸收水分，在一般的湿度条件下能保持水分；

② 黏度适宜，使用感好，对皮肤的亲和性好；

③ 无色、无味、无毒、无腐蚀性且无刺激性；

④ 保湿、吸湿能力不易受湿度、温度等环境因素的影响；

⑤ 挥发性、凝固点都应该较低（在室温或室温下不会凝固沉积）；

⑥ 与其他常用的化妆品成分相容性好，不易氧化；

⑦ 生产成本适中，来源广泛。

按照化学结构的不同，保湿剂主要分为脂肪醇类、脂肪酸酯类、多糖类、酰胺类、有机酸及其盐类、氨基酸与水解蛋白类。

9.3.1 脂肪醇类

脂肪醇是指羟基与脂肪烃基连接的醇类。低级多羟基醇易溶于水，其羟基可与水分子形成氢键，在一定程度上阻碍了水分子的蒸发，从而起到保湿的作用；高级醇则不溶于水，可以在皮肤表面形成油膜，达到封闭保湿的效果。

（1）木糖醇

外观呈白色结晶或结晶状粉末，是从白桦树、橡树、玉米芯、甘蔗渣等植物原料中提取出来的一种天然甜味剂。在自然界中，木糖醇广泛存在于各种蔬果、谷类之中，但含量较低。纯的木糖醇是一种五碳糖醇，可作抗氧增效剂，有助于维生素和色素稳定，有一般多元醇的保湿性能，因此可作为化妆品的保湿剂。

（2）丙三醇

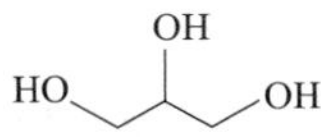

图 9.1 丙三醇

又称甘油，化学式为 $C_3H_8O_3$，结构式见图 9.1，为无色、无臭、有甜味的澄清黏稠液体，具有从周围环境吸收水分的功能。甘油的吸水能力有限，与大多数常用保湿剂相比，效果较差，但其价格低廉。在相对湿度高的环境下，甘油的保湿效果尚可；但当湿度较低时，也就是在寒冷的冬季或干燥多风的气候下，不仅对皮肤没有好处，反而会从皮肤深层吸收水分，使皮肤更干燥。甘油属于半极性分子，对皮肤比较安全，低浓度时刺激性小，但高浓度的甘油涂抹到皮肤上时会因甘油吸收皮肤的水分而感到刺痛，因此一般是将水和甘油配比混合使用（一般比例在 3∶1）。

（3）甘露糖醇

一种多元醇，为无臭、具有清凉甜味的无色至白色针状或斜方柱状晶体或结晶状粉末，广泛存在于植物、食用菌类、藻类等生物体内。由于其羟基较多，可以与水分子形成氢键，有一定的锁水保湿作用，可作为保湿剂添加到化妆品中。

（4）1,3-丁二醇

外观为无色、无臭、稍带甜味的透明黏稠液体，结构式如图 9.2 所示。它溶于乙醇和水，具有良好的抗菌作用，对皮肤无刺激性，而且具有良好的保湿性，可作为化妆品的保湿剂，常用于化妆水、牙膏、膏霜等，也可作为各种精油、染料的溶剂。在化妆品中极其常见，安全性很高，刺激性小，甚至优于甘油和丙二醇。

（5）泛醇

即维生素原 B_5，是应用较广泛的维生素 B 类营养补充剂，室温下为黏稠的透明液体。泛醇易被皮肤吸收，在化妆品中被用作保湿剂。另外，它可以改善皮肤水合作用，渗透性好，有改善皮肤弹性、促进伤口愈合、消炎的功能。

（6）赤藓醇

具有爽口甜味的白色结晶状粉末，有良好的保湿效果，甚至优于甘油，效果温和。添加在防晒产品及晒后舒缓产品中，可以起到温和、凉爽的保湿效果。

（7）聚乙二醇

简称 PEG，有良好的吸湿性。其依分子量不同而性状不同，从无色、无臭、黏稠液体至蜡状固体。聚乙二醇在化妆品工业中的应用很广泛，分子量低的聚乙二醇（Mr＜2000）适于用作润湿剂和稠度调节剂，主要用于乳液、膏霜、牙膏等，也适用于免洗的护发产品，使头发具有光泽感。分子量高的聚乙二醇（Mr＞2000）适用于唇膏、香皂、粉底和美容化妆品等。

（8）聚甘油-10

它为黄色或淡黄色透明液体，稍有特殊气味。其分子结构中含有大量的羟基，能够与水分子通过氢键缔合，笼式锁水，因此比一般的保湿剂效果明显，持久性也更好。该物质能够保持人体皮肤的水分，解决皮肤粉刺、干燥、敏感等问题。另外，该化合物是环聚结构，有很强的粉质感，同时具有较强的湿润感，可以赋予化妆品较好的使用感，广泛用于精华、面膜等化妆品中。

（9）羊毛脂醇

羊毛脂醇是甾体醇和三萜烯醇的混合物，浅黄色至黄棕色固体，具有柔肤润滑的作用，可作为化妆品的保湿剂。

（10）1,2-丙二醇

它为无色、无臭、略带苦辣味的黏稠液体，溶解性较好，可与多种有机溶剂混溶，结构式如图 9.3 所示。其与甘油很相似，但在高浓度时具有刺激性。丙二醇添加于化妆品中，使用后皮肤具有舒适感，常与甘油或山梨醇搭配用于牙膏和香皂中。

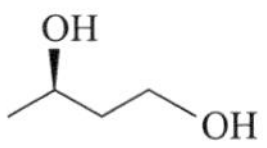

图 9.2　1,3-丁二醇

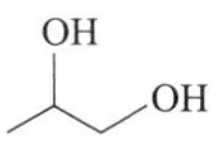

图 9.3　1,2-丙二醇

9.3.2 脂肪酸酯类

脂肪酸酯是一般保湿类化妆品中常用的保湿成分，主要分为高级醇脂肪酸酯和低级醇脂肪酸酯两类，在化妆品中添加量一般为 0.5%～2% 和 2%～10%。

(1) 高级醇脂肪酸酯

它是良好的油脂类保湿剂，广泛应用于护肤乳液、面霜等，如聚乙二醇单油酸酯、鲸蜡醇肉豆蔻酸酯、肉豆蔻醇肉豆蔻酸酯等。

(2) 低级醇脂肪酸酯

它是良好的油质原料，渗透性良好，被应用于护肤乳液、膏霜中，可在皮肤表面形成延展性好、清爽的润滑膜，防止皮肤表面水分过快蒸发散失。如肉豆蔻酸异丙酯、肉豆蔻酸丁酯、棕榈酸异丁酯、棕榈酸异丙酯、月桂酸己酯等。

9.3.3 多糖类

随着生活水平的提高，人们对化妆品的要求也在提高，人们更青睐天然、营养、安全且无刺激性的化妆品。从天然动植物中提取得到的多糖，具有无毒副作用、与皮肤亲和性好等优点，满足了人们对高品质化妆品的需求，因此，常被作为保湿剂应用于化妆品的制备。目前应用于化妆品的多糖类保湿剂主要有透明质酸、甲壳质、银耳多糖、β-葡聚糖等。

(1) 透明质酸

透明质酸是由 (1→3)-2-乙酰氨基-2-脱氧-β-D-葡萄糖-(1→4)-O-β-D-葡萄糖醛酸的双糖重复单位所组成的一种聚合物，也是存在于真皮基质中的一种氨基多糖类物质，简称 HA，其结构式如图 9.4 所示。作为保湿剂应用于化妆品中的一般为透明质酸钠。透明质酸为絮状白色或无定形粉末，也有淡黄色透明液体，无臭、无味。它易溶于水，不溶于有机溶剂，其

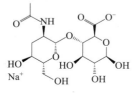
图 9.4 透明质酸

水溶液不仅具有较高的黏度，而且还具有高的黏弹性和渗透压，因此其保水作用较强。HA 分子最重要的生物学功能是在细胞间质中保持水分的能力，它是人类皮肤中天然固有的保湿成分，比其他任何天然和合成聚合物都强。

透明质酸在化妆品中作为保湿剂，有较强的吸湿性和保水润滑性，主要用于各类护肤膏霜和水乳等，如抗皱霜、眼用啫喱和营养霜等，可使化妆品对皮肤有滋润作用，使皮肤富有弹性、光滑，延缓皮肤衰老。HA 的价格很高，是高档化妆品添加剂，也是目前化妆品使用的最佳性能的保湿剂，HA 的分子量越高，其保湿效果越好，在化妆品中的用量越低，建议用量为 0.1% 左右。另外，透明质酸还具有延缓衰老、抗菌消炎、促进伤口愈合及药物载体等特殊作用，且对皮肤几乎无刺激性。

(2) 甲壳质和脱乙酰壳多糖

甲壳质是一种聚氨基葡萄糖，广泛存在于菌藻类或低等动物的一种高分子量的多糖，是龙虾壳和蟹壳的主要成分。其几乎不溶于水及各种有机溶剂，导致适用范围被限制。一般以甲壳质作为原料，通过化学方法制成水溶性甲壳质衍生物，使其变成阴离子型水溶性聚合物，扩大其使用范围。主要作为成膜剂、毛发保护剂等被应用于化妆品中。

脱乙酰壳多糖是甲壳质的衍生物，属于天然保湿剂，对皮肤有较好的亲和作用，能形成透明的保护膜。它的保湿作用很好，与透明质酸相近，可作为透明质酸替代品用于护肤制品，在生理上是十分安全的保湿剂。还可用作香料、染料和活性剂胶囊的成膜剂。

（3）银耳多糖

一种酸性杂多糖，从银耳中提取制得，其水溶液有极高的黏性。其保湿能力及成膜性均优于透明质酸，能形成更柔软、富有弹性的膜。另外，银耳多糖还有抗氧化的功效。其主要作为保湿剂、抗氧化功能性原料等应用于化妆品领域。

（4）β-葡聚糖

β-葡聚糖是一种天然多聚糖，具有深层修复、保湿功效，能够促进伤口愈合、延缓老化，具有增强皮肤屏障、防晒及晒后修复的作用。它主要作为保湿剂、延缓衰老功能性材料等应用于化妆品领域。

9.3.4 酰胺类

酰胺类保湿剂中含有羧基、羟基、酰胺基和胺基等亲水性基团，对水有较好的亲和作用，具有良好的保湿性。与常用保湿剂甘油相比，具有更优的吸收、保持水分的性能，适用于各种膏霜、乳液及护发产品。常用的酰胺类保湿剂简要介绍如下。

（1）神经酰胺

又称神经鞘脂类，是皮肤角质层细胞间脂质的主要成分，约占表皮角质层脂质含量的50%，在角质层的生理功能中起关键作用，主要表现为：

① 保湿作用 神经酰胺具有很强的缔合水分子的能力，它通过在角质层中形成的网状结构来维持皮肤的水分，具有防止皮肤水分丢失的功效。

② 黏合作用 神经酰胺与细胞表面的蛋白质通过酯键连接起到黏合细胞的作用，其含量的减少可导致角化细胞间黏着力下降，会使皮肤出现干燥、脱屑、呈鳞片状的现象。使用神经酰胺可明显地增强角化细胞之间的黏着力，改善皮肤干燥程度，减少皮肤脱屑现象。

③ 延缓衰老作用 皮肤在衰老过程中，脂质合成力下降，角质层神经酰胺含量减少。皮肤衰老会导致皮肤出现干燥、脱屑、粗糙、失去光泽等现象；而且皮肤角质层变薄会使皱纹增多，皮肤弹性下降。使用神经酰胺能够提高表皮角质层中的神经酰胺含量，还能激活衰老细胞，促进表皮细胞分裂和基底层细胞再生，改善皮肤新陈代谢功能。

④ 屏障作用 角质层是人体皮肤的第一道屏障，而神经酰胺是角质层细胞间脂质的主要成分，因此神经酰胺在皮肤屏障功能的调控中起主导作用。

⑤ 抗过敏作用 含神经酰胺的化妆品能使皮肤角质层明显地增厚，从而达到抗过敏的作用。

（2）尿素

又称脲或碳酰胺（图 9.5），为天然保湿因子之一，也是皮肤天然的新陈代谢产物。其为白色柱状结晶或白色粉末，易溶于水。尿素在化妆品中的作用主要如下：

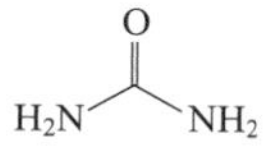

图 9.5 尿素

① 保湿作用 尿素可以去掉老化角质，增加角质层的保水作用。尿素具有超强的锁水

能力，可以滋润皮肤干燥区域，使皮肤变得更柔软、更光滑且富有弹性。它还可用于治疗湿疹或银屑病。

② 提高其他成分的渗透能力　尿素可以帮助其他护肤成分，尤其是具有消炎作用的成分，能够使其快速渗透到皮肤深层，使吸收效果达到最佳。

③ 防御作用　尿素对皮肤中的水分流失有着一定的防御作用，可以减少表皮层的水分流失。

④ 屏障作用　尿素能够帮助皮肤细胞再生，可以增强皮肤屏障功能，维护皮肤的健康。

（3）N-乙酰乙醇胺

该分子中含有亲水基团，跟水有较好的亲和作用，具有良好的保湿性，常被应用于乳液和膏霜中。

（4）尿囊素

外观呈白色结晶状粉末，是尿酸的衍生物。主要具有以下作用。

① 能使皮肤保持水分，增强皮肤、毛发最外层的吸水能力。

② 具有杀菌防腐、止痛、抗氧化的作用，可以促进表皮细胞再生，是良好的皮肤创伤愈合剂。

③ 能够软化角质层，增加皮肤的柔软性及弹性。

（5）羟乙基脲

其为无色至浅黄色透明液体或结晶固体，具有良好的渗透性，安全性高，稳定性好。作为保湿剂被用于护肤、护发及清洁类产品。

9.3.5　有机酸及其盐类

有机酸分子中含有的极性基团羧基可与水分子作用形成氢键，使水分不易挥发，达到保湿功效。然而有机酸具有酸性，加入化妆品中会影响产品的 pH 值，可能会刺激到皮肤。因此，一般多以有机酸盐或酯的形式用于化妆品中。常用的有机酸及其盐类保湿剂主要如下。

（1）乳酸和乳酸钠

乳酸是自然界中广泛存在的有机酸，是厌氧生物新陈代谢过程的最终产物，是人体天然保湿因子的主要成分。它是完全无毒的，易溶于水，对皮肤和毛发均有较好的亲和作用，还能修复表皮的屏障功能。乳酸钠也属于天然保湿因子，是一种无色至浅黄色糖浆状液体，易溶于水，具有较强的吸水保湿能力，保湿性能优于甘油。

乳酸与乳酸钠常被组合成缓冲溶液，用来调节化妆品的 pH 值，主要用于膏霜、乳液、洗发香波和护发制品中。

（2）吡咯烷酮羧酸钠

简称 PCA-Na，是无色透明、略带碱味的液体，为天然保湿因子之一。其吸湿性优于甘油、丙二醇、山梨醇，保湿效果与透明质酸相当。在同一湿度和浓度下，PCA-Na 的黏度比其他保湿剂低，因此其护肤制品无黏腻厚重的感觉。在化妆品中主要用作保湿剂和调理剂，用于化妆水、乳液、膏霜等，也被用于牙膏和洗发香波中。

9.3.6　氨基酸与水解蛋白类

（1）聚谷氨酸

又称纳豆菌胶、多聚谷氨酸。其主要是通过微生物发酵产生水溶性多聚氨基酸，经过分离精制而制得的一种易溶于水的白色晶体粉末。聚谷氨酸具有保湿效果好、安全温和、生物降解性好的特点，因而可作为保湿剂应用于化妆品领域。

（2）动物水解胶原蛋白

它由药用明胶水解制得，易溶于水，与头发和皮肤表面的蛋白质分子亲和力较大。因此用于化妆品的制作，能起到天然保湿剂的作用，具有性能温和、滋润皮肤、安全性高的优点，是化妆品的重要原料。

（3）甜菜碱

又称为氨基酸保湿剂。甜菜碱是一种生物碱，化学名称为 N,N,N-三甲基甘氨酸。它存在于章鱼、墨鱼等软体动物和枸杞、豆科植物中，是具有甜味的白色结晶性粉末，易潮解。其具有很强的吸湿性，是一种活性高、吸收快的新型保湿剂。甜菜碱应用于化妆品时，能够迅速渗透到皮肤和毛发组织内部，提升其水分保持能力，使细胞富有活力。

（4）玉米谷蛋白氨基酸类

其由玉米蛋白控制水解制得，有良好的吸湿效果，与皮肤的亲和性好。作为保湿剂，玉米谷蛋白氨基酸类与其他具有黏弹性的蛋白质不同，可赋予皮肤丝一般柔软的感觉。

9.4　保湿功效的测定方法

维持皮肤的含水量、保证角质层的屏障功能也是美容护肤的重要手段，同时保湿对其他功效活性物的吸收也有促进作用，因此对保湿类化妆品进行功效性评价具有重要的现实意义。为了正确地了解化妆品的保湿功能，研究人员通过长期的研究找到了多种皮肤保湿功能的评价方法，可从皮肤角质层含水量、经皮水分丢失量、皮肤粗糙度测试和弹性测定以及体外称重等方面来分析评价保湿产品对皮肤的保湿性能。

9.4.1　角质层含水量的测定

皮肤水分含量是由内部和外部两种因素决定的，角质层保持水分的含量可以从 10%到 60%变化，但最重要的还是皮肤出汗的呼吸过程及皮肤中水混合物的组成。外部因素包括环境湿度、温度、气候、化妆品等。最终各种因素会使皮肤水分含量达到平衡状态。

测量角质层含水量的方法包括直接测量法和间接测量法两种。直接测量法包括：核磁共振谱仪法、近红外光谱法、衰减全反射-傅里叶变换红外光谱法等。另外，皮肤角质层除含有水分外，还含有盐类、氨基酸等电解质，因此可以利用其电生理特性，采用间接测量法对角质层水分含量进行检测。角质层中的水分可增加皮肤表层的电导，可通过测量其电导值来间接评估角质层水分含量的高低。常用的仪器为 SKICON-200EX-LISB 型高频电导测定仪。

通过高频电导装置法测定使用化妆品前后皮肤的电导率，两者进行对比即可得出化妆品的保湿效果。

9.4.2 经皮水分丢失测定

除了出汗外，人体表皮的水分经皮丢失（TEWL）是一直在不间断进行的。TEWL值不直接表示角质层的水分含量，而是表示表面角质层水分丢失的情况，说明角质层屏障的功能，是评价角质层屏障功能的重要参数。TEWL值高说明经皮水分丢失多，角质层的屏障效果不好。使用化妆品后，TEWL值降低且差值大，则说明化妆品的保湿效果越好。另外，TEWL的数值也可应用于皮肤斑贴试验、接触性皮炎、职业性皮肤病、物理疗法、对新生儿的系统观察、烧伤及新生组织的监测，及时发现皮肤的保护功能是否已被破坏。其测试原理为：使用特殊设计的两端开放的圆柱形腔体测量探头在皮肤表面形成相对稳定的测试水环境，通过两组温度、湿度传感器测定近表皮由角质层水分丢失形成的在不同两点的水蒸气压梯度，直接测出经表皮蒸发的水分量。常用的仪器为TewameterTM210。

9.4.3 体外称重法

称重法是在仿表皮、角质层等生物材料上模拟人涂抹化妆品的过程，根据各种保湿剂对水分子的作用力不同，其吸收水分和保持水分的能力也不同。油分对水分有封闭作用，可防止水分的散失。吸湿作用力大的，对水分子结合力强，吸收和保持水的量也较大，封闭性好，水分散失得就少。其测试过程为：将样品均匀涂抹在烧杯内，然后置于恒温恒湿的条件下一段时间，称量样品放置前后的质量差，求出样品量的损失，即为样品中水分的损失量。通过水分损失率的大小来比较保湿率，计算公式为

$$水分损失率 = (M_2 - M_3)/(M_2 - M_1) \times 100\%$$

式中，M_1 为烧杯的质量，g；M_2 为样品和烧杯的总质量，g；M_3 为放置一段时间后样品和烧杯的总质量，g。

体外称重法简单可行，体现了相对湿度对吸湿和保湿效果的影响，但容易受温度、湿度等环境条件及个体差异的影响，因此不能完全反映人体皮肤使用的状况。

9.4.4 皮肤粗糙度测试和弹性测定

人体表面皮肤弹性的大小、拉伸量和回弹性等的好坏，以及细腻程度、纹理变化等外观状态和感官印象，可以直接反映出一个人皮肤的活性，间接说明皮肤水分保持状态，反映皮肤的健康状况。用皮肤弹性测定仪测试皮肤弹性及皮肤皱纹测试仪测定皱纹的多少也可间接反映皮肤含水量。其测试过程为：基于拉伸和吸力原理，在被测试的皮肤表面产生一个 2～50kPa 的负压将皮肤吸进一个特定测试探头内，通过一个非接触式光学测试系统测出其吸入深度。测试探头内包括光的发射器和接收器，光的比率（发射光/吸收光）与被吸入皮肤的深度成正比，由此来确定皮肤的弹性，评估皮肤的健康状况。常用的仪器为 Cutometer SEM575 型皮肤弹性测试仪。

思考题

9-1　皮肤主要有哪些生理作用？

9-2　皮肤主要分为哪几类，各有什么特点？

9-3　皮脂膜具有哪些功能？

9-4　天然保湿因子的保湿原理是什么？

9-5　简述保湿化妆品的保湿机制。

9-6　常用的保湿剂主要分为哪几类？每类各举一两个例子。

9-7　简述神经酰胺的主要作用。

9-8　简述对保湿类化妆品进行功效性评价的意义。

第 10 章

美白祛斑类化妆品

皮肤美白祛斑类化妆品主要用于使色斑、色痣、日晒斑、深色或不均匀晒黑的皮肤色调变浅，达到美白皮肤的作用。目前，美白祛斑类化妆品的研发主要是围绕镇定黑色素细胞、阻断或抑制新的黑色素形成、还原或加速已有黑色素分解这三种途径，最终达到肌肤美白的效果。而如今市场上的美白祛斑类化妆品主要有面膜、水剂、乳液、喷雾、膏霜、凝胶等形式。

10.1 皮肤的颜色和黑色素代谢

表皮黑色素含量的多少，决定了个人皮肤的颜色。黑色素其实是一种氨基酸衍生物，在细胞中呈现为微小颗粒状，皮肤的黑色素细胞主要分布在表皮之基底层，也见于毛根及外毛根鞘。此外，黑色素的分子量很大，不溶于水，几乎不溶于有机溶剂。

10.1.1 皮肤的颜色

因种族、性别、职业、年龄、生活环境等的不同，皮肤的颜色也会有很大的差别，而且同一个人在不同部位颜色也有差异。而肤色是人种分类的重要标志之一，观察皮肤的颜色多采用冯鲁向氏肤色模型表，观察部位主要是上臂内侧，分为十分浅、浅、中等、深、十分深等 5 级 36 色。肤色最浅的是北欧居民，其肤色呈粉色，主要是微血管颜色透过皮肤的缘故，肤色最深的要算巴布亚人、美拉尼西亚人，特别是非洲的黑人。在性别上男性的色素要比女性的丰富，在年龄上则是老年人比年轻人的色素丰富，同时在身体不同部位上，手掌与脚掌的色素要少，背部的颜色比胸部要深得多，四肢伸侧较于屈侧的颜色要深些。不同的生活条件也会造成皮肤颜色的不同。此外，皮肤的颜色还与微血管中的血液、皮肤的粗糙程度及湿润程度有关，正常的肤色是由氧合血红蛋白、脱氧血红蛋白、叶红素、类黑素和黑色素等色素共同作用决定的，当然还有表皮厚度、皮下血管以及光的散射等其他元素。

就皮肤厚度而言，表皮越厚，其透明感越低，由于角质层的叶红素，皮肤呈现黄色，当表皮越薄，其透明度升高，能够透过血液色素，从而皮肤会显出红色。另外，黑色素集中在表皮的生发层的细胞中及细胞间，真皮层中一般没有黑色素，当具有色素时，皮肤就呈现出青色。

10.1.2 黑色素的合成与代谢

黑色素的合成过程十分复杂，是一个以酪氨酸为底物的多步骤的酶促氧化反应。其合成过程如图 10.1 所示。

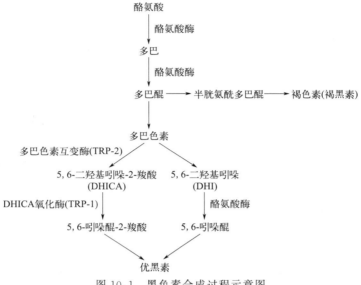

图 10.1 黑色素合成过程示意图

从黑色素合成的过程中可以看出，酪氨酸既可以生成优黑素也可以生成褐黑素，而在合成优黑素的过程中，酪氨酸酶、多巴色素互变酶、DHICA 氧化酶起着重要作用，优黑素的含量除了与酪氨酸的含量有关，还与这些酶的活性密不可分。

黑色素在黑色素细胞内合成后，黑色素细胞将成熟的黑素体通过其树突分泌入邻近的角质形成细胞，随着角质形成细胞的不断分化，黑素体不断向上转运最终脱落于皮面。整个黑色素代谢过程包括四个方面，即黑色素细胞内黑素体的形成、黑素体的黑素化、黑素体被分泌到角质形成细胞内以及角质形成细胞内黑素体的转运、降解或排出。

10.2 美白祛斑类化妆品的作用机理

目前美白类化妆品的主要作用在于抑制黑色素的合成，即影响酪氨酸酶、黑色素细胞以及黑色素的新陈代谢。其细分可分为酪氨酸酶活性抑制剂、黑色素细胞毒性剂、遮光剂、还原剂、化学剥脱剂和影响黑色素代谢剂等，美白化妆品主要通过以下方式发挥作用。

10.2.1 抑制黑色素的合成

抑制黑色素的合成可以从环境因素和自身因素两个方面着手，环境因素即外源性因素的抑制，即是对紫外线的防护；而内源性因素则是机体的自身因素。

（1）抑制酪氨酸酶的活性

酪氨酸酶（TYR）是一种含铜酶，来源于胚胎神经嵴细胞，是黑色素代谢和儿茶酚胺的关键酶。所以其活性大小决定了黑色素的含量，而目前大多数的美白化妆品都是通过抑制酪氨酸酶的活性来达到美白的目的。

根据酪氨酸酶抑制剂的机制的不同，将其分为破坏型抑制剂与非破坏型抑制剂两种。

① 破坏型抑制剂　此类是用一些活性化学性质物质直接对酪氨酸酶的活性位点进行修饰如络合、改变其构型构象等，使酪氨酸酶对酪氨酸失去作用。

② 非破坏型抑制剂　这类抑制剂不影响酪氨酸酶的结构，其作用机理是影响酪氨酸酶的合成或者改变酪氨酸酶的作用底物进而影响黑色素的合成。

（2）抑制多巴色素互变酶的活性

多巴色素互变酶是一种与酪氨酸酶有关的蛋白质，其作用机理是促使所作用的底物发生重排，生成底物的某一同分异构体，最终生成另一黑色素。即在由多巴色素自发脱羧、重排生成 5,6-羟基吲哚（DHI）的同时，黑色素细胞内部的多巴色素在多巴色素互变酶的作用下发生重排生成 5,6-羟基吲哚-2-羧酸（DHICA）。因此，该酶主要调节 5,6-二羟基吲哚-2-羧酸的生成速率，从而影响所生成的黑色素分子的大小、结构和种类。

对于该酶的抑制目前主要是竞争性抑制，即寻求一种物质作该酶的底物，通过与原来能形成黑色素的底物竞争，从而破坏黑色素的生物合成途径，达到抑制黑色素合成的目的。目前有关多巴色素互变酶抑制剂的研究较少。只有当羧基位于吲哚的适当位置时，才可与多巴色素互变酶的原底物竞争而成为该酶的底物，从而切断黑色素的形成，发挥抑制黑色素形成的作用。

此外 DHIAC 氧化酶也参与了黑色素的合成，但是目前对于该酶的研究较少，相关的抑制剂的研究还尚未见报道。

（3）选择性破坏黑色素细胞的活性

黑色素细胞在体内的主要作用是生产黑色素；黑色素细胞生成的黑色素会停留在周围的角质细胞上，对角质细胞的细胞核呈现保护作用，防止染色体受到紫外线的辐射而变质。黑色素细胞分泌黑色素，主要是依靠酪氨酸和酪氨酸酶来完成的，而阻碍酪氨酸酶蛋白的合成使体内缺乏必要的酪氨酸，或者用某些化学物质使黑色素细胞中毒就可以达到抑制黑色素合成的目的。

（4）还原多巴醌

多巴醌是体内由酪氨酸合成黑色素的一个中间体。体内的酪氨酸在酪氨酸酶催化作用下形成多巴，多巴被氧化形成多巴醌，多巴醌被氧化形成多巴色素，多巴色素聚集成堆就形成黑色素，而还原多巴醌，可阻止其继续氧化进而达到抑制黑素合成的目的。

（5）清除自由基，抑制氧化链

体内的自由基参与了体内的氧化活动，黑色素就是在一系列氧化过程产生的，而加入自由基清除剂可以在一定程度上抑制黑色素的产生，达到美白的目的，此外，自由基清除剂也可以抑制褐色素的形成。

（6）拮抗内皮素

黑色素的合成与黑色素细胞的活性密切相关，研究表明黑色素细胞的活性与内皮素的刺激相关，而内皮素拮抗剂能达到抑制黑色素细胞活性进而达到影响黑色素合成的目的。

（7）防晒

紫外线是促进黑色素合成的主要外源性因素，因此，想要达到美白的目的，防晒是必不可少的。有关防晒的知识在防晒类化妆品中已详细地介绍。

10.2.2　干扰黑色素的代谢

整个黑色素代谢过程包括四个方面，即黑色素细胞内黑素体的形成、黑素体的黑素化、黑素体被分泌到角质形成细胞内以及角质形成细胞内黑素体的转运、降解或排出。前面所讲的主要是前两个方面，而干扰黑色素的代谢则是后两个方面。

（1）阻止黑素体向角质形成细胞转移

黑色素在黑色素细胞内合成后，黑色素细胞将成熟的黑素体通过其树突分泌入邻近的角质形成细胞，就此对于已产生的黑色素而言，阻止其向角质形成细胞方向传递，也是一种美白的途径。

（2）促进表皮新陈代谢，加速黑色素代谢

黑色素合成后通过其树突分泌入邻近的角质形成细胞，随着角质形成细胞的不断分化，黑素体不断向上转运最终脱落于皮面，而促进表皮的新陈代谢，使表皮快速地更新脱离就可以使黑色素对表皮颜色的影响达到最小。

10.3　美白活性物质

依据皮肤的美白机理，传统的美白剂的品种可划分为六大类：维生素类，吡喃酮类（曲酸及其衍生物），白降汞、氢醌类，壬二酸类，中草药提取物，动物蛋白提取物。经多年的应用临床证实，上述美白剂，有的虽有增白皮肤效果，但有毒副作用，已属化妆品禁用物质，如白降汞、氢醌。随着研究的不断深入，更为安全、高效的新一代美白活性物质不断地被推出。

10.3.1　酪氨酸酶活性抑制剂

美白活性物质中研究最早的属酪氨酸酶抑制剂，如今市场上的绝大部分美白祛斑类化妆品中都含有此类物质。

（1）曲酸及其衍生物

曲酸，是一种有机物化合物，无色棱柱状晶体，用作抗氧剂和防辐射剂。它由葡萄糖或蔗糖在曲酶作用下发酵、提纯而成，其美白机理是抑制酪氨酸酶的活性，同时又能抑制5,6-二羟基吲哚-2-羧酸（DHICA）氧化酶活性，阻断5,6-二羟基吲哚（DHI）聚合，是一种少见的能够同时抑制多种酶的单一美白剂。曲酸是一个出色的美白、淡斑成分。经过研究以及应用发现，在一定范围内添加曲酸，其安全性没有问题。然而，曲酸的稳定性很差，容易氧化，对光热比较敏感，还有一定刺激性，有可能削弱皮肤屏障作用。

为了克服上述缺点，曲酸衍生物应运而生，其中代表性的曲酸衍生物有曲酸二棕榈酸酯、维生素 C 曲酸酯、曲酸单亚麻酸酯等。这些衍生物克服了曲酸的一些缺点，且其美白效果还往往优于曲酸。

（2）熊果苷及其衍生物

熊果苷，又名熊果素，是一种从杜鹃花科植物熊果叶中萃取出来的成分，它有着绿色植物安全可靠以及高效脱色的特点，能迅速渗入皮肤，在不影响细胞增殖浓度的同时，还能够有效地抑制酪氨酸酶的活性，阻断黑色素的形成。熊果苷通过与酪氨酸酶直接结合，加速黑色素的分解与代谢，进而减少色素沉积，祛除色斑与雀斑。且它对黑色素细胞不产生毒害性、刺激性、致敏性等副作用，同时还有杀菌、消炎的作用。

熊果苷不稳定，在酸性环境下易分解，在 50℃ 的温度下能少量溶解于水中。为了提高熊果苷的稳定性，熊果苷衍生物应运而生。脱氧熊果苷（D-arbutin）作为熊果素效果最好的衍生物之一，也被称为 D-熊果素，可以在皮肤组织中起到有效地抑制酪氨酸酶的作用。据研究，它的效力是一般熊果素的 350 倍。此外还有维生素 C、熊果苷、磷酸酯及熊果苷的酚羟基酯化物等。

（3）红景天提取物

红景天提取物是红景天根部的提取物，气香甜、味苦涩。红景天主要含苯丙酯类和类黄酮类。其独特活性化学成分为苯丙酯类，因其具有很强的抗氧化作用，能有效清除自由基以及恢复皮肤损伤和淡化色斑。而且由于其作用温和、全面，以及对皮肤无刺激，成为了近年来深受欢迎的美白活性物质。

（4）甘草提取物

甘草提取物主要是通过抑制酪氨酸酶与多巴色素互变酶（TRP-2）的活性，从而阻止黑色素的形成，进而达到美白效果。而除了抑制黑色素的合成以外，甘草提取物还具有防晒的作用，甘草提取物中，有防晒效能的成分一般为黄酮类化合物。由于甘草中黄酮类化合物分子结构的共轭性，其对紫外光和可见光都显示出强烈的吸收作用。与合成防晒剂相比，甘草提取物用作防晒剂不需要在配方中添加抗氧剂，不会刺激皮肤，稳定吸收能力强。这一系列的优点使之成为了近年来深受欢迎的美白活性物质。然而，其唯一的缺点就是价格非常昂贵。

（5）丝肽

丝肽是丝蛋白的降解产物，是由天然丝经适当条件下水解而获得的。控制条件不同，可得到不同分子量的丝肽产品（分子量一般在 300~5000 之间），都为透明的淡黄色液体。丝肽具有抑制皮肤黑色素生成的作用，还有良好的护肤保湿和护发作用，可用于膏霜、乳液类化妆品及洗发、护发、沐浴产品中。

（6）尿黑酸

尿黑酸又称高龙胆酸，其在空气中被氧化成黑褐色的醌型物质，在化妆品中应用比较少。其作用机理也是通过抑制酪氨酸酶活性来达到美白的目的，而且在其浓度超过 100mg/mL 时，对 DHICA 氧化酶也有抑制作用。

（7）1-甲基乙内酰脲-2-酰亚胺

作为一种氨基酸衍生物，其组成成分与人体皮肤组成一致，为一种水溶性白色晶体，且安全无毒。它能够温和抑制酪氨酸酶活性，阻止黑色素细胞中黑色素向角质形成细胞转移，是一种良好的绿色美白活性物质。其在化妆品中使用的浓度为 0.1%～1.5%。

（8）根皮素

根皮素是国外新研究开发出来的一种新型天然皮肤美白剂，主要分布于苹果、梨等多汁水果的果皮及根皮。外观为珍珠白结晶粉末，能溶于乙醇和丙酮，几乎不溶于水。其具有非常强的保湿作用，能吸收本身重量 4～5 倍的水，同时具有很强的抗氧化功能，能清除皮肤内的自由基，其浓度在 10～30mg/kg 之间时对油脂具有抗氧化性。它还能阻止糖类成分进入表皮细胞，从而抑制皮脂腺的过度分泌，治疗分泌旺盛型粉刺；能抑制黑色素细胞活性，对各种皮肤色斑有淡化作用。根皮素可应用于面膜、护肤膏霜、乳液和精华素等化妆品中。

（9）雏菊花提取物

雏菊又叫春菊、延命菊（图 10.2），药用价值非常高。它含有挥发油、黄铜、氨基酸和多种微量元素。其提取物能够降低酪氨酸酶活性，抑制黑色素生成，抑制黑素体由黑色素细胞向角质形成细胞转移，主要用于美白化妆品中。

图 10.2　雏菊花

（10）氨甲环酸

氨甲环酸又称为止血环酸、传明酸、凝血酸。它是一种非常强的蛋白酶抑制剂，能够迅速抑制酪氨酸酶的活性和黑色素细胞的活性，进而阻碍黑色素生成以及积累。氨甲环酸在化妆品中主要作为皮肤调理剂、保湿剂和美白剂。它具有抑制黑色素增强的因子群，阻绝因紫外线照射而形成黑色素的途径，有效防止皮肤色素沉着。该成分在化妆品中的添加量在 2%～3% 之间。

（11）阿魏酸乙基己酯

阿魏酸乙基己酯为浅黄色黏稠液体，可以用化学方法合成，也可以从米糠中提取，属于油溶性原料。其具有比较强的抗氧化性，能够吸收一定波长的紫外线，能抑制酪氨酸酶活性，进而具有美白效应。它主要用于美白祛斑、防晒以及延缓衰老类化妆品中。

（12）苯乙基间苯二酚

苯乙基间苯二酚（结构式如图 10.3 所示）为白色至米黄色粉末，微溶于水，易溶于丙二醇。它是活性最高的酪氨酸酶抑制剂之一。苯乙基间苯二酚能够抑制酪氨酸酶的活性，减少黑色素的合成，改善肤色不均，降低紫外线照射皮肤引起的皮肤着色，无潜在刺激性和致敏感。但其具有生物利用率以及光稳定性低等问题。

（13）十一碳烯酰基苯丙氨酸

十一碳烯酰基苯丙氨酸又称酰苯胺（结构式如图 10.4 所示），是一种促黑激素（α-MSH）受体拮抗剂，作用于因 α-MSH 引发的黑色素形成的各个阶段的生化反应，拦截黑色素生成信号，控制 α-MSH 与黑色素生成因子的结合，能有效抑制酪氨酸酶的活性，从而抑制黑色素的形成。其主要作为美白剂用于化妆品中。

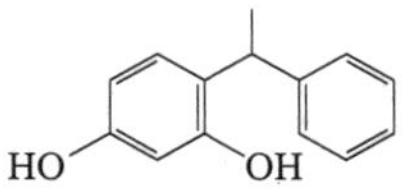

图 10.3　苯乙基间苯二酚 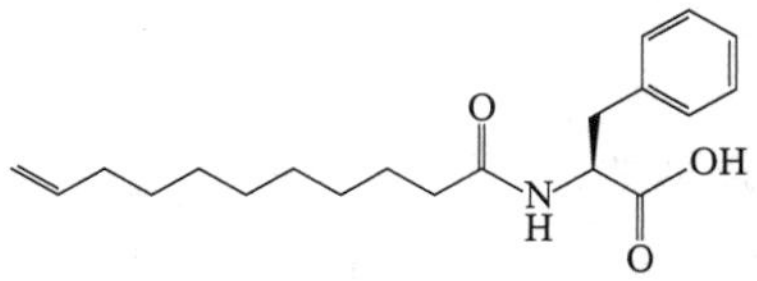　　　　图 10.4　十一碳烯酰基苯丙氨酸

10.3.2　黑色素运输阻断剂

黑素运输阻断剂能够有效降低黑素体向角质形成细胞的运输速度，进而达到美白祛斑的作用。

（1）壬二酸

壬二酸又名杜鹃花酸（结构式如图 10.5 所示），外观为白色至微黄色单斜棱晶、针状结晶或粉末，微溶于水，较易溶于热水和乙醇。壬二酸能同时用于祛斑和祛痘，且能同时用于化妆品和药品，既有非常优异的功能性，也有非常好的安全性。它对于普通的皮肤美白效果不是很明显，但对于重度的色素沉着，如雀斑、黄褐斑、黑棘皮病等却有非常明显的效果。

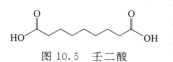

图 10.5　壬二酸

壬二酸的美白机制具体表现为阻碍酪氨酸酶蛋白的合成，其次可以抑制黑色素细胞的活性，以及对于黑素体的转运还有减缓的作用。壬二酸对于恶性黑色素瘤细胞有细胞毒性作用和抗增生的效果，且作用效果持久。

（2）烟酰胺

烟酰胺又称尼克酰胺，是烟酸的酰胺化合物，外观为白色的结晶状粉末，无臭或几乎无臭，味苦，略有吸湿性，在水、甘油、乙醇中易溶。其稳定性好，且有对皮肤刺激性小、使用安全等优点。

烟酰胺是维生素 B$_3$ 的一种衍生物，也是美容皮肤科学领域公认的延缓皮肤老化成分，近年来越来越为人们所重视。其在延缓皮肤老化方面最重要的功效是减轻和预防皮肤在早期衰老过程中产生的肤色暗沉、发黄、菜色。烟酰胺的具体美白机制表现为加速新陈代谢，促进含黑色素的角质细胞脱落，作用于已经产生的黑色素，减少其向表层细胞转移以及促进表皮层蛋白质的合成，改善皮肤质地。

（3）绿茶提取物

绿茶提取物是从绿茶叶片中提取的活性成分，主要包括茶多酚（儿茶素）、咖啡碱、芳香油、黄烷醇等成分。

绿茶中含有多种美白活性成分，不同活性成分抑制黑色素合成的机理也不同，其中主要的机理有清除自由基，吸收紫外线，抑制酪氨酸酶的活性（包括破坏性抑制和非破坏性抑制），还有阻碍黑素体向角质形成细胞的传递。

10.3.3　化学剥脱剂

剥脱剂可使老化角质层中细胞间的键合力减弱，加速细胞更新速度和促进死亡细胞脱离以及消除皮肤异常色素沉着。常见的化学剥脱剂包括果酸、角蛋白酶和胶原蛋白水解酶。

（1）果酸（AHA）

果酸具有特殊的美白祛斑的功效，可以抑制黑色素的产生，淡化色斑而用于美白祛斑类化妆品中；还可以防止皮肤皱纹出现，也可用于嫩肤化妆品。其美白作用机理是果酸能够使旧的角质细胞脱落，而新生成角质细胞中含黑素较少，从而达到美白祛斑的目的。

由于高浓度的果酸会刺激或损伤皮肤，其应用受到了一定的限制。而 β-羟基酸，是脂溶性的新一代果酸，它比传统的水溶性果酸有更强的渗透力和亲和力，可溶解毛囊口的角化物质，使毛孔缩小，其使用浓度只有传统果酸的五分之一，温和且高效。在化妆品中果酸往往与其他美白活性物质复配使用。

（2）角蛋白酶

角蛋白酶是一种稳定性较好的蛋白酶，且具有相当的活性，能促进活性成分的渗透，使角质层软化，进而分离溶解老化的角质细胞，促进角质细胞的分裂增殖，从而加快角质细胞的更新速度。

（3）胶原蛋白水解酶

胶原蛋白水解酶简称胶原酶，广泛存在于动物内脏、植物茎叶、果实和微生物中。胶原蛋白水解酶是具有催化功能的蛋白质，像其他蛋白质一样，酶分子由氨基酸组成，具有较高的安全性。它可以减少皱纹，淡化疤痕和色斑，保持皮肤水分，褪色变色的色素沉着，如黑斑、雀斑斑点、老年斑。

10.3.4　还原剂

黑色素及合成黑色素的中间体多巴醌都是醌类结构，而醌类化合物能够被还原剂还原成无色酚类物质。而市面上最常见的还原剂有维生素 C 以及维生素 C 衍生物和原花青素。

（1）维生素 C 及其衍生物

维生素 C 既是嫩肤化妆品的活性原料，同时也是化妆品中最具代表性的黑色素合成抑制剂，很早就被使用了。经过时间证明：维生素 C 是可口服使用，且安全、高效的美白活性物质。

维生素 C 的美白机制主要是通过与铜离子在酪氨酸酶活性部位相互作用，以减少多巴醌等多步黑色素合成过程来干扰黑色素的产生，以此达到美白作用。另外，抗氧化维生素 C 有极其强大的抗氧化能力，牺牲自己，中和自由基进而达到美白的目的。

维生素 C 不稳定，尤其是在水溶液中。一般在无水的情况下，或者 pH 值小于 3.5 的酸性水溶液中才比较稳定，同时它还对温度和水溶液中其他有催化效果的金属杂质很敏感。维生素 C 易被氧化，且不易被皮肤吸收。因此，近年来新的维生素 C 衍生物不断问世，以克服维生素 C 本身所存在的缺点。目前，最常用的衍生物有维生素 C 磷酸盐、抗坏血酸棕榈酸酯等。

维生素 C 磷酸盐一般有两种形式，即维生素 C 磷酸钠（SAP）和维生素 C 磷酸镁（MAP）。从结构上来说，就是在维生素 C 环状结构的 2 号碳位置，引入磷酸根。这个新的基团可以防止烯二醇的氧化。维生素 C 磷酸盐在皮肤中可以被转化回维生素 C 的形式，继续发挥它的抗氧化能力。

另外，抗坏血酸棕榈酸酯这个物质的结构特点是在维生素 C 直链结构的 6 号碳位置上引入棕榈酸基团，引入这个基团的目的是调节维生素 C 的疏水性。但是因为该基团不在 2 号碳的位置上，其实并不能提高其稳定性。

（2）原花青素

原花青素是一种新型高效抗氧剂，具有抗皱、防晒、美白、收敛保湿以及抗辐射等作用，其机制有：维护胶原的合成；抑制弹性蛋白酶；协助机体保护胶原蛋白和改善皮肤的弹性。低聚原花青素是纯天然、水溶性的，且在 280nm 处有较强的紫外吸收。原花青素可抑制酪氨酸酶的活性；可将黑色素的多巴醌结构还原成酚型结构，使色素褪色；可以抑制蛋白质氨基和核酸氨基发生的美拉德反应，从而抑制脂褐素、老年斑的形成；还可与维生素 C 或维生素 E 复配使用，起协同效应。此外，原花青素的多羟基结构使其具有较强的清除自由基，抑制氧化损伤的功效。因此，原花青素是非常优异的美白活性物质。

10.3.5 其他美白活性物质

美白活性物质有很多，除以上所述外还有自由基清除剂、防晒剂、中草药提取物等。

（1）自由基清除剂

自由基清除剂是具有清除自由基功效的活性物质。自由基清除剂分为非酶类清除剂和酶类清除剂。非酶类清除剂主要有维生素 E、维生素 C、β-胡萝卜素、微量元素硒等。酶类清除剂主要有超氧化物歧化酶（SOD）、过氧化氢酶（CAT）和谷胱甘肽过氧化物酶等。

（2）防晒剂

防晒剂是指利用其对光的吸收、反射或散射作用，以保护皮肤免受特定紫外线所带来的伤害或保护产品本身而在化妆品中加入的物质。

（3）中草药提取物

有些中草药提取物在化妆品中有着很强的市场影响力。甘草类黄酮即是从甘草中提取得到的天然美白活性物质。还有一些中草药提取物能抑制酪氨酸酶活性，如白术、茯苓、甘草、白芍、生地（地黄）、骨碎补、乳香等。随着人们崇尚和回归自然需求的增加，中草药提取物作为化妆品添加剂日益成为消费者追求时尚的新宠。但许多生产企业的中草药提取物的精制提取技术不够完善导致其质量达不到要求，使用效果不明显。因此近年提出了标准化中草药提取物的概念，即是指按规范化的生产工艺制得的符合一定质量标准的提取物，它包括原药材和提取物生产过程的规范化及原药材和提取物质量的标准化。

10.4　美白祛斑类化妆品的功效评价方法

化妆品美白祛斑功效评价方法大致可分为体外法和在体法。体外法包括生物化学法、物理化学法、细胞生物学法和三维重组皮肤模型替代法等。在体法可分为动物实验法、主观评价法和客观仪器评价法等。而具体而言则是黑色素含量测定法、酪氨酸酶活性测定法、美白成分分析法等，以及结合人体试验来评判功效。

10.4.1　黑色素含量测定

细胞中黑色素的含量作为美白祛斑类化妆品功效性评价的最重要检测指标，不管通过哪种途径作用，判断美白祛斑效果都要以黑色素细胞中黑色素含量降低作为标准。通常以小鼠黑色素瘤细胞 B16 作为研究对象，通过测定细胞中黑色素总量，来判断该样品的美白祛斑效果。

(1) 生物化学-分光光度法

该方法比较经典且稳定，但是需要将被测的细胞粉碎，来提取细胞中的黑色素进行比色分析，该方法操作步骤比较烦琐，实验要求较高，使其应用受到了一定的限制。

(2) 显微镜观察法

在显微镜下观察 B16 细胞中的黑色素颗粒色调，比较使用样品前后的差异来判断抑制黑色素合成的效果。然而人眼只能评判差异性，而具体地可以将细胞经破碎离心等步骤，在波长 420nm 测定吸光度，来计算黑色素总量。

(3) 细胞图像分析技术

该技术是近年来迅速发展的对组织中物质定量检测的手段，细胞图像分析系统包括计算机、显微镜、摄像系统、图像分析软件等。它通过确定区域、确定放大倍数来测定特殊染色物质像素量的多少，进而对被测物质定量。该方法快速、简便、精确，逐渐被应用于正常组织中物质含量的测定。

10.4.2　酪氨酸酶活性测定

在美白类化妆品中，酪氨酸酶活性检测方法有放射性同位素法、免疫学法和生化酶学法等，其中以生化酶学法较为简单成熟。将样品加入酶-底物反应体系中，在不同的时间段内测定吸光度值，其数值的差异可以作为评价酪氨酸酶活性高低的指标。

IC_{50} 或 ID_{50} 常用于表示对酪氨酸酶活性的抑制效果，当测定美白活性物质对酪氨酸酶活性抑制效果时，IC_{50} 或 ID_{50} 的数值越小，表明了活性物质对酪氨酸酶的抑制效果越大。而酶法操作简单易行，不需要像细胞实验或动物实验步骤琐碎，实验时间短，结果易得。但酶法的不足之处是需结合其他方法，才能准确地去评价化妆品的美白祛斑功效。

10.4.3　动物实验和人体皮肤实验

为了确保安全性需要进行动物实验和人体皮肤实验，而实验需要分析的内容比较多，如透皮吸收分析、皮肤致敏性、光毒性分析、皮肤腐蚀性、皮肤刺激性分析、UVA/UVB 暴露及保护分析、美白作用分析等。

(1) 动物实验法

动物实验法可采用的动物有兔子、豚鼠、仓鼠。而一般采用成年豚鼠，尤其为黄棕色豚鼠，因其皮肤黑色素细胞和黑素体分布近似于人类，用于研究化妆品的美白功效试验，其结果重复性好。实验前将豚鼠的背部去毛形成去毛区，之后将需测定的化妆品均匀涂抹在去毛区，每日 2 次，并设定空白对照，通过紫外线照射动物皮肤，导致色素斑的产生。28 天后取皮肤活组织，经固定、包埋、切片后，进行组织学观察，于观察中对其基底细胞中含有黑色素颗粒的细胞以及多巴阳性细胞进行计数。

(2) 人体皮肤实验

人体皮肤实验需要根据研究目的，纳入不同年龄受试者，其次根据产品的特点，选择适当的性别构成比例，且最好选择同一种族人群做受试者，还要根据产品的功能诉求，选择合适的试验部位。另外，因为皮肤表面的生物学特性随季节变化而发生变化，保湿、美白、抗皱、控油类产品的功效评价必须要考虑到季节因素的影响。试验采用国际照明委员会（CIE）规定的 Lab 色度系统测量皮肤颜色的变化。

在进行实验前需保持测量环境恒定，温度为 20～22℃，相对湿度为 40%～60%，环境安静无噪音。测量的体位保持一致，排除地心引力影响。严格规定测量前进食、饮水、运动的时间，在测量前安静休息 15～30min。由同一台仪器和同一位技术员完成测量，减少操作的差异。评价美白祛斑类化妆品的人体皮肤试验方法如下：

① 正常皮肤试验   按照国家标准选出受试人后，选择一受试部位皮肤，一侧为试验区，另一侧作为对照组。将待测美白祛斑类化妆品均匀涂于试验区皮肤，于不同时间段内观察试验区前后肤色变化，根据 Lab 色度系统判断皮肤色度差异来评价该美白祛斑类化妆品的功效。

② 紫外线照射黑化试验   采用日光模拟器或 UVA 照射受试区域的皮肤，造成人为的黑斑，观察使用该美白祛斑类化妆品的效果。

③ 临床对比试验   选择受试区域有色素沉着的志愿者以及受试区间肤色正常的志愿者进行受试，比较使用该美白祛斑类化妆品前后的色素改变，进而评价产品效果。

 思考题

10-1   如何判断皮肤的颜色？

10-2   黑色素的合成与代谢的主要途径有哪些？

10-3   酪氨酸酶活性抑制剂主要有哪些？

10-4   抑制黑色素的方法主要有哪些？

10-5   简述酪氨酸酶抑制剂的机制。

10-6   试述维生素 C 及其衍生物的美白机制。

10-7   美白祛斑化妆品功效评价方法有哪些？

第 11 章

抗皱紧致类化妆品

随着社会经济发展以及现今步入老龄化社会的态势，抗皱紧致类化妆品引起了人们的广泛关注，研究能够延缓皮肤衰老的化妆品是诸多化妆品生产企业的重点关注方向。本章将对皮肤衰老的过程、皱纹的产生和抗皱紧致类化妆品的原理等问题进行介绍。

11.1 表皮与衰老

11.1.1 皮肤衰老的表皮变化

表皮的代谢过程是基质层角质形成细胞随细胞分化渐渐往上移行，最终死亡形成无细胞核的角质层，继而脱落的过程。一般，随着年龄的增长，基底层和棘层组织结构变得紊乱，表皮真皮交界处变平，表皮厚度降低。

衰老皮肤表皮中，基底层细胞形态、大小和染色性质等变异性增加，表皮真皮交界处逐渐平坦，表皮钉突变浅减少，表皮厚度也减小。表皮厚度每十年减少约 6.4%，在女性中减少更快。在面部、颈部、前臂和手的伸肌表面这些暴露区域，表皮厚度随年龄增加而减少的变化更明显。角质形成细胞随着皮肤老化变得更短、更胖，角化细胞也由于表皮周期变短而变大，老化表皮的更新时间变长，表皮细胞的增殖活性衰退，表皮变薄，皮肤弹性丧失，皱纹产生。

这些形态的改变导致表皮和真皮连接不紧密，易受外力损伤。黑色素细胞在人 30 岁后数量逐渐减少，增殖能力下降，酶活性黑色素细胞每十年以 8%～20% 的速率减少，虽皮肤不易被晒黑，但黑色素细胞易局部增殖形成色斑，在阳光暴露部位更为明显。另外，朗格汉斯细胞减少，皮肤免疫功能下降，易得感染性疾病。衰老皮肤老化效应见表 11.1。

表 11.1 衰老皮肤老化效应观察

皮肤结构	老化效应观察
表皮	水分含量降低 脂质含量降低 黑色素细胞数量减少 黑色素细胞酶活性降低,速度为 8%/10 年～20%/10 年 经皮水分丢失(TEWL)降低 真皮表皮交界处扁平化 朗格汉斯细胞数量减少

图 11.1 衰老的皮肤

皮肤生理衰老表现为表皮层变薄、表皮变得松弛、干燥，缺乏弹性，产生细纹（图 11.1），同时在外界因素的影响下，上述过程会加速。基于表皮与衰老的关系，总结起来就是表皮的正常代谢受损，脂质减少，蛋白质及代谢酶紊乱，炎症产生，继而出现屏障损伤。

11.1.2 皮肤衰老对表皮生理功能的影响

随着皮肤老化，皮肤的生理功能减退，并伴随着显著的变化。

（1）表皮细胞更替速率降低

老化的角质形成细胞对生长因子应答低下，增殖能力受限。人在 $30 \sim 70$ 岁期间，表皮细胞更替速率约减小一半，角质层屏障功能减弱。老年人头皮中鳞屑减少，表皮 3H-TdR（用同位素 3H 标记的胸腺嘧啶核苷）的渗入从 $19 \sim 25$ 岁之间的 5.5% 下降到 $69 \sim 85$ 岁之间的 2.85%。角质层厚度不变，但其更替时间增加约 2 倍。从 30 岁开始，皮肤附属器的生长时间每年减少 0.5%，到老年达到减少 $30\% \sim 50\%$ 的水平。

（2）免疫功能下降

老化出现后，细胞介导的免疫力下降。在老年人非曝光区皮肤中，组成表皮细胞的 $3\% \sim 4\%$ 的朗格汉斯细胞减少 $20\% \sim 50\%$，在曝光区减少得更多。与青年人相比，老年人对标准抗原的阳性率有所降低，对二硝基氯苯致敏表现为相对无应答。

T 淋巴细胞（简称 T 细胞）的绝对值和百分数减少，T 细胞前体细胞减少。人与鼠 T 细胞表型随着年龄的增长发生改变，由天然表型转变为记忆表型，天然表型减少且记忆表型增多，T 细胞对丝裂原或抗原的增殖应答减弱，T 细胞活化后分泌的细胞因子种类发生改变，白介素-2（IL-2）水平降低，干扰素-α7（IFN-α7）和白介素-4（IL-4）水平增高，维持 T 细胞抗原受体（TCR）多样性的能力减退，细胞毒 T 细胞的穿孔素（perforin）与丝氨酸酯酶的 mRNA 水平降低，溶细胞活性减弱。老化过程中，和 T 淋巴细胞相关的自然杀伤细胞或大颗粒淋巴细胞（$CD16^+$）数量增加，活性降低。B 淋巴细胞（简称 B 细胞）的绝对值似乎不受年龄的影响，但在老年人中，B 细胞功能紊乱，这种功能紊乱表现为自身抗体形成增多及血浆中免疫球蛋白 lgA、lgG 水平增多。在人类 $CD19^+$ 的 B 细胞数量随年龄增大而减少，在老化小鼠的生发中心观察到 B 细胞不能表达 B7-2 共刺激分子，这表明其对 T 细胞依赖抗原的应答减弱。另外，体细胞突变减少导致抗体多样性的产生受限。在老化过程中，皮肤角质形成细胞的白介素-1（IL-1）产生显著减少。此外老化影响机体免疫功能，导致老年人对感染的易感性及恶性肿瘤发生率有所增加。

（3）屏障功能受损

某些物质的经皮吸收随年龄而变化，虽然老化皮肤的角质层完整，但其屏障功能已受损。部分研究资料证明：一些化合物能否选择性地渗透入老年人的皮肤，取决于这些化合物是非极性的还是极性的。由于真皮细胞外基质和血管分布的减少，由真皮清除的吸收物质也有所减少。实验表明：$21 \sim 30$ 岁的成年人，真皮内 0.5mL 盐水的重吸收需 $30 \sim 65min$，

70~83 岁的老年人则需要 40~110mim。真皮清除能力的减弱，可导致某些能促进应激反应的物质聚积，将 50%氨水外用于青年人与老年人的皮肤时，老年人的水疱发生更为迅速，但真正水疱的形成在老年人却较为缓慢，这是由于老年人在对化学损害的应答过程中，其角质层所提供的屏障活性质量差，而水疱形成迟缓的原因则被认为是渗出减少。

（4）表皮内抗氧化系统抗氧化能力下降

皮肤拥有完善的抗氧化防御系统拮抗外界氧化压力，该系统包括多种酶和非酶性抗氧化物质。酶性抗氧化物质包括谷胱甘肽过氧化物酶（GSH-Px）、超氧化物歧化酶（SOD）、谷胱甘肽还原酶（GR）、过氧化氢酶（CAT）等。GSH-Px 可将 H_2O_2 及其他氧化物转变成水。SOD 是一种金属酶，分 Mn 型、Fe 型和 Cu-Zn 型 3 种类型，表皮中以 Cu-Zn 型含量最高。CAT 也可将 H_2O_2 转变成水，CAT 活性增加常表示存在氧化损伤。非酶性抗氧化物质包括维生素 C、维生素 E、尿素、谷胱甘肽、辅酶 Q 和泛醇等。

表皮中抗氧剂的含量比真皮层高。角质层中抗氧剂包括维生素 C、维生素 E、谷胱甘肽等。角质层中由内向外，皮肤的最外层抗氧剂浓度最低，这可能是因为角质层是皮肤生理周期的一部分，其不断被新分化的角质细胞所取代，角质层最外层暴露在慢性氧化压力的时间最长，故消耗抗氧剂最多。

角质层是表皮的最外层，是氧化损伤最主要的靶点，角质层中的抗氧剂以低分子抗氧化剂为主。研究显示，由低分子抗氧剂组成的抗氧剂网络拮抗外界氧化压力途径可能为：①臭氧、紫外线等污染物诱导亲脂性自由基产生后，细胞膜表面的维生素 E 将自由基清除，自身被氧化；②细胞膜表面的泛醇或胞膜胞质交界处的维生素 C 将氧化型维生素 E 再还原，维生素 C 被氧化；③氧化型维生素 C 进一步被谷胱甘肽、还原型烟酰胺腺嘌呤二核苷酸磷酸（NADPH）依赖酶再还原。

除了完善的抗氧化系统，机体还可产生系列针对脂质体、蛋白质和 DNA 损伤的修复酶。随着氧化压力水平的不断变化，机体通过诱导合成抗氧剂和损伤修复酶来拮抗氧化损伤，但即使如此，氧化损伤依然存在。

11.1.3　皮肤的保健

人体自然防御体系的第一道防线是我们的皮肤，皮肤健康，防御能力就强。健康美丽的皮肤清洁卫生，具有适度的光泽和张紧状态，肤色纯正，有生机勃勃之感，湿润适度，柔软而富有弹性。

保护好皮肤，特别是面部皮肤，对于延缓衰老、美化容貌十分重要。

如何防止皮肤的老化？由于机体生命的有限性，想从根本上解决老化问题是不可能的，但及早采取必要的措施，可以减缓老化的发生，防止皮肤的早衰。

（1）注意皮肤的清洁卫生

角质层老化脱落，汗腺分泌汗液，皮脂腺分泌皮脂，以及其他内分泌物和外来的灰尘等混杂在一起附着在皮肤上会构成污垢。这些污垢会堵塞汗腺及皮脂腺，妨碍皮肤正常新陈代谢，且皮脂易被空气氧化，产生臭味，促使病原菌的繁殖，导致皮肤病的发生，加速皮肤老化。因此必须经常将其清除干净。

洗澡用的肥皂具有洗净、角质溶解和杀菌作用，但使用何种肥皂要因人而异。对于油性皮肤的人，可用肥皂洗涤；干性皮肤的人则需少用或不用肥皂，使用偏中性的香皂或性能优良的浴液制品。

碱性过强的洗涤用品不要用于洗脸。一般来说，皮脂分泌较多者或皮脂溢出性皮肤病患者，可常用肥皂，如有不适之感，可改用香皂（pH 值低）；皮肤干燥者或过敏性皮肤病患者，应使用香皂；而中性皮肤的人，则可根据喜好选用香皂或其他清洁制品。

洗脸以温水为佳。水温过热，皮肤会变得松弛，易出现皱纹。冷水则洗不干净，且会使血管收缩，让皮肤变得干燥。

清洁霜和清洁乳液是专为溶解和除去皮肤上的皮脂、化妆料与灰尘等的混合物而设计的清洁用化妆品，用后在皮肤上留下一层滋润性薄膜，对干性皮肤有保护作用，油性皮肤则应避免使用这类清洁用品。

（2）正确使用化妆品

使用化妆品要有益于皮肤健康，不妨碍皮肤的正常排泄、呼吸等生理功能，若使用不当，则会加速皮肤的老化。因此要根据各自的皮肤类型、生活和工作环境等来选择适合自己皮肤特点和需要的化妆品。在夏季或皮脂分泌较多的人（即油性皮肤），宜用乳液类、化妆水等少油的化妆品；在冬季气候干燥时或皮肤干燥者（即干性皮肤），可选用冷霜、各种润肤霜等多脂的化妆品。不能过度使用化妆品，应选用通透性好的化妆品，以免毛孔堵塞引起皮肤病变，尤其是使用防水化妆品如粉类产品、防晒霜以及化浓妆时，应及时清洗干净，不可长时间留于皮肤表面。

要保持面部皮肤的滋润、柔软、光滑，既需补充油分，也需补充水分。在搽化妆品前，宜先用温湿毛巾在皮肤上敷片刻，起到补充部分水分、柔软角质层、促进皮肤吸收的功能。

（3）经常参加体育锻炼

常做美容保健体操，可让人精神振奋，心情愉快，肢体灵活有弹性。加强面部肌肉的锻炼，如按摩，可促进血液流通，加速皮肤新陈代谢，减轻皮肤疲劳，提高肌肉的力量与弹性，增加皮肤抵抗力。如搽营养化妆品时配以适当的按摩，可增进皮肤对营养成分的吸收，有效延缓皮肤衰老。

（4）适度进行日光浴

日光能促进皮肤的新陈代谢，生成黑色素防止日光的过分照射，使 7-脱氢胆固醇转换为维生素 D 等。但过分的日光照射会加速皮肤的老化，产生过度日光晒焦，恶化黄褐斑、雀斑、黑棘皮病，使部分人发生日光皮肤炎等现象。因此在强烈的日光下，应搽防晒化妆品，防止紫外线过分作用在皮肤上。

（5）注意饮食

在饮食中多食用营养丰富的维生素类食品，如蔬菜、水果、牛奶等，少食肉类。避免多食食盐与辛辣等有刺激性的食品。

（6）保持精神愉快

精神状态如何，对防止头发与皮肤早衰非常重要。过分焦虑、忧愁，对皮肤和头发有害，易导致早期衰老现象发生。皮肤保健方式如图 11.2 所示。

图 11.2　皮肤的保健

11.2　皱纹

11.2.1　皱纹的影响因素

人们在 25 岁之前，皮肤表面光亮、平滑、富有弹性，具有青春气息（图 11.3）。但在此之后，皮肤开始逐渐衰老，生理症状通常也发生变化。

（1）皮肤水分和皮肤屏障

皮肤粗糙，迄今的研究主要着眼于角质层的机能，如水分保持能力机能、皮肤屏障功能、角质层细胞间脂质变化、天然保湿因子的研究。水分流失严重，皮肤会变得非常不光滑，骤增颗粒感，表皮细胞脱落紊乱，产生皮屑、鳞屑。皮肤含水量与皮肤的滋润、光泽和细腻等密切相关。含水较多的、光滑的角质层有规则地反射，可形成明亮的光泽；而干燥、有鳞屑的角质层用非镜面的方式反射使皮肤表现灰暗。皮肤水分含量低，皮肤变得干燥，粗糙度增加，皮肤无光泽。

图 11.3　年轻有弹性的皮肤

屏障功能下降的皮肤，内源性水分易蒸发，外界的刺激易入侵，也易发生炎症，产生与炎症相关的皮肤问题，如粗糙、瘙痒、脱皮、泛红等。反复发作的皮肤问题源于皮肤内部的慢性炎症。

光老化的表皮在损伤较轻微时产生修复性增厚，严重时萎缩，基底层细胞发生异型性改变，且有大量角化不良细胞。同非曝光部位相比，曝光部位的角质形成细胞在培养时着板率提高，寿命缩短，呈恶性转化趋势，朗格汉斯细胞也相较减少约 50%，机体迟发型超敏反应能力下降。虽然随着年龄增长，黑色素细胞数量减少，但会在曝光部位出现不规则的色素沉着，通常是色素沉着过度，可能机制是慢性日光刺激的黑色素细胞多巴醌活性增加，而皮肤颜色的异源性源于色素细胞分布不均，局部缺少黑色素细胞以及黑色素细胞和角质形成细胞之间的相互作用发生变化。

（2）真皮失去弹性

皮肤粗糙度和皮肤弹性密切相关，皮肤弹性减退，皮肤出现松弛或皱纹，皮肤粗糙度增加。皮肤真皮中最主要的细胞成分是成纤维细胞，在组织创伤修复、合成分泌纤维和细胞外基质中发挥着重要作用。随着年龄的增加，皮肤内弹性纤维含量和胶原蛋白的含量逐渐降低和减少，使得皮肤的厚度减小，皮肤老化突显，皱纹增多、加深，皮肤缺乏紧致感。

光老化的真皮明显增厚，在真皮乳头部位出现跨界区，弹性蛋白逐渐减少，弹性纤维所在的位置由紧紧缠绕、片段化的微纤维组成的紊乱团块占据。虽然随着年龄增长，皮肤的弹性纤维逐渐减少，但在曝光部位却不断地增加，到 90 岁时可增加约 70%。在日光保护部位，Ⅰ型和Ⅲ型胶原只有到 80 岁之后才减少。但在日光暴露部位，10 岁时已减少约 20%，90 岁时减少约 50%，且曝光部位胶原纤维的结构在 40 岁后出现紊乱。曝光部位的淋巴细胞与组织细胞数量明显升高，主要出现在胶原降解明显的部位，且在 50 岁之后淋巴细胞的数量有随年龄增长而增加的趋势。

11.2.2 皱纹的形成机制

皮肤皱纹的形成是一种进行性的蜕变过程，主要是皮肤自然老化和光老化的结果。皮肤的自然衰老是一个自然发生、不易改变的过程，但光老化可以通过有效预防和治疗来改善。以下主要探讨光老化造成的皱纹的有关问题。

（1）活性氧过量产生

在光老化引起皱纹的发病机制中，活性氧（ROS）在其中起重要作用。皮肤中各种光敏物质或色基吸收紫外线（UV）能量后，经电子传递可产生 ROS。一方面，ROS 可直接攻击细胞膜脂质、蛋白质与 DNA 引起氧化损伤；另一方面，ROS 可作为第二信使，上调弹性蛋白和基质金属蛋白酶（MMP）等的基因表达，下调胶原蛋白的表达，加速皮肤皱纹的形成。UVA 主要诱导生成单线态氧和过氧化氢，UVB 主要通过羟自由基、脂质过氧化物造成损伤作用。在正常情况下，皮肤自身存在抗氧化防御机制，但大剂量或长期 UV 作用下，ROS 的产生超过了它被清除的速度，造成抗氧化酶含量降低，非酶自由基清除剂耗竭，致使皮肤损伤，而损伤的皮肤抗氧化防御体系会产生更多 ROS，以正反馈形式加剧皮肤组织和细胞的损伤，诱导皮肤皱纹的形成。

（2）基质金属蛋白酶和其抑制剂表达失衡

皮肤真皮层的主要细胞是成纤维细胞与其分泌的胶原纤维、弹力纤维及基质成分，它们共同构成真皮的主体。成纤维细胞生物学特性的改变是皱纹形成的根本原因。

胶原纤维是皮肤中主要的结构蛋白，也是含量最丰富的蛋白质，占真皮干重的 75%，真皮体积的 18%～30%。UV 照射会降低皮肤中胶原的含量，UV 照射剂量较大时，胶原的表达几乎消失。真皮胶原纤维的减少、胶原纤维束构造紊乱和紫外线引起的 MMP 活化或增多，造成胶原蛋白的分解与断裂，或者造成真皮胶原纤维束构造紊乱，从而让皮肤失去弹性，产生皱纹。

弹力纤维由弹力蛋白与微丝组成，具有特异的弹力与张力，占皮肤干重的 1%～2%，对皮肤的弹性与顺应性起着重要的作用。皮肤中的多数弹性蛋白在紫外线照射下呈现日光变性，免疫组织化学技术证实这些物质由构成正常弹性纤维的成分组成，但结构紊乱，丧失正常弹性纤维的功能。弹性蛋白酶在长期的紫外线照射下活化，弹性纤维断裂、流失，或者真皮弹性蛋白变性、弯曲，从而导致皮肤弹性低下，形成皱纹。

透明质酸是广泛存在于生物体内的一种氨基聚糖，具备超强的吸水能力，可以吸收自身体积 1000 倍的水分，形成一种有弹性的、填充在组织空隙内的黏性基质，是维持皮肤组织稳定与弹性的重要细胞外基质。紫外线照射会使皮肤中透明质酸的反应积聚，游离的透明质酸减少，皮肤的水合能力下降，造成皮肤组织细胞皱缩、老化，皮肤组织形态学改变。随着年龄增长，皮肤中的透明质酸减少，表皮的保水性变差，生成皱纹。

基底膜是表皮与真皮的接合部的膜片状物质，由蛋白聚糖、层粘连蛋白和Ⅳ型胶原蛋白等构成，其作用是使皮肤有力学强度。长时间受到紫外线照射的皮肤，其表皮基底细胞中会生成多种基质金属蛋白酶（MMP-2 和 MMP-9），破坏基底膜，使皮肤弹性低下，形成皱纹。

细胞外基质合成与降解失调的最重要原因是真皮成纤维细胞 MMPs 和其组织抑制剂（TIMPs）表达失衡。MMPs 是一类结构相似的几乎能够降解所有细胞外基质成分的蛋白水解酶大家族，在细胞外基质的降解和重塑中该家族起着关键作用。TIMPs 是 MMPS 的天然组织抑制因子，激活后可与所有的 MMPs 按 1∶1 结合来抑制其活性。紫外照射产生的 ROS，能促进 MMPs 的高度表达，灭活 TIMPs，导致细胞外基质成分的降解、变性。

11.2.3　皮肤的弹性

物理学上，弹性指物体在外力作用下发生形变，当外力撤销后能恢复原来大小和形状的性质。皮肤组织是非均匀材料，具备非线性组织结构的特殊性及物理机械性能特异性，使皮肤组织弹性行为极其复杂，因此皮肤的弹性性能是表征皮肤力学性质的重要参数。皮肤弹性是皮肤的重要特征及人体衰老过程中一个重要的标识，同时受许多内在与外在因素的影响。

（1）决定皮肤弹性的相关因素

皮肤弹性由皮肤弹性纤维、胶原纤维及其数量和排列关系决定。成熟的弹性纤维主要由弹性蛋白、原纤维蛋白微原纤维及与弹性纤维有关的三部分组成。

① 弹性纤维　弹性纤维由交叉相连的弹性蛋白外绕以微纤维蛋白构成，对皮肤的弹性、顺应性起重要作用。在正常人皮肤组织内，弹性纤维主要分布在真皮层，成熟的弹性纤维由微原纤维及弹性蛋白构成。

微原纤维主要作为弹性纤维的构成部分，并参与弹性纤维的生成，其次是单独地分布在器官的细胞外基质中，提供一种柔韧性的连接方式。它是弹性蛋白于细胞外附着的骨架，负责传达信号，对弹性纤维的构建起组织、包装作用，其主要构成组分是原纤维蛋白，同时也包含或关联多种其他弹性纤维相关蛋白，如微原纤维相关糖蛋白（microfibril associated glycoproteins，MAGP）、弹性蛋白微纤维接口定位蛋白-1(elastin microlfibril interface located protein-1，EMILIN-1）、腓骨蛋白（Fibulins）、多功能蛋白聚糖（versican）等。

弹性蛋白在弹性纤维中含量为90%，以可溶性弹性蛋白原的形式在细胞内合成，并在硫酸肝素蛋白聚糖等细胞表面蛋白的辅助下移至细胞膜表面。在弹性纤维相关蛋白的参与和赖氨酰氧化酶（LOX）的催化作用下，弹性蛋白原在细胞膜表面发生交联，形成小分子聚合物，新的弹性蛋白原和它们交联形成更大的弹性蛋白聚合物。弹性蛋白聚合物不断变大，在弹性蛋白结合蛋白、Fibulins等其他弹性纤维相关蛋白的参与下，一些大分子弹性蛋白聚合物转移至细胞外微原纤维支架上，在LOX等的作用下进一步发生交联并与versican等弹性纤维相关蛋白一起组装成具有功能的弹性纤维。

弹性纤维的主体是弹性蛋白及原纤维蛋白，但一些其他的细胞外成分也会参与弹性纤维的组成。如微原纤维相关糖蛋白（MAGP）、腓骨蛋白、LOX、弹性蛋白微纤维接口定位蛋白-1、潜在转化生长因子β结合蛋白（latent transforming growth factor β binding proteins，LTBP）等。其中，MAGP是小蛋白，MAGP-1是维持微纤维结构的必需蛋白，MAGP-1和MAGP-2的羧基末端通过二硫化物跟原纤维蛋白的氨基末端绑定，且MAGP-1与原纤维蛋白交联能稳定原纤维蛋白。

② 胶原纤维　胶原纤维占皮肤干重的70%～80%，是人体皮肤中主要的结构蛋白，基本结构单位是胶原纤维束。成年人皮肤中主要是Ⅰ型与Ⅲ型胶原，其中Ⅰ型胶原占80%左右，它在真皮中聚集成束，交织成网，维持皮肤张力，赋予皮肤机械性和充盈感。Ⅳ型与Ⅶ型胶原是基底膜的重要成分，而皮肤基底膜连接表皮与真皮，是保持皮肤表面平整与屏障功能的结构基础。Ⅳ型胶原聚合成网，也起到维持皮肤表面的机械稳定和作为其他分子附着的框架的作用。

③ 胶原纤维、弹性纤维数量与排列　内源性老化的皮肤中弹性纤维呈进行性降解、变细，锚纤维变短。光老化的皮肤则表现为弹性纤维进行性变性、增生、变粗、卷曲，形成团块状聚集物，锚纤维几乎消失，皮肤弹性与顺应性消失。

（2）皮肤弹性的影响因素

人体弹性蛋白主要在胚胎晚期至新生儿早期合成，成人阶段几乎不会有新的弹性蛋白产生。在内源性老化与光老化过程中，弹性纤维发生不同的变化。

① 性别和人体不同部位　有学者测试并研究了33名志愿者11个部位皮肤的弹性，发现皮肤弹性在不同部位之间有显著差别，而与性别关系不大。

② 年龄　随着年龄的增加，皮肤弹性逐渐减小。内源性老化的皮肤比年轻的皮肤弹性与柔韧度降低，弹性纤维网断裂和衰退，表现为皮肤变平与产生细小的皱纹；在内源性老化中，纤维性的ECM成分降解，一些低聚糖片段丢失，赖氨酰氧化酶样蛋白-1（LOXL-1）、LTBP-2和LTBP-3被上调，而LOXL-1和LTBP-2通过绑定Fibulin-5在控制和维持纤维蛋白沉积、装配和结构中起到重要作用，因此，与这些因子表达相关的干扰都成为增加内源性老化的机制。

人体内至少有皮肤成纤维细胞的、嗜中性粒细胞的弹性蛋白酶，皮肤成纤维细胞的弹性蛋白酶属金属蛋白家族，成纤维细胞弹性蛋白酶作用于耐酸纤维和伸展纤维。嗜中性粒细胞的弹性蛋白酶可降解各种弹性纤维，尤其是伸展纤维和成熟的弹性纤维。维持细胞外基质结构的改变及动态平衡首先受到一大组锌依赖的肽链内切酶的影响，即MMP和MMP组织抑制剂。目前在体外研究中，能见到8种降解弹性纤维蛋白的MMP。不溶性的弹性蛋白通过

MMP-2、MMP-7、MMP-9、MMP-10、MMP-12、MMP-14 被降解为可溶性的片段；原纤维蛋白微原纤维与多肽通过 MMP-2、MMP-3、MMP-9、MMP-12、MMP-13 被分解代谢。弹性蛋白与原纤维蛋白是丝氨酸蛋白酶和嗜中性弹性蛋白酶的底物，在细胞培养中上调MMP 的表达，可导致原纤维蛋白碎裂、微原纤维降解和一些蛋白酶的表达，组成引起组织慢性损伤的阳性反馈环的一部分。活性氧包括超氧阴离子、羟自由基、单线态氧和过氧化氢，无论是在正常的新陈代谢中还是被 UV 影响时它们均为引起蛋白质氧化的分子。由活性氧诱导的纤维蛋白原与 MMP 的翻译，可引起弹性纤维动态平衡的波动，引起组织的老化。此外，弹性纤维的降解还受到葡萄糖及葡萄糖代谢物所造成的病理性的交叉结合、脂质沉积、钙化、机械疲劳、天冬氨酸消旋等因素的影响。

③ 环境因素　环境因素对皮肤的伤害，主要是光老化，但空气污染等其他因素的影响也慢慢被人们所重视，不过研究结果不系统。

光老化皮肤的特点是既有分解代谢，又有合成代谢的重塑、改造。皮肤呈现为粗糙和有深皱纹，原因是混乱的弹性纤维蛋白物质在真皮深层的沉积，弹性蛋白的功能受到影响，富含原纤维蛋白的微原纤维在表皮真皮交界处丢失，弹性蛋白变性。这些结构的变化主要是一些细胞外的蛋白酶或（和）细胞外基质暴露在 UV 下的结果。如早期光老化时，Fibulin-1 与 Fibulin-5 在表皮真皮交界处耐酸纤维上丢失；严重光老化时，网状真皮内分布大量的混乱的弹性纤维，包括弹性蛋白原、腓骨蛋白-2、腓骨蛋白-5 和 LTBP-1。异常的弹性蛋白片段，影响免疫系统，可上调弹性蛋白酶的表达，促进细胞的凋亡，引起单核细胞向炎症部位移动。弹性蛋白与原弹性蛋白-1 对巨噬细胞和单核细胞进入血管有趋化作用；诱导内皮细胞模型基质金属蛋白酶表达，以降解多种细胞外基质蛋白，包括弹性蛋白、弹性纤维蛋白、原纤维蛋白-1 及表皮真皮交界处成分。18 岁前引起的皮肤弹性纤维的结构损伤不可逆转，在生长期 UV 防护很关键。弹性纤维日照后弯曲，机制可能有两个：成纤维细胞有推动弹性纤维维持线性的作用，UV 照射使该作用变弱，导致弯曲；弹性纤维被 UV 照射或被周围细胞分泌的弹性蛋白酶降解后在合成过程中弯曲。

(3) 弹性组织的变性机制

① 正常弹性蛋白降解增加，异常弹性蛋白合成增多

UV 辐射通过多种途径使皮肤组织中产生大量 ROS，而 ROS 可通过促使弹性蛋白（原）基因启动子激活来上调弹性蛋白（原）基因的表达。另外，UV 还可通过诱导皮肤组织中转化生长因子 β1(TGF-β1) 的表达上调弹性蛋白（原）基因的表达，使异常弹性蛋白的合成增多。

目前已知的在皮肤中可降解弹性蛋白的酶大致分为中性粒细胞弹性蛋白酶（NE）、成纤维细胞弹性蛋白酶、基质金属蛋白酶和组织蛋白酶，NE 是一种阳离子糖蛋白也是中性粒细胞释放的诸多蛋白酶中最重要的一种蛋白酶。研究表明，NE 无法降解完整的弹性纤维，却对弹性蛋白有水解能力，说明 NE 并非弹性组织解离的驱动力，但可对组织蛋白酶 G 等水解后的弹性纤维碎片进行进一步水解。成纤维细胞弹性蛋白酶即中型肽链内切酶（NEP），弹性蛋白酶增加，将造成弹性纤维减少及弹性纤维蜷曲，加重皮肤老化。MMPs 家族中主要有基质溶解因子（MMP-7）、巨噬细胞金属弹性蛋白酶（MMP-12）和明胶酶（MMP-2、MMP-9），这三种酶都被分泌至细胞外降解弹性蛋白，它们在光老化皮肤中的表达和活性上调。组织蛋白酶是一类广泛存在于多种组织细胞溶酶体内的蛋白水解酶，其中能够降解弹性

蛋白的组织蛋白酶有组织蛋白酶 K、组织蛋白酶 S 和组织蛋白酶 V。组织蛋白酶 K 在体外培养的成纤维细胞中高度表达，是目前最强的降解弹性蛋白与胶原蛋白的酶，主要在成纤维细胞溶酶体内发挥降解蛋白的作用。组织蛋白酶 S 和组织蛋白酶 V 在皮肤成纤维细胞中不表达。以上这些酶的存在，都会导致正常弹性蛋白降解增多。

②　原纤维蛋白减少

目前发现的原纤维蛋白有原纤维蛋白-1、原纤维蛋白-2 和原纤维蛋白-3，均为富含半胱氨酸的糖蛋白，参与构成皮肤弹性纤维的主要为原纤维蛋白-1。光老化皮肤中，变性的弹性纤维样物质中原纤维蛋白-1 明显减少甚至消失。原纤维蛋白的降解主要由 UV 诱导产生的多种 MMP 与 NE 介导；此外，UV 辐射还可直接经过光化学途径引起富含色基的原纤维蛋白-1 的降解。

③　其他弹性纤维相关蛋白减少

Fibulins 家族是胞外糖蛋白，是基底膜和弹性纤维的重要组成部分。Fibulins 家族共有7 个成员，Fibulin-1～Fibulin-5 可通过不同的亲和力跟弹性蛋白原绑定。Fibulin-4 和 Fibulin-5 参与细胞外弹性蛋白原的正确沉积，Fibulin-4 可与赖氨酰氧化酶以及弹性蛋白原组成三元络合物促进弹性蛋白交联，Fibulin-5 可作为弹性蛋白与微原纤维的桥梁分子，控制弹性纤维的正确定位。研究证明：Fibulin-4 缺乏可导致弹性蛋白原基因表达下调，弹性蛋白原沉积减少，弹性纤维形成受损，但不影响微原纤维丝的外观。Fibulin-5 缺乏可以抑制弹性蛋白原沉积和原纤维蛋白-1 的微原纤维形成。除 Fibulin-4 和 Fibulin-5，Fibulin-2 也能与弹性蛋白原和原纤维蛋白-1 结合而参与弹性纤维的组装及构成。

多功能蛋白聚糖（versican）是一种硫酸软骨素蛋白多糖，有透明质酸的结合位点，可通过其羧基端的类凝集素区域与 Fibulin-2 和原纤维蛋白-1 的类表皮生长因子（EGF）结构域结合参与弹性纤维的构成。有研究证明，versican 可与 Fibulin 形成高度有序的多分子结构，这种复杂结构是弹性纤维组装所必需的。在 UV 长期照射的皮肤组织中，versican 分子结构遭到破坏，不能和透明质酸正常结合。

核心蛋白聚糖（decorin）是一种硫酸软骨素蛋白多糖，在皮肤中多与胶原纤维伴行分布，通过联合细胞外基质及细胞表面的糖蛋白参与细胞识别，在日光性弹性组织变性的区域中核心蛋白聚糖明显减少。

弹性蛋白结合蛋白（elastin-binding protein，EBP）是一种细胞表面蛋白，可调节弹性纤维的生成。EBP 以分子伴侣的身份与弹性蛋白原结合可防止其提前聚集或发生裂解，确保弹性蛋白原正确地沉积在微原纤维支架上，使弹性纤维能正确组装。EBP 蛋白表达量在自然老化的皮肤中变化不明显，在长期照射紫外线的人体皮肤中表达增加。

赖氨酰氧化酶家族（LOXs）有赖氨酰氧化酶（LOX）及四个赖氨酰氧化酶样蛋白（LOXL-1、LOXL-2、LOXL-3、L0OXL-4）。弹性蛋白的前体蛋白弹性蛋白原由成纤维细胞分泌后，通过 LOX 催化两个相邻弹性蛋白原的赖氨酸残基发生交联反应形成共价交联结构。作为弹性纤维相关蛋白，与 Fibrilins 一样，LOX 和 LOXL-1 富含色基，UV 辐射对其有直接降解作用，从而加剧皮肤光老化。

（4）皮肤弹性测定

①　吸力法　吸力法是使用较为广泛的方法，这类测试仪的探头内有中心吸引头和测试皮肤形变的装置，能够发射和吸收光波、声波及超声波，测试时吸引头持续产生较低吸力，

使皮肤拉伸，吸力消失皮肤形变消失，测试形变的装置测得皮肤随着时间和拉力的变化，再根据所得曲线进行分析。

在皮肤生物特性研究领域中，皮肤弹性测试仪（Cutometer）是最为广泛使用的吸力法代表工具，但其在研究皮肤衰老特性时存在一定的局限性，如其在"皮肤弹性随年龄的增长而降低"这一事实的研究结论不尽相同，有学者应用 Cutometer 研究不同人群的皮肤黏弹性及疲劳性特征时，也发现在皮肤黏性变化方面存在不一致甚至相互矛盾的结果。

② 扭力法　扭力法是使用较早的方法，基本结构是一个扭力马达或扭力按钮。驱动贴在皮肤上的圆盘，在马达轴上的圆盘连接有旋转传感器，能记录与移动角度成比例的信号，记录下的信号是一条扭力时间曲线，曲线的各部分即可做分析，适合对皮肤的硬度做评价，但无法对其他弹性参数做独立评价。

③ 弹性应力波法　弹性应力波法是目前较先进的方法，原理是传送器在受测试皮肤表面产生一个切线振荡频率形变，并由压电结构探头将信号输送到接收器。应力波传播根据从传送器到接收器的时间计算，耗时短，可测试皮肤的黏弹性和各向异性，但不适合测试皮肤的硬度。也有人用 50Hz 的超声波探头探测发生器周围圆环发射的 300Hz 应力波，在连续的超声反散射回声之间用交叉连接技术测得形变，结果准确，在人体皮肤和各种仿皮肤结构表面都可测量。

11.3　抗皱紧致类化妆品的作用机理

针对引起衰老的原因及衰老所引起的病理性变化可通过以下途径延缓皮肤衰老。

(1) 深层保湿

皮肤的老化与角质层含水量下降有关。补充足够的水分，使皮肤角质层中水的含量保持在恒定的水平，是维持皮肤弹性及光泽的必要条件。因此，保湿剂是抗皱紧致产品中的重要成分。

(2) 高效防晒

紫外线照射导致的光老化速度远远快于人体皮肤自身的衰老进程。不适度的日晒会导致皮肤皱纹和弹性组织变性，因此，防止紫外线照射是抗皱嫩肤类化妆品必备的功效。

(3) 补充营养

皮肤的营养来源于人体内部和外界的不断补入。补充营养以改善因为肌肤老化而造成的营养不足，加快皮肤的新陈代谢，令肌肤充满活力，减少皱纹生成，延缓衰老。可补充的营养物质有胶原蛋白水解物、丝肽、泛醇等。其中泛醇能迅速渗透皮肤使之湿润，刺激细胞增殖，加快皮肤正常角质化，恢复皮肤活力。

(4) 清除自由基

自由基可以从多方面对皮肤造成损伤，加快皮肤的衰老。很多产品使用超氧化物歧化酶来清除自由基。其他常用的还有维生素 A、维生素 C 及其衍生物、维生素 E 及含硒、锗等植物提取物和从中药中提取的皂苷、黄酮类化合物等。

（5）增强细胞的增殖及代谢能力，重建皮肤细胞外基质

衰老的实质是细胞功能的衰退，抗皱紧致的根本对策是增强细胞的增殖与代谢能力，以提高组织细胞的功能。

真皮组织细胞外基质的质量及含量的改变也是皮肤衰老的关键因素。基质质量的改变是指弹性蛋白、胶原蛋白的异常交联聚合等，基质含量的改变有弹性蛋白、胶原蛋白及蛋白多糖含量的下降等。重建皮肤细胞外基质，使其在质与量方面均趋向于年轻时的构成，是抗皱紧致的有效途径。

11.4 抗皱紧致类活性原料

抗皱紧致活性原料具有延缓皮肤衰老的作用，大致可分为以下几类。

11.4.1 促进细胞分化、增殖及促进胶原和弹性蛋白合成的原料

（1）核酸

核酸是细胞合成、分裂、增殖的生命基础。其化学组成比蛋白质更复杂，由核酸分子所含戊糖种类的不同，可将核酸分为核糖核酸（RNA）和脱氧核糖核酸（DNA）两类。核酸逐步水解，可得到核苷、核苷酸、磷酸、戊糖和含氮碱等产物。

核酸与皮肤老化和代谢密切相关，在表皮细胞中，核酸随着皮肤老化含量剧减，完全角质化后含量为零。作为化妆品添加剂，核酸主要具有以下生理活性。①活化细胞，核酸被称为细胞赋活剂，具有活化细胞的效果，其分子量很大，不利于皮肤吸收，但核酸的组成单位核苷或核苷酸分子量较小，易通过细胞膜被皮肤吸收，参与皮肤胶原合成，增强皮肤细胞活力，发挥延缓皮肤衰老的效果。②保湿，核酸能从空气中吸收水分，在皮肤表面形成膜，防止角质层水分的过度蒸发从而发挥保湿作用。③防晒，核酸能吸收一定的中波紫外线，可在皮肤表面形成核酸膜，阻断紫外线对皮肤的损伤。④营养治疗，皮肤的再生和保健均离不开核酸，核酸与氨基酸、维生素等营养物质共用可起到辅助治疗皮肤损伤及瘢痕等皮肤疾患的作用。

核酸与其他活性物质配合使用有显著的复合效用，如与维生素E合用，能增强维生素E的抗氧化作用。核酸水溶液有一定的黏度，在化妆品中可用作增稠剂和乳液稳定剂。

（2）维甲酸酯

维甲酸酯是对维甲酸的结构加以修饰得到的新型化合物，保持了维甲酸的原有功效，同时明显降低其致敏性。维甲酸酯起着促进表皮新陈代谢和表皮及结缔组织增生、调节及减缓表皮层和真皮层老化的作用，可以增强皮肤弹性，祛除皱纹，淡化色斑，是理想的化妆品功能性成分。但维甲酸酯在体内仍是转化为维甲酸（禁用组分）发挥作用，因此使用后需注意避孕，避免对胎儿产生影响。

（3）果酸

果酸从天然水果中萃取出来的多种有机酸的总称。果酸是一类小分子物质，易于被皮肤

吸收，可作为剥离剂渗透至皮肤角质层，减弱角质层中老化细胞间的键合力，加快老化细胞剥落，促进细胞分化、增殖。果酸在化妆品中通过加速细胞更新速度和促进死亡细胞脱离等方式来改善皮肤状态，令皮肤光滑、柔软、富有弹性。

果酸的抗皱作用与果酸的种类、浓度有关系。一般情况下，抗皱效果与果酸分子量呈负相关，与其浓度、刺激性呈正相关。一般用加入消炎抗刺激物质的方式降低果酸引起的刺激。在化妆品配方中的果酸浓度一般为 2%～8%。

（4）扇贝多肽

扇贝多肽是从栉孔扇贝中提取的多肽。它对真皮中的成纤维细胞起到刺激和促进分裂的作用，同时能增强成纤维细胞合成和分泌胶原蛋白与弹性蛋白的能力，显著增加皮肤中弹性纤维的含量，恢复皮肤弹性，减少细小皱纹。

（5）β-葡聚糖

β-葡聚糖是酵母细胞壁的提取物，能够激活免疫，做生物调节器。它能刺激皮肤细胞活性，增强皮肤自身免疫保护功能，修护皮肤，减少皮肤皱纹产生，延缓皮肤衰老。

（6）尿苷

尿苷是生物体中核糖核酸及一些辅酶的成分。外观呈白色结晶状粉末或针状结晶，存在于灵芝、冬虫夏草、北柴胡等中药中，可以加速皮肤细胞的新陈代谢和皮肤角质层的再生，特别适用于状况不良或需要特殊护理的皮肤类型。

11.4.2　抗氧化活性原料

抗氧化活性原料是抗皱紧致类化妆品中的一类主要原料，在抗皱紧致类化妆品中具有不可或缺的地位。常用抗氧化原料有以下几种。

（1）维生素 E

维生素 E 是一种脂溶性维生素，无毒的天然抗氧剂之一。在化妆品中使用时，为防止其过早氧化，常将它包裹在微囊或其他载体内。

（2）维生素 C

维生素 C 即抗坏血酸，一种水溶性维生素。它能清除 $O_2^-\cdot$、$\cdot OH$ 等自由基，有较强的抗氧化作用。与维生素 E 合用，能协同清除自由基。不过维生素 C 的吸收性较差，不易进入细胞内，因此在化妆品中以对其进行化学结构修饰或采用脂质体等进行包覆的包覆物形式存在。

（3）辅酶 Q10

辅酶 Q10 是组成细胞线粒体呼吸链的成分之一。本身是细胞自身产生的天然抗氧剂。同维生素 E 一样，能抑制线粒体的过氧化，减少自由基生成，提高体内 SOD 等酶的活性，抑制氧化应激反应诱导的细胞凋亡，在化妆品中起到显著的抗氧化、调理皮肤、延缓衰老的作用。

（4）谷胱甘肽过氧化物酶（GSH-Px）

它是一种含硒的过氧化物还原酶，也是生物机体内重要的抗氧化酶之一。它能消除机体内的过氧化氢及脂质过氧化物，阻断活性氧对机体的进一步损伤，能够延缓皮肤衰老，淡化色素沉着。

（5）木瓜蛋白酶

木瓜蛋白酶是一种高生物活性因子，存在于天然鲜嫩木瓜果中。其分子链上有大量的活性巯基基团，能有效清除机体内超氧阴离子及羟自由基，降低皮肤中过氧化脂质含量，延缓皮肤的衰老。

（6）黄酮类化合物

黄酮类化合物具有促进皮肤细胞生长、吸收紫外线、清除自由基等多种延缓衰老功能。

① 芦丁　豆科植物槐中的主要成分，属黄酮醇类化合物。在化妆品中作用如下：a. 明显清除体内活性氧，对超氧阴离子及羟自由基的清除率比维生素E的大。b. 可作为天然防晒剂，对紫外线和X射线有极强的吸收作用。c. 保持毛细血管正常的抵抗力，降低血管通透性，恢复因脆性增加而充血的毛细血管的弹性，抑制红血丝的形成。

② 原花青素　一种纯天然植物提取物，主要从葡萄籽中提取，分为低聚原花青素和高聚原花青素。在化妆品中的多为低聚原花青素，为红棕色粉末，可溶于水。原花青素具有极强的清除自由基作用，是一种新型高效抗氧剂。在化妆品中有多重作用，能作用于多种因素造成的皮肤老化。

③ 茶多酚　茶叶中多酚类物质的总称，包括黄烷醇类、黄酮醇类、花青素类、酚酸类及羧酸酚等，是一类还原剂。茶多酚起到中断或终止自由基的氧化链反应，提高和诱导生物体内抗氧化酶的活性的作用，达到抑制自由基异常反应所致的过氧化脂质生成，降低脂褐素含量的效果。

此外，黄酮类物质还存在于大豆、竹叶、甘草、黄芩、橙皮、葛根等植物中，在化妆品中大豆异黄酮、竹叶黄酮、甘草类黄酮及黄芩素等已得到应用。

（7）超氧化物歧化酶

超氧化物歧化酶是一种广泛存在于自然界需氧生物体体内的金属酶、抗氧化酶，能特异性地清除体内过多的超氧阴离子，调节体内的氧化代谢和延缓衰老。

（8）富勒烯

富勒烯是单质碳的第三种同素异形体，是由碳原子相互连接成的五边形或六边形组成的封闭的多面体。对自由基具有极其强大的吸收能力且容量巨大，可以像海绵吸水一样清除自由基，被称为"自由基海绵"。它通过清除自由基，可以预防脂质过氧化反应，同SOD抗氧化作用相似，但作用更强。有资料称，富勒烯的抗氧化能力是维生素C的125倍。

（9）金属硫蛋白

金属硫蛋白是动物体中提纯出的具有生物活性及性能独特的低分子蛋白质。金属硫蛋白能够清除超氧阴离子和羟自由基，降低机体内自由基水平，防止细胞的过氧化损伤和皮肤细胞衰老；具有一定的防晒功能，能够保护细胞免受紫外线辐射；通过有效清除体内自由基，阻断自由基与体内不饱和脂肪酸的过氧化反应，降低皮肤中过氧化脂质的含量，减少脂褐素的生成量，预防及减轻色素沉着。

（10）丝蛋白

丝蛋白具有较好的抑制脂肪过氧化的作用，能够延缓细胞老化，促进胶原生成，也能够吸收紫外线，抑制酪氨酸酶活性，防止皮肤晒黑、晒伤，抑制黑色素生成。

11.4.3　具有复合功能的天然提取物

天然提取物通常具有多重作用，且作用温和、持久稳定、适用面广、安全性高，不仅近年来受到国内外化妆品行业广泛关注，在化妆品中广泛应用，而且越来越受到消费者的认可。

在天然动植物中，特别是一些中药如人参、鹿茸、当归、黄芪、绞股蓝、蜂王浆、灵芝、珍珠、沙棘、茯苓、月见草等的提取物中含有许多生物活性成分，如各种氨基酸、多糖、脂类、维生素、有机酸、生物碱、微量元素、黄酮、皂苷等。它们有着清除体内自由基、增强机体抗氧化能力、改善皮肤血液循环、调节机体免疫功能、提高皮肤胶原蛋白含量等作用，可以恢复皮肤弹性，延缓皮肤衰老。

（1）抗皱养颜类中药

中药往往兼具营养和药效双重作用，且作用缓和，适宜用作化妆品功能性添加剂。以下介绍 12 种抗皱养颜类中药及其在化妆品中的主要美容功效。

① 人参　人参提取物能调节机体新陈代谢，促进皮肤细胞增殖，显著提高 SOD 活性及羟脯氨酸含量，使皮肤光滑、柔软、富有弹性，清除自由基，延缓皮肤衰老；抑制金黄色葡萄球菌等，且能抗炎，可防治粉刺等损容性疾病；能增加头发的抗拉强度和延伸性能，防止头发脱落和白发产生。

② 白术　白术提取物能提高 SOD 及 GSH-Px 的活性，清除自由基，有效控制或阻止黑色素的生成，保湿、营养皮肤。

③ 灵芝　灵芝提取物能清除体内含氧自由基，促进蛋白质与核酸的合成，局部提高雌激素水平，延缓皮肤衰老；抑制酪氨酸酶活性，提高美白效果；灵芝中含有的多种成分是化妆品中极好的营养添加剂及保湿剂，有营养、保湿作用。

④ 蜂蜜　蜂蜜渗透性好，可促进皮肤新陈代谢，有良好的保湿效果，可滋润、营养皮肤，增强皮肤弹性，减少皱纹产生，淡化色素沉着，使面部皮肤细嫩光洁。

⑤ 茯苓　茯苓提取物可以持水紧肤，改善皮肤粗糙状况，特别适用于干性皮肤及老年人。

⑥ 鹿茸　鹿茸含有大量营养物质，能营养皮肤，为皮肤组织的新陈代谢提供营养；含有 SOD、CAT、维生素 A、维生素 E 等自由基清除剂，能够消除皮肤皱纹和老年斑，延缓皮肤衰老；含有多种保湿剂，能保持及调节皮肤中的水分，使皮肤湿润、光泽、有弹性；含有糖胺聚糖、核糖核酸等生物活性成分，能增强皮肤细胞活力，改善皮肤组织新陈代谢，促进表皮组织再生，延缓皮肤衰老。

⑦ 黄精　黄精提取物对金黄色葡萄球菌和常见致病性皮肤真菌均具有抑制作用，可用于多种皮肤病防治；黄精多糖能增强机体免疫功能，促进 DNA、RNA 及蛋白质的合成，延缓皮肤衰老；黄精水-醇浸剂浓缩液可用作化妆品色素。

⑧ 沙棘　沙棘提取物能够清除超氧阴离子，抗氧化，延缓皮肤衰老；促进皮肤表皮组织生长，滋养皮肤，抗变态反应及抗过敏；对油性或干性皮肤均有生物兴奋作用。

⑨ 芦荟　芦荟提取物能调理皮肤，保湿，护肤、养肤，它能促进皮肤新陈代谢，帮助外层皮肤的再生，还能护发、养发及防晒。

⑩ 川芎　川芎能够改善皮肤血液循环和抑制皮肤组织细胞内衰老代谢产物，从而活化皮肤细胞和延缓皮肤衰老；它能扩张头部毛细血管，促进头部血液循环，增加头发营养，调理毛发；还能滋养皮肤，美白皮肤和促进活性成分透皮吸收。

⑪ 菟丝子　菟丝子提取物具有雌激素样作用，能清除自由基，抑制致病菌，延缓皮肤老化，可用于面部黑斑瘢痕的祛除和预防粉刺、皮肤粗糙、皮屑增多的发生。

⑫ 麦冬　麦冬可以清除超氧阴离子和羟自由基，对表皮成纤维细胞有较好的增殖作用，延缓皮肤衰老；它所含的麦冬多糖是天然保湿因子，有良好的持水性，且麦冬提取物对皮肤黏着性强、伸展性强，可用于保湿。几种常见的抗皱养颜类中药见图 11.4。

图 11.4　人参、芦荟、银杏、沙棘、蜂蜜等中药

（2）红景天

红景天提取物具有很强的延缓衰老作用，红景天素是其中的主要药效成分。研究表明，红景天能刺激真皮成纤维细胞，促进成纤维细胞的分裂及合成，增强成纤维细胞分泌胶原蛋白及胶原蛋白酶的能力，使胶原蛋白的分泌量大于分解量。

（3）银杏叶提取物

银杏叶提取物含有强有力的含氧自由基清除剂银杏黄酮，保护皮肤细胞不受含氧自由基过度氧化的影响，延长皮肤细胞寿命，增强皮肤延缓衰老的能力；含有银杏内酯可加速皮肤新陈代谢，改善皮肤血液循环，增强皮肤细胞活力，延缓皮肤衰老。

（4）白藜芦醇

白藜芦醇为无色针状结晶，来自于葡萄、虎杖等天然植物，也可人工合成。其易溶于乙醇，微溶于水。白藜芦醇有很好的抗氧化作用，可延缓皮肤衰老；对黑色素瘤细胞内黑色素合成有很好的抑制作用，能美白；有收敛性，能减少皮肤油脂分泌。此外，还有保湿、抗炎、杀菌作用。其主要用于抗皱和美白化妆品中。

（5）植物甾醇

植物甾醇是由植物自身合成、以植物种子为原料提取的一类活性成分，主要成分是谷甾醇、豆甾醇和菜油醇等，为白色固体，不溶于水。植物甾醇能促进新胶原蛋白的产生，加快皮肤新陈代谢；保持皮肤表面的水分，对皮肤有较高的渗透性；抑制皮肤炎症和日晒红斑等。因而植物甾醇被广泛应用于抗皱、抗过敏和晒后修复等化妆品中。

（6）大豆异黄酮

大豆异黄酮呈浅黄色粉末，主要存在于大豆等豆科植物中，其结构与雌激素相似，又被称为植物雌激素。不溶于水，可溶于乙醇。大豆异黄酮有较强的抗氧化作用，能清除自由基，提高抗氧化酶活性，也能促进真皮中胶原和透明质酸的合成，减少胶原分解，使皮肤变得细腻、光泽、有弹性，减少皮肤皱纹的产生。此外，它能抑制酪氨酸酶活性，阻缓黑色素的生成。主要用于抗皱、美白类化妆品中。

（7）葛根提取物

葛根提取物为白色针状结晶，豆科植物葛根的主要有效成分。其微溶于水，可溶于热乙醇。葛根素具有雌激素样活性，可起到减少细纹、延缓皮肤衰老、扩张血管、加速血流、改善微循环的作用。它可用于抗皱紧致类化妆品中。

（8）神经酰胺

神经酰胺主要来源于米糠、小麦胚芽、大豆、魔芋等。它既有亲水性，又有亲脂性，非常容易被皮肤吸收，是很好的保湿剂，也是抗皱紧致活性原料，主要用于抗皱精华类化妆品。

11.5 抗皱紧致类化妆品的功效评价方法

皮肤的护理情况可以从其细腻程度、纹理的变化等外观状态和感官印象以及弹性的大小、拉伸量和回弹性等方面反映出来，间接说明皮肤水分保持状态。皮肤的健康状况与水分密切相关。用皮肤皱纹测试仪及皮肤弹性测定仪也可间接反映皮肤含水量。目前，国内外对化妆品抗皱功效评价方法可分为体外评价和人体评价，多数聚焦于抗氧化、抑制胶原蛋白降解和细胞衰老等机理。

抗皱紧致类化妆品的功效评价方法有以下几种。

（1）清除自由基能力测定

根据自由基伤害理论，皮肤自然衰老和光老化的主要原因是自由基过量产生。因此，评价抗皱类化妆品或原料的重要指标之一是是否具有清除自由基的能力，目前评价清除自由基的能力的指标主要有清除超氧阴离子能力、清除羟自由基能力、清除二苯代苦味酰基（DPPH）自由基能力。

（2）成纤维细胞体外增殖能力检测

人皮肤成纤维细胞的体外分裂寿限随着供者年龄的增加而降低，供者年龄每增加一岁，其细胞的体外分裂寿限降低 0.2 代。检测抗皱样品对细胞衰老的影响时，在细胞体外转化的培养液中加入一定浓度的受试物溶液，进行传代培养，记录各组传代的间隔天数，以评价抗皱类化妆品对成纤维细胞体外增殖能力的影响。

（3）炎症因子、炎症介质抑制测定

炎症因子或炎症介质会在紫外线、生物和化学因素的诱导下产生，导致蛋白质、脂质与糖类发生非酶糖基化反应，生成无法代谢的产物脂褐素等，同时可刺激黑色素细胞产生黑色素，引起色素沉着，引发老年斑。通过酶联免疫吸附试验、蛋白质免疫印迹等方法测试产品对炎症因子、炎症介质的抑制效果，评价其延缓皮肤衰老的功效。

（4）基质金属蛋白酶-1（MMP-1）活性抑制实验

MMP-1 是导致皮肤出现皱缩、细纹等衰老症状的最主要的酶，可用分光光度法检测产品对基质金属蛋白酶活性的抑制情况以评价其抗皱功效。

（5）细胞表达胶原蛋白实验

皮肤松弛，弹性下降，细纹增多且加深，与皮肤中胶原蛋白的流失有关。人体皮肤中的胶原蛋白主要为Ⅰ型和Ⅲ型，二者所占比例约为 7∶3。皮肤出现老化时，胶原蛋白含量逐渐降低，两者比例倒置，胶原变粗，出现异常交联。采用免疫细胞化学法等方法，测试引起Ⅰ型、Ⅲ型胶原蛋白及其他相关蛋白、基因、酶改变的标记物，以评价产品抗皱功效。

（6）线粒体膜电位实验

细胞凋亡与线粒体膜电位的变化密切相关。测试线粒体膜电位的提升情况，可以评价皮肤的衰老状况，间接评价产品延缓衰老的功效。

（7）细胞凋亡实验

皮肤的细胞凋亡是正常的生理现象，随着年龄的增长，真皮中的成纤维细胞逐渐凋亡。UVA 照射引起细胞损伤，也会造成皮肤光老化，通过 UVA 照射体外培养的成纤维细胞来诱导细胞凋亡，同时加入抗氧化物质，观察细胞的解体、排列紊乱、脱颗粒情况，分析细胞的凋亡率。此外，结合抗炎测试，综合评价抗氧化物质对抑制细胞凋亡的作用，评价产品延缓衰老的功效。

（8）皮肤微循环测试

皮肤微循环系统是皮肤屏障的重要组成部分，起着储存血液和营养皮肤的重要作用。评价皮肤微循环情况的重要标准是皮肤血流量。研究表明，年轻人皮肤血管排列整齐，年龄较大者血管扩张、扭曲、排列不规则。通常，皮肤血流量随着年龄的增长而增加，但皮肤微循环还受其他因素的影响，因此在评价化妆品原料或产品的抗皱功效时，只能作为辅助指标。常用的测试仪器为激光多普勒成像仪。

（9）皮肤弹性测定

皮肤弹性是衡量皮肤衰老程度的重要指标，它由皮肤胶原纤维、弹力纤维的数量和排列关系决定。随着年龄的增加，皮肤中不溶性胶原纤维增加，可溶性胶原纤维减少，皮肤的伸展度减少，皮肤弹性降低。使用特定仪器测试皮肤弹性，可以评价产品延缓衰老的功效。

（10）皮肤纹理和皱纹的测定

皮肤纹理和皱纹的测定方法包括硅胶皮肤覆膜样品的制备和皮肤纹理与皱纹的测量方

法。先用超细硅胶在被测部位覆膜，固化稳定后作覆膜横断切片，切片的横断面按顺序排列，制得覆膜样品，将覆膜样品的外形轮廓放大摄像并输入计算机，利用计算机图像分析系统，逐个测量皮肤覆膜样品近皮肤侧表面凸起的高度，获得人体皮肤皱纹的三维图像，经过数字化仪处理输入计算机中，利用专用软件处理和分析数据，得到皮肤皱纹的各种数据和参数，评价产品的抗皱功效。

 思考题

11-1　皮肤老化的变化有哪些？
11-2　日常生活中我们应该如何做好皮肤的保健？
11-3　皱纹的形成机理是什么？
11-4　与皮肤的弹性相关的因素是什么？
11-5　简述抗皱紧致类化妆品的作用机理。
11-6　抗皱紧致类活性原料可分为哪几类？
11-7　抗皱紧致类化妆品功效性评价方法的依据是什么？

第 12 章

牙 膏

牙齿是人体的重要器官，承担着美化五官、辅助发音、咀嚼食物、维持身体健康的重要任务。牙齿的清洁健康，对人体极为重要。所以要使牙齿美观、保护牙龈健康和防止口臭，用于牙齿清洁的牙膏至关重要。牙膏是洁牙制品的一种，一般呈凝胶状，通常会抹在牙刷上，借助牙刷机械摩擦的作用清洁牙齿表面，对牙齿及其周边进行清洁，使口腔净化清爽。牙膏是保护人体安全的一种日用必需品。

12.1 牙齿及牙病

牙齿是整个消化系统的一个重要组成部分，它的主要功能是咀嚼食物。牙齿在咀嚼食物时，会产生压力和触觉，这种触觉的反射，可以传达至胃和肠，引起消化腺的分泌，有利于促进胃肠蠕动，来完成消化的任务。牙齿的疾病，不仅对消化系统有影响，牙病的细菌及其产生的毒素，还可通过血液到达身体的其他部位，导致其他器官疾病的产生。除此之外，牙齿还有帮助发音和端正面部外形等功能。若是缺失前牙，会导致发音不清晰。咀嚼运动可以促进颌骨的发育和牙周组织的健康，单侧的咀嚼会导致废用侧颌骨的发育不足，面部不对称。如果牙齿全部缺失，面部将会凹陷，皱纹增多，显得苍老。因此保护好牙齿对于人体是至关重要的。

12.1.1 牙齿及周边组织结构

广义上讲，牙齿作为人体一种钙化的物质，它牢牢地位于人的上下牙槽骨内。暴露在口腔中的部位称作牙冠；位于牙槽内隐藏的部分叫牙根；而在牙冠与牙根中间的部分称为牙颈；牙齿中用于咀嚼食物的那一面称作咬合面；牙根的尖端部分称作牙根尖。牙齿的结构如图 12.1 所示。

（1）牙体组织

牙体即牙齿的自身本体。它分为四个部分：牙釉质、牙本质、牙骨质、牙髓。

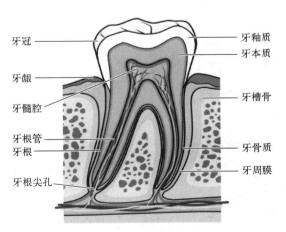

图 12.1 牙齿及其周围组织剖面图

①　牙釉质　是附着在牙冠最外层的白色半透明的钙化程度最高的坚硬组织，也称为珐琅质。牙釉质的平均密度是 $3.0g/mL$，它的抗压强度为 $250\sim300MPa$。牙釉质的厚度常常因其在牙的不同部位而有差异，比如其在磨牙牙尖处的厚度约为 $2.5mm$，切牙的切缘处附近厚度约为 $2mm$，在牙颈处的厚度最薄。成熟牙釉质的硬度与水晶及石英差不多，它可以承受咀嚼压力和摩擦，将食物磨碎的同时，且保证牙齿不受损害。由于牙釉质的颜色为白色半透明状，所以薄并且透明度高的牙釉质，会使浅黄色的牙本质颜色透出，让牙冠呈现黄白颜色，而厚且透明度低的牙釉质则会让牙冠呈现灰白色。如果牙髓死去，那么牙齿的透明度和颜色都将发生改变。

牙釉质主要是由无机物、有机物、水三部分组成的。其中成熟牙釉质的无机物成分占总质量分数的 $96\%\sim97\%$，体积分数约为 86%，羟基磷灰石 $[Ca_{10}(PO_4)_6(OH)_2]$ 的结晶约占无机物成分的 90%，其他的成分还有磷酸镁、碳酸钙和氟化钙，另外还含有少量的钠、钾、铝、铅、铁、锑、锰、锶、铬、银等元素。成熟牙釉质有机物成分的质量分数不足 1%，体积分数约为 2%，有机物主要是由蛋白质和脂质组成的，蛋白质分三大类：釉原蛋白、非釉原蛋白（釉蛋白、成釉蛋白、釉丛蛋白等）、蛋白酶（MMP-20、丝氨酸蛋白酶等）。水在成熟牙釉质中质量分数为 $2\%\sim4\%$，体积分数约为 12%，大部分是结合水，少数为游离水。

②　牙本质　又称牙质。它是高度矿质化的特殊组织，硬度仅次于牙釉质，由成牙本质细胞分泌，主要功能是保护其内部的牙髓和支持其表面的牙釉质。其冠部和根部表面分别由牙釉质和牙骨质覆盖。牙本质呈淡黄色，若用显微镜观察，可以见到牙本质中有很多排列规则的细管，称为牙本质小管，管内有神经纤维，当牙釉质被破坏，牙本质暴露后，能感受外界冷、热、酸、甜等刺激，从而引起牙齿疼痛。牙本质大约含有 30% 的有机物和水、70% 的无机物。羟基磷灰石微晶是无机物的主要成分。有机物约含 20%，主要是胶原蛋白，另外还有少量不溶性蛋白质和脂质。

③　牙骨质　一种很薄的钙化组织，主要附着在牙根的表面，颜色为浅黄色。它的硬度和骨骼相似，比牙本质硬度小。牙骨质由有机物、水和无机物组成，其中有机物和水含量占 $50\%\sim55\%$，无机物占 $45\%\sim50\%$。有机物主要成分为胶原蛋白，无机物的主要成分是羟基磷灰石。因为它的硬度不高且一般比较薄，当牙骨质暴露在口腔时，常常易受到咀嚼食物造成的机械性损伤，从而引起过敏性疼痛。

④　牙髓　牙髓是牙体组织中唯一的软组织，即疏松结缔组织，它位于牙髓腔内，借助狭窄的根尖孔与根间组织相连。牙髓腔的外形与牙体形态大致相似，牙冠部髓腔较大，称髓室，牙根部髓腔较细小，称根管，根尖部有小孔，称根尖孔。牙本质是由牙髓形成的，牙髓被牙本质所包围，牙髓有抗感染防御机制和维持牙体营养代谢的功能，所以，如果牙髓坏死，那么牙釉质和牙本质则会失去主要的营养供给而导致自身变得脆弱，牙釉质无光泽且易折裂。

牙髓的血管是颌骨中的齿槽动脉分支形成的，这些血管是通过牙根尖孔进入牙髓，称为牙髓动脉。牙髓神经则来自牙槽神经，它们随着血管从牙根尖孔进入牙髓，然后分化成很多细的分支，最后，神经末梢进入成牙本质细胞层和牙本质中。

（2）牙周组织

牙周组织，即牙齿周围的组织，它包括牙龈、牙周膜和牙槽骨三个部分。

①　牙龈　牙龈是在牙颈周围并且附着在牙槽骨上的牙周组织，通常叫牙床。牙龈由上

皮层和固有层两部分组成，是我们口腔黏膜的一部分。它的作用是保护牙齿的基础组织，同时对防止细菌感染起屏障作用。

② 牙周膜　牙周膜（牙周韧带、牙周间隙）由结缔组织构成，位于牙根与牙槽骨之间。牙周膜的作用是将牙齿与牙槽骨连接，使牙齿可以牢牢固定于牙槽骨中，还可调节牙齿在咀嚼时所受的压力以及缓冲外来的压力，使压力不直接作用在牙槽骨上，所以当我们用力咀嚼食物的时候，不会让大脑遭受震荡。牙周膜还具有韧带的作用，所以称为牙周韧带。

组成牙周膜的是致密结缔组织，由纤维、细胞和基质所构成。牙周膜内也分布着大量的神经、血管和淋巴管等，它们可以提供给牙骨质和牙槽骨所需的营养物质，同时在病理情况下，牙周膜中的成牙骨质细胞和成骨细胞，可以修复并且重建牙槽骨和牙骨质。

牙周膜的厚度大小和它的功能有重要的联系。最厚的位置在近牙槽嵴顶处，最薄的在近牙根端 1/3 处。婴儿还未长出的牙的牙周膜很薄，牙齿出来并承担咀嚼功能后，牙周膜才增厚；老人的牙周膜又会稍稍变薄。一般来说，同一个人的切牙比磨牙的牙周膜要厚。牙周膜如果受到损害，无论牙体是否保持完整，牙齿都无法维持其正常的功能。

③ 牙槽骨　牙根被颌骨包裹的突起部分，也叫牙槽突。牙齿容纳的凹窝称为牙槽窝，而游离端则称为牙槽嵴顶。牙槽骨会随着牙齿的成长而增长，当牙齿因故缺失的时候，牙槽骨也就会慢慢萎缩。骨骼中变化最活跃的那一部分就是牙槽骨，牙齿的自身发育和萌出、咀嚼功能、乳牙的脱换和恒牙的移动等均和牙槽骨的变化有联系。当牙齿在萌出和移动的时候，牙槽骨承受压力那一侧发生骨质吸收，牵引侧的牙槽骨骨质新生。临床上对牙齿畸形的矫正和治疗就是采用的这一原理。

12.1.2　牙病

生活中常见的牙病主要有牙周病、龋齿和牙本质敏感症等（图 12.2）。牙病发病的因素有全身和局部因素两类，其中全身因素包括内分泌失调、代谢障碍和营养缺乏等；局部因素是因为附着在牙齿表面上的沉积物对牙周组织、牙龈和牙齿的作用。这些沉积物总的来说有软、硬两种类型。软的分为牙菌斑和软垢，硬的是钙化的牙结石。常见的龋齿、牙周病的产生和发展与这些牙面的沉积物有紧密的联系，所以这里首先说明这些沉积物的结构和来源。

① 牙菌斑　清洁干净的牙釉质表面与口腔中的唾液（唾液的水分占 99.5%，其余固体成分占 0.5%，唾液的 pH 值为 5.6~8.0，平均 pH 值为 6.7）接触很短时间后，会被一层有机薄膜所覆盖，称为获得性膜。获得性膜主要由唾液蛋白质组成，它的形成机制是蛋白质的选择性吸附。有研究证实，获得性膜的厚度在最初的 1~2h 内增长很快，然后增长速率随时间增长而变慢。获得性膜在一开始 4h 内形成的是无菌的，在 8h 后，其上会逐渐被各种类型的细菌附着，之后随时间推移牙面几乎会全部被微生物细菌等覆盖。随后各种微生物会慢慢进入有机基质中，在牙齿表面生成一种不规则形状的微生物团块，这就是牙菌斑。

牙菌斑是一种非钙化的、致密的、胶质样的膜

图 12.2　牙病

状细菌团，常常分布在牙齿不易被清洁的部位，紧密附着在牙面上，很难被唾液冲洗掉或者在咀嚼时被磨去。

牙菌斑主要包括细菌和基质两部分。其中细菌的种类至少存在 20 种，最常见的细菌有放线菌、链球菌、奈瑟菌和棒状杆菌等。牙菌斑的基质部分主要由有机质和无机质组成。有机质包括多糖、蛋白质和脂肪。无机质大部分是钙和磷，另含有少量的氟和镁，这些物质主要是唾液、食物和细菌的代谢产物。不注重口腔卫生和经常吃黏附性大的食物与蔗糖的人群，牙菌斑形成快。

② 软垢　软垢是黏附在牙齿表面近龈缘处的软性污物，它由唾液中的黏液素、食物的残渣、白细胞、微生物、脱落的上皮细胞、脂类等混合构成。一般在错位牙和龈缘 1/3 处最多。颜色常呈黄色或灰白色，比较容易除掉。

③ 牙结石　牙菌斑经过矿化后形成的硬性物质是牙结石。唾液产生钙盐进入牙菌斑中，一开始为可溶性钙盐，时间久了逐渐变为不可溶性钙盐，这就是牙结石。并不是所有的牙菌斑都要矿化转变为牙结石。牙结石大部分在不易被清洁的牙面生成，主要是唾液腺导管口周围的牙面上，比如下前牙的后面、上颌磨牙的颊面。同时，对于失去咀嚼功能的牙齿来说，如错位牙、单侧无咀嚼功能的牙齿的牙面也很容易沉积。牙结石的附着十分牢固，质地坚硬，除去很困难。

牙结石主要由有机物和无机物两部分组成，其中有机物成分包括黏蛋白、角蛋白、核蛋白、脂肪、糖胺聚糖及数种氨基酸。无机物的含量为 80% 左右，主要是羟基磷灰石，另外还含有微量的锌、铜、铝、钠、银、锡、钡、铬等物质。根据研究表明，牙结石中磷的含量比牙菌斑中高出 3 倍，钙含量也较多。

关于牙结石的形成机理，目前还不完全清楚，可能与以下因素有关。

a. 唾液中存在可溶性的酸式碳酸钙和酸式磷酸钙，当唾液的 pH 值升高时，它们将转变成不溶性的碳酸钙和磷酸钙沉淀出来。所有能导致牙菌斑局部 pH 值升高的原因都将可能是导致钙化的开始。例如，随着唾液的分泌，其所含的二氧化碳也随之进入口腔，导致 pH 值升高；唾液中所含的尿素和氨基酸，在口腔中经过分解而产生氨，也会使 pH 值升高。这就是为什么牙结石在唾液腺导管口周围的牙面上最容易生成。

b. 矿物盐的沉积需要有基质的存在，而基质主要是牙菌斑中的细菌，比如口腔纤毛菌构成支架，吸附钙盐沉积在牙面上。

c. 在牙龈结缔组织中含有磷酸酶，当牙龈有炎症或遭受外伤时，磷酸酶的含量增加，会导致唾液内的磷酸盐沉积。

d. 也有学者认为牙结石的形成与人体代谢活动有联系，比如有些人即使注意口腔卫生，但牙结石仍较易沉积。儿童时期牙结石较少，随着年龄增大牙结石也随之变多。据调查 40 岁以上的成年人，几乎都存在程度不等的牙结石。

e. 一些个人的口腔卫生习惯，如常吃软且细腻的或者含钙、磷较多的食物，摄入较多的蔗糖等都会让牙结石形成得快。

（1）龋齿

龋齿是牙齿在多种因素诱导下，自身硬组织发生慢性进行性破坏的一种疾病。作为近代常见的疾病之一，不分性别、年龄、种族和地区，在世界范围内广泛流行。其中美、英、法、日等国家，龋齿的发病率达到 90% 以上。在我国，龋齿发病率因民族、地区、年龄、性别不同而不同，发病率大概在 45%。龋齿在我国也是一种分布广泛、发病率较高的疾病。

龋齿从牙釉质或者牙骨质的表面开始，逐渐向深层发展，从而破坏牙本质。根据龋坏的程度可将其分为浅龋、中龋和深龋。浅龋的龋坏范围仅限于牙釉质或牙骨质上，未达到牙本质，一般没有临床症状，所以总是没有得到及时的治疗。中龋（范围在牙本质的浅层）进一步发展到牙本质浅层，一般情况无症状，但有时口腔遭受酸、甜、冷或热刺激反应会有疼痛感，刺激消失后疼痛也就随之消失，牙本质龋的发展比牙釉质快。深龋（范围达到牙本质深层）是龋齿已进展到牙本质的深层，接近牙髓腔，此时会对温度、化学物质或食物嵌入洞内的压迫等刺激引起强烈的疼痛反应，刺激移除后疼痛也会消失。

不同的牙齿和牙齿的不同部位对龋病的易感性都有不同，所以患龋率也大不相同。在恒牙列中，患龋率最高的是下颌第一、第二磨牙。乳牙列中，患龋率最高的是乳磨牙。从牙齿的不同部位来看，牙齿上点、隙、裂、沟处等不易清洁、常滞留食物残渣的地方，容易患龋齿。

关于龋齿产生的原因，至今还没完全明确。1962 年凯斯提出了龋齿产生的三联因素，即细菌、食物和宿主。由于龋齿的发生是一种很复杂的慢性过程，通常需要很长的时间积累，就有学者提出在三联因素上增加时间因素，即四联因素。

① 细菌　许多研究表明，细菌是龋齿发生的主要条件之一。虽然口腔中存在的细菌种类很多，但是并非所有的细菌都会导致龋齿。在口腔中的主要致龋菌是变形链球菌，然后是乳酸杆菌和放线菌等可以产酸的菌。细菌通常只有在形成牙菌斑后才会致龋。由于牙菌斑在形成的时候会紧紧附着在牙面上，随后细菌和基质渐渐地增加，伴随着它的代谢产物例如乳酸及醋酸等含量也在提高，这会使得牙菌斑内 pH 值下降；又因为牙菌斑的致密结构，既导致酸不易扩散出牙菌斑，又阻止唾液进入牙菌斑内使酸稀释达到中和作用，牙面就会长期在一个酸性环境中，牙齿就慢慢地会遭受酸的溶解而被破坏。变形链球菌对牙釉质的亲和力很高，同时可以在牙菌斑深部无氧的环境下存活，产生的代谢产物使牙菌斑的 pH 值下降到 4.0~5.0。变形链球菌同多数的致龋细菌一样能产生一种葡糖基转移酶，这种酶的作用是将蔗糖转化为高分子的细胞外多糖，比如葡聚糖，它是牙菌斑的基质组成之一，可以增加细菌与牙面之间的黏附力，从而导致牙菌斑的渗透性大幅度下降。

② 食物　食物中含有的碳水化合物对牙齿的局部作用有重要影响。这种局部作用与摄入的次数、化学因素和物理因素有关。一些低分子量的碳水化合物（如糕点、饼干和糖果等），牙齿咀嚼后非常容易黏附在牙面上，若不及时清理容易被细菌发酵，从而成为致龋的因素。龋齿发病和饮食习惯也有关，比如爱睡前吃糖的儿童容易得龋齿。在所有碳水化合物中，发生龋齿最适合的底物是蔗糖，它可以很快分散进入牙菌斑内，然后致龋菌迅速将一些蔗糖转变成不溶性细胞外多糖，从而形成牙菌斑基质，另一部分蔗糖被细菌分解代谢产生供其自身发育的能量，同时代谢会产生一些有机酸（如乳酸、甲酸等）导致牙菌斑内的 pH 值下降。

③ 宿主　龋齿的产生在宿主这个方面涉及很多因素影响，例如有唾液的流速、含量、成分及牙齿结构和形态、机体自身代谢状况等。一些病患的唾液腺有问题，唾液的分泌量大幅度降低，通常会增加龋齿的发生概率。一些人的唾液中的碳酸氢盐含量很高，对于清洗牙面有很大作用，而且缓冲作用也很强，可以与牙菌斑中的酸性物质中和。有一些唾液蛋白可以参与牙菌斑的生成，为细菌生长繁殖提供营养，增加患病可能。同时不同的牙齿结构、组

成、形态和位置等对龋齿发病也有重要影响。比如在牙齿发育的时候如果营养不良，缺乏身体所需的微量元素、维生素或矿物盐，或因为一些传染病和某些遗传因素，都会影响牙齿组织的结构与钙化，牙釉质矿化的程度越低，龋齿发生率越高。

所以对于龋齿的预防要针对上述因素来进行。如保持自身口腔的卫生，减少致龋物在口腔中的时间；增加宿主的抵抗力，使牙齿的抗酸能力得到提升；抑制可以把糖类变成酸的乳酸杆菌、变形链球菌或者破坏其中间产物；少吃糖类等容易诱发龋齿的食物等，这些在一定程度上都可以预防龋齿的发生。

（2）牙周病

牙周病指的是牙齿的支持组织发生的疾病，它的类型包括牙龈病、牙周萎缩和牙周炎等，牙龈病是最为常见的牙周病。研究表明，牙周病的发病率高达 $80\% \sim 90\%$。牙龈病的作用部位在牙龈组织，其中，慢性边缘性牙龈炎是最常见的牙龈病。临床症状为部分患者牙龈存在肿胀感，大部分患者在牙龈遭受机械刺激（刷牙、谈话、咀嚼食物、吮吸）时，会牙龈出血，也存在一部分患者在睡觉时自发性地出血。牙周病的发展过程是呈周期性发作的，存在着活动期和静止期，如果没有及时地对症治疗，活动期和静止期就频繁交替出现，逐渐破坏牙齿的支持组织。牙周病在一开始的时候往往没有明显症状，所以人们大多不重视。之后任由发展，便发生了牙龈出血、肿胀、疼痛等问题，导致咀嚼功能下降，更甚者丧失牙齿。所以牙周病得尽早采取预防措施。

牙周病主要的诱发原因有以下几点。

① 细菌和牙菌斑　牙菌斑在形成的过程中会慢慢地增厚，导致几天内就诱发边缘性龈炎。当患者有牙龈炎时，不仅牙菌斑量会增加，而且牙菌斑内细菌的数目和比例也与之前不同，主要以革兰氏阳性放线菌数最多。同时细菌自身生成的透明质酸酶、胶原酶、酸性水解酶等有害物质和细菌的代谢产物如胺类、内毒素和硫化氢等，会破坏龈沟上皮，从而引起牙周组织炎症。

② 软垢和结石　软垢形成后，其内的微生物和产物会刺激牙龈引起炎症。牙结石形成后很难去除，会对牙龈造成一种持续性的刺激和压迫，导致牙龈组织的营养代谢出现问题，从而抵抗力下降，不能有效抵御细菌，导致其大量繁殖，诱发炎症。

③ 食物　通常嚼碎食物的时候，食物碎块或纤维会被挤压入牙齿间隙中。不及时清理，会引起牙龈的发炎、牙龈脓肿，更严重的会令深层牙周组织遭到破坏。

④ 咬合创伤　上下牙之间咬合不正、部分牙齿脱落、牙齿过于尖锐等均会造成咬合力与牙周支持力间的不平衡。长期下去导致牙周组织的改变，牙周炎由此产生。

⑤ 全身因素　个人身体的原因比如内分泌失调、营养吸收和代谢障碍，以及全身性疾病（结核、血液疾病）和精神上的疾病等，都会促使牙周病发生。

所以说，对于牙菌斑、软垢和牙结石的形成要做好防治。避免细菌的感染是预防牙周病的关键。

（3）牙本质敏感症

牙本质敏感症又称牙本质过敏症、过敏性牙本质，是牙齿受到外界刺激，如温度（冷、热）、化学物质（酸、甜）以及机械作用（摩擦）等引起的酸痛症状。当用尖锐的探针在牙面上滑动时，可找到一个或数个过敏区，它发作迅速、疼痛尖锐、时间短暂，是各种牙体疾病的共有症状。它主要是牙釉质的完整性受到破坏而暴露牙本质所致，龋齿、牙齿磨耗、牙周萎缩均可导致牙本质过敏。

12.2 牙膏的概述

12.2.1 牙膏的发展

清洁牙齿的重要意义在古代的时候就被重视，公元3000年前，人们就制造了保护牙齿的制品。随时间推移，人们逐步发明并使用牙粉、漱口水等牙齿清洁剂。从古代洁齿产品的产生与发展来看，人们很早就已知道使用摩擦剂来去除牙齿表面的牙垢，通过使用药物抑制口腔中的细菌。十八世纪，英国开始工业化生产牙粉，牙粉正式成为一种商品。1840年，法国人发明了金属软管，作为一些日常用品的包装。1870年，美国人发明了以白垩土为摩擦剂、肥皂为清洁剂、甘油为保湿剂的牙膏。1893年，维也纳人塞格发明了装入软管的牙膏。从此开始，牙膏开始工业化生产并逐渐取代牙粉。早期的牙膏采用肥皂作为洗涤发泡剂，优点是除了具有洗涤、润滑和发泡作用外，也可以作为牙膏内的胶合剂，使其挤出后易成光滑的条形。缺点则是肥皂溶液不稳定，温度的变化导致其在高温时的流质转变成低温时的硬性胶体；而且肥皂碱性比较大，会刺激口腔黏膜，伤害口腔；同时肥皂自身存在难闻的气味和不适的口味，很难得到改善。直到20世纪40年代，许多新的原料（保湿剂、摩擦剂、表面活性剂和增稠剂等）被加入牙膏配方中，与此同时生产工艺也大大改进，促使牙膏工业得到了飞速的发展，其质量不断地得到进步。最具有代表性的就是牙膏配方的表面活性剂由肥皂-碳酸钙型改成十二烷基硫酸钠为主，从单一的洁净牙齿功能向美白、防治牙病等的多功能发展。早在1926年，我国上海就开始生产牙膏（三星牌）。到1978年全国皂基型牙膏被全面淘汰。20世纪80年代以来，我国的牙膏工业进入新时代，在牙膏工业的技术装备上已处于国际高水平。

12.2.2 牙膏的定义和性能

牙膏是和牙刷搭配用来清洁牙齿表面的物质，是以清洁牙齿和保护牙齿为主要目的一种口腔用化妆品。保持良好的刷牙习惯（早晚各一次），可以让牙齿表面洁白、有光泽，保护我们的牙龈，减少龋齿，同时可以减轻口臭。尤其是睡前刷牙，可以减少细菌分解糖类产生的酸对牙釉质的侵蚀，更加有效地保护牙齿。

随着人民生活水平的提高，尤其是对保护牙齿重要意义认识的提高，人们对牙膏的功能和品质要求也逐渐变高。性能优良的牙膏应该具备以下性能。

（1）适度的摩擦力

牙膏的作用之一是清洁牙齿，所以为了除去牙齿表面上的牙菌斑、软垢、牙结石、牙齿缝隙内食物的嵌塞物和美化牙齿，必须要有合适的摩擦力。牙膏的清洁功能主要是来源于牙膏粉末的摩擦力和表面活性剂的起泡去垢力。但是牙膏的摩擦力得合适，摩擦力如果太强就会损伤牙齿的本身，摩擦力太弱，就没有了清洁牙齿的作用。

（2）良好的起泡性

在我们刷牙的时候应该伴随着适度的泡沫。这些泡沫不仅可以让人感觉舒适，同时能够使牙膏可以均匀地快速扩散并且渗透到牙缝以及牙刷刷不到的部位，更有利于污垢的去除。

（3）提升牙齿和牙周组织的抗病能力

性能优良的牙膏，除了一般清洁牙齿的功能，还可以促进牙齿再矿化，从而提升牙齿的抗酸能力，降低龋齿的发生率，对一些牙病还有治疗作用。

（4）抑菌作用

口腔中有许多有害牙齿的致病菌，如前文提到的变形链球菌等，所以可以在牙膏中添加有效的抑菌成分，来抑制口腔内有害细菌的发育，保护我们的牙齿健康。

（5）良好的感官和使用性能

好的牙膏要具有一定的稠度，当牙膏从软管中被挤出时能够呈均匀、细腻、光亮和柔软的条状物，涂抹在牙刷上能维持一定的形状。在刷牙时，既可以覆盖在牙齿上（好的分散性），又不致到处飞溅。刷牙结束时要容易漱洗干净和牙刷容易清洗。

（6）令人满意的香味和口味

牙膏是一种商品。所以不仅要从清洁保护牙齿的角度考虑，还要考虑人们是否喜欢并能接受它，所以牙膏的香味和口味要有舒适、令人满意的感觉。

（7）稳定性

由于牙膏打开后并不会立刻使用完，所以膏体在储存和使用期间必须要有物理、化学稳定性，比如不易腐败变质、pH 值不变、不发硬、不变稀等。

（8）安全性

牙膏的安全性是重中之重，牙膏是需要入口的，即使刷牙后吐出来，也必须保证它的无毒性以及对口腔黏膜没有刺激性。

12.2.3　牙膏的类别

牙膏是一种复杂的混合物，由液相和固相组成。通过加入适度的胶合剂来使固相粒子可以长期悬浮在液相中；通过加入香料和甜味剂来改进口味；通过加入各种药效成分来让牙膏具有防治口腔疾病的作用等。也正是因为牙膏组成的复杂性，所以牙膏有很多种分类。通常按照酸碱度、洗涤发泡剂、香型、摩擦剂、功能、外观等进行分类，如表 12.1 所示。

表 12.1　牙膏的类别

类别	产品
酸碱度	中性牙膏、酸性牙膏、碱性牙膏
洗涤发泡剂	肥皂型、合成洗涤剂型
香型	留兰香型、水果香型、薄荷香型
摩擦剂	碳酸钙型、磷酸氢钙型、氢氧化铝型
功能	普通牙膏、防龋牙膏、抗牙本质敏感牙膏、减轻牙龈问题牙膏
外观	透明牙膏、不透明牙膏

12.3　牙膏的配方组成

　　牙膏（图 12.3）的组成成分主要包括洗涤发泡剂、摩擦剂、保湿剂、胶合剂和其他的添加剂等。不同功能的牙膏有自己不同的一些添加剂，每一种添加剂都有自己独特的功能。

图 12.3　牙膏

12.3.1　洗涤发泡剂

　　洗涤发泡剂也叫作表面活性剂，在牙膏中不仅具有洗涤和发泡的作用，同时还起到在口腔中分散牙膏、乳化、帮助疏水性的组分形成胶束、润湿等作用。表面活性剂通过这些作用，使牙膏在口腔中可以快速扩散和渗透，分散牙齿表面的食物残渣和污垢，令这些残渣污垢可以被泡沫乳化而悬浮，在漱口的时候随着水冲洗掉，以达到清洁牙齿的目的。其次洗涤发泡剂，必须无毒、对口腔没有刺激、无特殊异味。由于价格和口感的因素，只有几种表面活性剂被使用，而且所用的质量分数在 0.5%～2.5% 之间。以下是几种常见在牙膏中作为洗涤发泡剂的表面活性剂。

　　（1）月桂酰肌氨酸钠

　　月桂酰肌氨酸钠也叫十二酰甲胺酸钠。它在牙膏中有洗涤发泡、防止口腔中的糖类发酵的作用，还可以降低酸的生成，来达到防龋的功能。又因为它较好的水溶性，晶体析出温度低，也有稳定膏体的作用。它不但产泡很多，且在漱口时很容易漱清，同时在酸、碱介质中具有稳定性，所以是一种较优质的牙膏表面活性剂。

　　（2）十二烷基硫酸钠

　　十二烷基硫酸钠也叫月桂醇硫酸钠、十二醇硫酸钠、K_{12}，是最常采用的洗涤发泡剂，其泡沫丰富而且稳定，去污能力强，是一种阴离子型表面活性剂。

　　另外，还可以用作牙膏洗涤发泡剂的有：椰油酰胺丙基甜菜碱、2-乙酸基十二烷基磺酸钠、2-乙酸基十四烷基磺酸钠等。椰油酰胺丙基甜菜碱是常见的两性离子型表面活性剂。有时候为了达到期望的发泡效果，会将几种不同的表面活性剂混合使用以形成混合胶束。混合使用表面活性剂时，最为常见的就是把十二醇硫酸钠和椰油酰胺丙基甜菜碱混合使用。

12.3.2 摩擦剂

摩擦剂作为牙膏中的主体原料，是牙膏最为传统的赋形剂，一般在牙膏配方所占质量分数为 $8\%\sim20\%$。摩擦剂的作用是在刷牙时，与牙刷一起摩擦牙面来去除食物残渣、牙菌斑和软垢，阻碍新的污物生成。牙膏摩擦剂的清洁过程受很多因素的影响，比如摩擦剂颗粒的硬度、形状、大小、粒度分布、浓度以及刷牙时所用的力。在牙膏配方中所含摩擦剂的量不仅仅取决于摩擦剂的类型，还取决于设计配方时所想要达到的清洁效果。摩擦剂一般是粉状固体，当刷牙时，在牙刷的刷毛尖上能够捕获摩擦剂的颗粒，当这些摩擦剂颗粒的硬度比牙齿上的污渍（例如牙菌斑、牙结石等）坚硬但比健康的牙釉质柔软时，可以去除污渍，却不会对牙齿表面造成显著的磨损。因此对于粉质颗粒的硬度选择要合适。硬度太小，则摩擦力太弱，起不到净牙的作用；硬度太强，则摩擦力强，对牙齿表面有磨损。一般要求粒子直径在 $3\sim15\mu m$ 之间，莫氏硬度 $2\sim3$ 之间。粒子的结晶应该选用规则晶体形状，且以表面较为平整的颗粒为宜。牙膏摩擦剂颗粒应当满足一定的硬度、粒度均匀、性能稳定、溶解度小、外观洁白、口感舒适、无异味、安全无毒等要求。

（1）碳酸钙（$CaCO_3$）

碳酸钙是普通牙膏最为常用的摩擦剂。这是因为碳酸钙的资源非常丰富，价格相对低廉，是最为经济便宜的牙膏摩擦剂。用作牙膏摩擦剂的碳酸钙分为沉淀碳酸钙和天然碳酸钙两种。

由于沉淀碳酸钙的合成工艺有很多问题，比如反应不彻底、合成产品 pH 值过高、原料煅烧不完全等原因，大部分已经被淘汰。

用作牙膏摩擦剂的天然碳酸钙，主要有方解石与白云石两种，它们的主要成分都是碳酸钙，在大自然经漫长的岁月沉淀后生成。其中方解石的莫氏硬度为 3.0，属斜方晶体。方解石经过粉碎磨细后的平均粒度达 $2\sim6\mu m$，能从 500 目筛孔通过，pH 值为 $9.5\sim10.0$。它经常与摩擦力低的磷酸盐摩擦剂搭配使用。用作牙膏摩擦剂的天然碳酸钙的主要优点是资源丰富，价格低廉。除了氟化物之外，能够与其他活性组分保持较好的兼容性。

（2）无水磷酸氢钙（$CaHPO_4$）

无水磷酸氢钙的莫氏硬度为 3.5，平均粒度为 $12\sim14\mu m$，一般和二水合磷酸氢钙搭配使用，因其摩擦力比二水合磷酸氢钙大，所以通常加入少量（$3\%\sim6\%$）就可以增加二水合磷酸氢钙膏体的摩擦力。它和多数氟化物不相容，含氟牙膏不能添加。

（3）二水合磷酸氢钙（$CaHPO_4 \cdot 2H_2O$）

二水合磷酸氢钙是最常用的牙膏摩擦剂之一，是一种无色、无臭、无味的粉末，可溶于稀释的无机酸内，不溶水。它的莫氏硬度在 $2.0\sim2.5$，粉末平均粒度为 $12\sim14\mu m$，放射性牙本质磨损在 $60\sim75$，属于软性磨料，具有清洁牙齿能力却不损伤牙齿，pH 值在 $7.6\sim8.4$。所以二水合磷酸氢钙是一种比较温和的优良摩擦剂。用它制成的膏体外表美观，但是价格较贵，属于高档产品所用的一类摩擦剂。它适用于无肥皂的中性牙膏，在使用中常常需要添加稳定剂，如硬脂酸镁、磷酸镁、硫酸镁和焦磷酸镁等。因为它易水解成无水磷酸氢钙，进一步变成羟基磷灰石，且它与多数氟化物互不相溶，所以含氟牙膏不能使用它作为摩擦剂。

(4) 焦磷酸钙（$Ca_2P_2O_7$）

焦磷酸钙是白色、无臭、无味的粉末，莫氏硬度在 3.5 左右，pH 值约为 6，可溶于稀释的无机酸，能与水溶性氟化物混合使用，用作牙膏摩擦剂的焦磷酸钙的优点有：具有较高的摩擦值，可以有效地清洁牙齿上的污垢以及食物残渣；与氟化物具有较好的兼容性，可以有效地保持氟离子的活性；耐热性良好。用作牙膏摩擦剂的焦磷酸钙的主要缺点是硬度相对较高，长期使用会对牙齿造成磨损。

(5) 磷酸三钙[$Ca_3(PO_4)_2$]

磷酸三钙是白色、无臭、无味的粉末，平均粒度为 $10\sim14\mu m$，可以与水混溶，但不溶于稀释的无机酸，它对石蕊试纸呈中性或者偏碱性的反应现象。磷酸三钙常常与不溶性偏磷酸钠混合使用。它颗粒比较细致，且制成的牙膏光洁美观，是一种较好的摩擦剂。

(6) 水不溶性偏磷酸钠[$NaPO_3)_n$]

水不溶性偏磷酸钠是白色的粉末，摩擦力大小中等，平均粒度在 $8\sim12\mu m$，它的莫氏硬度在 $2\sim2.5$。一般与钙盐混合使用（如磷酸三钙和磷酸氢钙），两者混合摩擦作用要比各自单独使用的效果好。水不溶性偏磷酸钠与氟化物配伍性也很好。

(7) 氢氧化铝[$Al(OH)_3$]

氢氧化铝是白色或微黄色的粉末，极微溶于水，平均粒度为 $6\sim9\mu m$，莫氏硬度在 $3.0\sim3.5$，稳定性较好，pH 值在大约为 8.0。用氢氧化铝作摩擦剂制成的膏体与二水合磷酸氢钙的膏体作用相差不大，价格却便宜很多。同时与氟化物还有其他功效性成分等有很好的适配性，常用作功能牙膏的磨料。

(8) 二氧化硅（$SiO_2 \cdot xH_2O$）

二氧化硅一般是无色结晶或无定形的粉末，在水或酸中几乎不溶。平均粒度为 $4\sim8\mu m$，二氧化硅类摩擦剂的莫氏硬度在 $2.5\sim5$ 之间，摩擦力中等，属于软性磨料，pH 值为 $7\sim7.5$。它与氟化物配伍性好，应用比较广泛。因为二氧化硅的折射率为 1.45，当与液相的折射率相同时，膏体便呈透明，因此，二氧化硅是唯一的一种透明牙膏的摩擦剂。二氧化硅类牙膏摩擦剂最大的缺点是，它是牙膏摩擦剂中价格最贵的。

(9) 热塑性树脂

热塑性树脂与氟化物不反应，与氧化物有比较好的配伍性，它主要包括聚乙烯、聚丙烯和聚氯乙烯等，通常以分子量在 $1000\sim100000$ 之间，且平均粒度为 $15\sim25\mu m$ 最合适。一般用量为 $30\%\sim45\%$。

12.3.3 保湿剂

不透明牙膏配方的保湿剂一般在配方中占 $20\%\sim30\%$，而透明型牙膏配方则可以达到 75%。保湿剂的作用是减缓膏体中水分的挥发，还可以从潮湿空气中吸收水分，使膏体保持一定的水分、黏度，来改善膏体干燥变硬的程度和降低膏体的冰点。冰点的降低使牙膏在寒冷的地区也可以正常地使用。保湿剂都具有防冻能力，但强弱不相同，如果膏体加入过多保湿剂，会破坏结合水，使胶体黏度大大降低，出现分水的情况，所以保湿剂的加入要适量。常见的保湿剂有山梨醇、甘油、丙二醇、聚乙二醇等，其中山梨醇和甘油呈甜味，而丙二醇则略带有辣味，并且吸湿性很大。聚乙二醇和水混合，体积发生收缩，与此同时能产生热。研究表明，水和聚乙二醇-200 等比混合，温度上升 12℃，与聚乙二醇-400 等比混合则提升 14℃，所以常用这个特点来增溶。

此外，近年来也用木糖醇作为保湿剂，它的优点是可以产生甜味，可以不用加甜味剂。和蔗糖不同的是，木醇糖不会致龋，可以放心使用。

12.3.4　胶合剂

胶合剂的作用是使牙膏中的固体能够稳定地在液相中悬浮。胶合剂可以胶合膏体中的各种原料，使这些原料具有合适的黏度，当从牙膏管中挤出的时候就可以成型，并且使牙膏外观细致光泽，保存牙膏中的水分。胶合剂在配方中的用量一般为 1%～2%。纤维素类、天然树胶或者合成的有机物及无机物都可以作为胶合剂使用。我国比较常用的纤维素类胶合剂有羧甲基纤维素和羟乙基纤维素；合成有机物类胶合剂有聚乙烯醇、聚乙烯吡咯烷酮等；无机物胶合剂则有胶性二氧化硅增稠剂等。使用最多的胶合剂是羧甲基纤维素钠。

（1）羧甲基纤维素钠

羧甲基纤维素钠（CMC）作为使用最多的胶合剂，是一种纤维素的羧甲基化衍生物。外观呈白色纤维状或颗粒状粉末，无味，具有吸湿性，且它的吸湿性和羟基的取代有关。它溶于水或碱性溶液后形成透明的黏胶体。其水溶液的黏度值和 pH 值、羟基的取代度、温度有关。

羧甲基纤维素钠用于牙膏中，通常取代度在 0.8～1.2 之间。羧甲基纤维素钠在水中是解聚过程，即聚合分子的解聚。羧甲基纤维素钠在水中先以粉末状态悬浮，然后逐渐地在水中膨胀达到最高的黏度，最后解聚完成，黏度略微下降。无机盐（如 $NaCl$、Na_2SO_4 等）对羧甲基纤维素钠溶液黏度的影响较大，盐可以阻止 CMC 的解聚导致溶液黏度降低。解决这一问题的办法通常是将 CMC 先解聚后再加入上述盐类。由于 CMC 的解聚过程比较缓慢，所以 CMC 制成的牙膏黏度在储存期间随时间推移，CMC 进一步解聚而继续增高。储存在室温 2～4 个星期内才可达到最高黏度。

CMC 在牙膏制作时常与无机增稠剂配合使用来增加黏度。CMC 是纤维素制品，所以容易被纤维素酶降解。但是纤维素酶又通常用作牙膏原料。为了避免 CMC 被分解，在以 CMC 为胶合剂的牙膏中，应同时加入防腐剂（苯甲酸钠、对羟基苯甲酸酯），来防止 CMC 被酶降解。

（2）海藻酸钠

海藻酸钠也叫褐藻胶，室温下呈现为白色或淡黄色粉末，几乎没有味道，有吸湿性，溶于水成黏稠状胶态溶液，1% 海藻酸钠水溶液 pH 值为 6～8。在 pH 值为 6～9 时黏性较稳定，当溶液温度到 80℃ 以上后黏性开始降低。它可以调节牙膏的黏度，是一种较好的牙膏胶合剂。当海藻酸钠的水溶液与钙离子混合后会反应生成海藻酸钙，海藻酸钙呈胶状，进而沉淀，解决办法是添加一些氟化物、草酸盐、磷酸盐等用来抑制它的凝固作用。海藻酸钠作胶合剂煮沸后应混合防腐剂立即加入配料中，因为它很容易被细菌污染，导致溶液的黏度降低。

（3）鹿角菜胶

鹿角菜胶又称角叉菜胶、卡拉胶，其成分主要是 D-半乳糖聚糖硫酸酯的钠、钾、钙盐，通常是从鹿角菜等红海藻类的水萃取液中制得的，鹿角菜胶主要有三种类型：Lambda 型、Kappa 型和 Iota 型。其中 Lambda 型不可以形成凝胶，另外两种能够形成凝胶。Kappa 型的凝胶容易被机械作用破坏，而 Iota 型凝胶不会被破坏。其中钾离子的凝胶作用是最强的。Kappa 型和 Iota 型的熔点也有区别，前者熔点为 $50\sim55℃$，后者为 $85\sim92℃$，显然 Iota 型牙膏受温度影响小，所以通常选用 Iota 型的鹿角菜胶用作牙膏的胶合剂。

鹿角菜胶很容易分散在聚乙二醇、甘油和山梨醇中，它无需加热就可以在水中溶解形成真溶液。形成真溶液凝胶会使所制成的牙膏光洁有硬度却不黏稠。用鹿角菜胶作胶合剂制成的牙膏有优良的挤出性、香味释放性和易漱洗，是一种优良的胶合剂。同时鹿角菜胶和牙膏中的其他成分相容性好，不易被酶所降解，也常用于含酶制剂的防腐牙膏中。

（4）羟乙基纤维素

羟乙基纤维素（HEC）是由棉纤维经过碱化处理后，与环氧乙烷经烷基化反应生成的。因为环氧乙烷有可能会在一个羟基上聚合成长链，所以引入摩尔取代度（MS），它是指每个失水葡萄糖单元上连接的氧乙烯分子的平均数。通常用于制作牙膏的 HEC 的 MS 数在 $1.8\sim2.5$ 之间。

HEC 同 CMC 一样能被酶降解导致黏度丧失，所以使用 HEC 时应该加入防腐剂来阻止降解。

HEC 与 CMC 的不同之处在于其结构中的羟乙基为非离子型，所以水溶液有黏合和成膜等功能。$1\%\sim2\%$ 的 HEC 水溶液搅拌 $20\sim60min$ 就可达到最高黏度。HEC 的溶解速度与溶液的 pH 值和温度有关，同样的 HEC 在 pH 值为 8 时比 pH 值为 7 时的溶解速度快至少一倍，当处于 $35℃$ 时的溶解速度比 $5℃$ 时快两倍左右。

HEC 常和其他胶合剂如 CMC 等配合使用，共同产生增稠效应。HEC 能在高浓度的盐溶液中溶解，与盐有良好相容性。但在硫酸钠、磷酸二氢钠、硫酸铝溶液中 HEC 会生成沉淀。HEC 与功能牙膏和有盐类添加剂的牙膏很适配。

（5）胶性二氧化硅

胶性二氧化硅有粒度极细、比表面积大和成链性等特点。用胶性二氧化硅作牙膏胶合剂具有很好的触变性和抗酶能力，还有优秀的功效成分协调性和防止膏料腐蚀铝管等优点。但胶性二氧化硅的黏度不够，常需搭配其他有机增稠剂，才能达到好的黏度和膏体成型性。

 思考题

12-1　牙体组织和牙周组织由哪几个部分组成？

12-2　谈一谈牙周组织的作用分别是什么。

12-3　牙病主要由哪些因素引起的？

12-4　简述龋齿产生的四联因素。

12-5　简述诱发牙周病的原因。

12-6　简述一下牙膏的定义。

12-7　摩擦剂的作用是什么？

第 13 章

芳香类化妆品

从人类懂得美容开始，就从未放弃过对芳香气味的追求，古有香妃因一身香气袭人而得香妃美誉，而今则有芸芸众生对芳香类化妆品情有独钟。芳香类化妆品又被称为赋香化妆品，主要是指以散发香气为功效的产品，能散发出较浓郁、强烈且宜人的芳香，同时又具有爽肤、抑菌、消毒或其他作用，受到人们的广泛喜爱。香气是嗅觉的记忆，可以被用作标识人生中记忆的符号，也能给予人们愉悦的嗅觉享受，营造美好的氛围。学习有关香料、调香方法、香精和芳香类化妆品分类方面的知识，能够对芳香类化妆品有一个更全面细致的了解。

13.1 芳香原料

能够散发出令人愉快舒适的香气的物质被称为芳香原料，简称香料。所谓香气，是芳香物质挥发产生的；而香料是调配香精的原料，所以人们也称香精为调和香料，在实际使用中，常常是将多种香料按一定比例调和成香精，这个过程就叫作调香，再将调出的香精用到各种加香化妆品中去，给使用者带来嗅觉上的享受。

要了解芳香类化妆品，就要从芳香原料开始说起。什么样的物质能挥发或升华产生让人愉悦舒适的香气呢？

挥发，是液体在低于沸点温度下变为气体向四周散发；升华，是固态物质不经液态直接变为气态。一般来说，分子量越大的物质沸点越高，分子中有不饱和键的物质熔沸点比含饱和键物质的熔沸点要低，芳香原料的分子量通常较小，在 26～300 之间。而芳香原料芳香的秘诀就在于发香团，发香团是指能对嗅觉产生不同的刺激，赋予人们不同的香气感觉的官能团。被认为具有发香团的一些主要基团见表 13.1。

表 13.1 主要的发香团

有香物质	发香团
醛	—CHO
硝基化合物	—NO_2
酯	—COOR
硫氰	—SCN

有香物质	发香团
内酯	—COO—
硫醇	—SH
异硫氰化合物	—NCS
醚	—O—

不同的发香团具有不同的气味，这些发香团以不同方式组合可使香料发出独特的芳香气味，同一种发香团在分子中的位置不同、距离不同、环化或异构化不同，都会使香味产生明显的差别，如果能探究出影响香味的微观原因，那么就能够通过设计分子结构和化学反应进行新型芳香类化合物的合成。

譬如大名鼎鼎的古龙香水，其实是含有龙涎香与 2%～3% 精油含量的清淡香水，而龙涎香是抹香鲸肠内分泌物的干燥品，难以获得，经过化学家们的努力，现已大部分被化学合成物取代。

为了方便了解芳香原料，人们根据来源和制法将其分为了天然香料和单体香料两大类，天然香料又分为动物性天然香料和植物性天然香料，单体香料又分为合成香料和单离香料。

13.1.1 天然香料

天然香料是自然界中原始而未加工过的动植物发香部位或通过物理方法进行提炼而未改变其原来成分的香料，可分为动物性天然香料和植物性天然香料两大类。在我们日常生活中就有随处可见的天然香料，比如薄荷油、肉桂、茴香、八角、桂皮、玫瑰、茉莉、甘松、檀香等，有的是中药药材，有的是美味食材，有的是精油原材料。

中国使用天然香料作为化妆品的历史悠久，中国科学院大学考古学与人类学系杨益民教授团队与山西省考古研究院合作，在运城市垣曲县北白鹅女性贵族墓地发现周朝化妆品铜盒，当中分析检测到大量动物油脂、植物精油及朱砂等成分，这证明在周朝就有使用天然香料作为化妆品。

在国外，天然香料作为化妆品也有数千年的历史，在开罗博物馆中有一个来自公元前3500 年埃及皇帝晏乃斯陵墓中的油膏缸，其中的膏质仍有香气，似是树脂或香膏。

(1) 动物性天然香料

动物性天然香料是比较珍贵的天然香料，主要有四种：麝香、灵猫香、海狸香和龙涎香。它通常以乙醇制成酊剂，并经存放令其圆熟后使用，在调香中除起圆和、谐调、增强香气等作用外，还有使香气持久的定香作用，因此，绝大部分香水或其他香氛产品中往往会加入动物性天然香料或其替代合成香料。

① 麝香 麝香来源于麝科动物林麝、马麝或原麝成熟雄体香囊中的干燥分泌物，在固态时具有强烈的恶臭味，用水或乙醇高度稀释后有独特的动物香气。麝香不仅能入药，还能够平衡香水配方，增添温暖气息，在香水配方中起到固香剂的作用，降低香水的挥发速度，使得香水发散得更平稳，增强香水持久性，因此在香水中广泛应用。

麝香的主要有效香气成分是麝香酮，化学名称为 3-甲基环十五烷酮，大约占麝香的2.2%，分子式为 $C_{16}H_{30}O$，为微黄色油状液体，有特殊香味，极微溶于水，能与乙醇混溶。

麝香还含有 5-环十五烯酮、3-甲基环十五烯酮、环十四酮、5-环十四烯酮、麝香吡啶、麝香吡喃、胆固醇、各类离子、粗纤维、脂肪酸、尿素和水等成分。

② 灵猫香　灵猫香来源于灵猫科动物的香腺分泌物，具有强烈的令人愉快的麝香气味，有着抗炎、镇痛、行气、活血、安神等作用，也对香精有缓和、生动、增鲜和定香的作用，是常用的香精原料。在医学上主治心腹疼痛、梦寐不安、疝痛、骨折疼痛。

灵猫香的主要有效成分为灵猫酮，别名猫酮，化学命名为 9-环十七烯酮，分子式为 $C_{17}H_{34}O$，为白色针状晶体，熔点为 $13\sim32℃$，沸点为 $342℃$，在极度稀释时有强烈而令人愉快的麝香香气，结构式如图 13.1 所示。

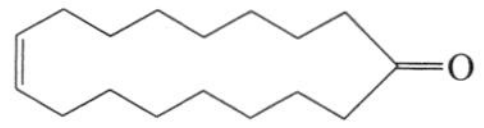

图 13.1　9-环十七烯酮

灵猫香还含有大分子环酮（如环十五酮、麝香酮、环十七酮等）、十一烯醛、辛酸、壬酸、3-甲基吲哚、丙胺、吲哚及几种未知的游离酸类。

③ 海狸香　海狸香是从河狸生殖器官附近的梨状腺囊里面，用乙醇提取的一种红棕色奶油状分泌物。原始气味是强烈而腥臭的，仅逊于灵猫香，经过高度稀释后具有令人愉快的温和的动物香气，用于日用香精中，有协调及定香的作用。

海狸香成分比较复杂，这取决于河狸的年龄、生长环境、取香时间和摄取食物的种类等等，主要含有醇类、酚类、酮类等，包括海狸香素、苯甲酸、苯甲醇、对乙基苯酚、海狸香胺、三甲基吡嗪、水杨苷、四甲基吡嗪和喹啉衍生物、胆固醇、安息香酸、酚等。

④ 龙涎香　龙涎香，在西方又称灰琥珀，是一种呈阴灰色或黑色的固态蜡状可燃物质，来源于抹香鲸肠道的分泌物，实际上是未能消化鱿鱼、章鱼的喙骨，在肠道内与分泌物结成的固体。

原始的龙涎香黑而软，气味难闻，不过经阳光、空气和海水长年洗涤后会变硬、褪色并散发微带壤香、海藻、木香和苔香的气息（类似异丙醇的气味），使用其配制的香水、香精，不仅香气柔和，而且留香持久（大概是麝香的 $20\sim30$ 倍）、美妙动人，是极其珍贵的定香剂，价比黄金。

龙涎香的主要香气成分有龙涎香醇和二氢-α-紫罗兰酮等。

天然的动物香料十分珍贵，也导致了人类对四类动物的大肆捕杀。麝和河狸是我国国家一级保护野生动物，抹香鲸被世界自然保护联盟列为易危物种，是我国的国家二级保护野生动物，灵猫也是国家一级保护野生动物，已全部濒临灭绝。目前人类正在开辟动物香料的获取途径，采取人工养殖、活体采集的途径获取天然动物香料，但哪怕是活体采集，也会对动物造成极大的痛苦和伤害。由于环境和安全的因素，动物香料现已被合成替代物取代。

（2）植物性天然香料

大部分天然香料属于植物性香料，植物性香料是以芳香植物的花、果、叶、枝、皮、根、茎、种子等含有精油的器官及分泌物为原料，经物理方法提取出来的多种化学成分的易挥发芳香物，是芳香植物的精华。2003 年经中华人民共和国卫生部（现国家卫生健康委）批准使用的《中国已使用化妆品成分名单》中列出植物原料（含中药）共计 563 种，2021年版《已使用化妆品原料目录》收载的植物原料多达 3400 种，约占总收载原料的三分之一，可见天然植物在化妆品中的地位。植物香料之所以被广泛应用在化妆品中，主要是因为植物香料中含有多种类型和功效的成分，通过添加到化妆品中，可以使化妆品拥有不同的气味和功效。

① 根据有香成分　可以将植物性天然香料分为 4 类：萜类化合物；芳香族化合物；脂肪族化合物；含氮、硫化合物。

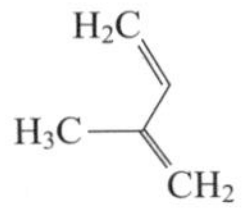

图 13.2　异戊二烯

a. 萜类化合物　萜类化合物就是指广泛存在于自然界中的天然产物化合物，以异戊二烯（结构式如图 13.2 所示）为基本结构单元，其具有$(C_5H_8)_n$ 的通式，含氧和饱和度相异。此类化合物大多不溶于水而亲脂性良好，易溶于乙醇、丙酮、苯、石油醚等有机溶剂，易与酸产生水解反应。萜类化合物成苷后水溶性提高，易溶于热水。

根据碳原子骨架中碳原子个数可分为单萜、倍半萜和二萜、三萜和多萜。如香叶醇、柠檬醛、香茅醇、薄荷醇、松节油、樟脑、冰片等为单萜，金合欢醇、牻牛儿酮为倍半萜类、叶绿醇、甜菊苷为二萜类，角鲨烯、甘草次酸为三萜类，植物性天然香料中的大部分有香成分都是萜类化合物。

b. 芳香族化合物　芳香族化合物最初是指一类具有苯环结构的有机化合物，它包括芳香烃及其衍生物，如卤代芳香烃、芳香族硝基化合物、芳香醇、芳香酸、类固醇等。但现代芳香族是指碳氢化合物分子中至少含有一个带离域键的苯环，具有与开链化合物或脂环烃不同的独特性质（芳香性）的一类有机化合物，所以芳香族化合物不一定都含有苯环，如酚酮、二茂铁。

芳香族化合物结构稳定，热稳定性强，不易分解，部分具有强烈的毒性，易发生亲电取代反应。因此，植物性香料中的芳香族化合物要用于化妆品中，须要求芳香族化合物为无毒无害或者低毒。

在植物性天然香料中，芳香族化合物占比仅次于萜类化合物。如苯乙醇、香兰素、苯甲醛（低毒）、肉桂醛、茴香脑、丁子香酚、百里香酚、黄樟油素等都属于芳香族化合物，在各类精油中占有相当比例。

c. 脂肪族化合物　脂肪族化合物是链状烃类（开链烃类）及除芳香族化合物以外的环状烃类及其衍生物的总称。脂肪族化合物是按碳链分类的一种，包括开链化合物和碳环化合物中的脂环化合物，在有机化学中与芳香族化合物共同构成碳氢化合物。所以脂肪族化合物涵盖了烯类、烷烃类、醇类、醚类、酮类、醛类、酯类等，来自动植物的胆固醇、萜类等物质也属于脂肪族化合物，因为萜类化合物的独特作用，才将其单独分类。

在植物性天然香料中，脂肪族化合物的含量和作用一般不如萜类化合物和芳香族化合物，常见的脂肪族化合物有叶醇、叶醛、肉豆蔻酸、玫瑰醚、芸香酮等。

d. 含氮、硫化合物　顾名思义，也有部分芳香物质属于含氮、硫化合物，其中的发香团包括：硫氰化合物（—SCN）、异硫氰化合物（—NCS）、异腈（—NC）、硝基（—NO_2）、氨基（—NH_2）等。含氮、硫化合物在植物性天然香料中含量很少，常见的有吲哚（常见于茉莉花、水仙花等天然花油）、吡嗪（如花生油中有 2-甲基吡嗪）、二甲基硫醚（常见于姜油）、异硫氰酸丙烯酯（常见于芥子油）等。

② 根据主要来源部位　可以将植物性天然香料分为以下几类：花类天然香料、叶类天然香料、果实类天然香料、树脂类天然精油、树皮类天然精油、木质类天然精油、根类天然精油。

a. 花类天然香料　花类天然香料主要是指来源于茉莉、薰衣草、玫瑰等芳香植物花朵的天然精油，香味独特且强烈，对皮肤温和无刺激，安全可靠，还有较好的亲和性和保湿性，常常用作化妆品添加剂，使化妆品具有特殊功效和香味。它也是芳香类化妆品中香精的重要原料，可用于调配各种洗发水和香水。常见花类天然香料产品有：橙花精油、玫瑰精油、茉莉精油、薰衣草精油等等。

b. 叶类天然香料　叶类天然香料使用较多，仅次于花类天然香料，代表产品有苦橙（酸橙）叶、香叶、芳樟叶、薄荷、迷迭香等精油。

苦橙叶精油萃取自橙树的叶及嫩芽，最先是从未成熟的果子而非叶子蒸馏而来的，具有交替的木质香和花香，持续性强，有杀菌效果。其美容功能在于调节皮肤功能，清除皮肤的瑕疵，如粉刺、青春痘、头皮屑等，减轻皮脂分泌，并给人一种镇静、抚慰的感觉。

香叶精油具有玫瑰和香叶醇样香气。甜蜜，微清，香气稳定而持久，其主要成分有香叶醇、香茅醇、芳樟醇、异薄荷酮、薄荷酮、甲酸香叶酯、甲酸香茅酯、橙花醛、柠檬醛、丁香酚、异戊醇等，外观为绿黄色至琥珀色澄清液体，用途广泛，主要用于日用香精。

芳樟叶精油功效强大，既可安抚情绪，又能激励心肺功能循环，既可改善血压和肠道炎症，又能助便助尿，既可减轻风湿疼痛，又能缓解烧伤溃疡。在美容上能改善肤质，有效祛痘。当然也有杀虫作用，但用芳樟叶精油杀虫大材小用。

薄荷精油具有清凉、润喉、去口臭和舒缓身心的作用，热时能清凉，冷时可温暖身躯，因此是治疗感冒的一剂良药。同时，对呼吸道和消化道也十分有益处，使人闻之提神、脑中清凉而舒展。在美容上可以调理不洁肌肤，清除黑头粉刺，对油性肤质也有极佳效果，除此之外，薄荷精油可以收缩血管，从而达到舒缓瘙痒、发炎、灼热和柔软肌肤的功效。

迷迭香叶带有茶香，味辛辣、微苦，可用于烹饪增香或泡茶，现也广泛应用于化妆品中。除了具有独特香气外，其提取物还是一种萜酚类抗氧剂，主要抗氧化成分是迷迭香双醛、鼠尾草酚、迷迭香酚，抗氧化作用极强，能有效延长产品的使用寿命，减少配方中防腐剂的含量。迷迭香提取液中的有效成分还与天然有机脂具有很强的亲和性，因此，迷迭香常与有机脂配合使用制成凝脂产品。此外，迷迭香是著名的有收敛功效的植物，可以清洁毛囊，并能够让毛孔更细小，让皮肤看起来更细腻。

c. 果实类天然香料　果实类天然香料主要指芸香科柑橘属植物的果实，如甜橙、酸橙、葡萄柚、柠檬、柑橘、福橘等，这些植物的果实精油具有令人愉悦的天然柑橘香气，可以舒缓神经、杀菌消炎，在美容上应用广泛，不仅具有调香赋香的作用，还是美白、保湿、祛痘类化妆品和香水等产品的天然香料。

③ 根据主要成品形态　可以将植物性天然香料分为 6 类：精油、浸膏、净油、香树脂、油树脂和酊剂。

a. 精油　精油是从植物原料经水蒸馏或水蒸气蒸馏，或柑橘类水果的外皮经机械法加工、干馏等其中任何一种方法所得的产物。也可以说精油是从香料植物或泌香动物中加工提取所得到的挥发性含香物质的总称，因其是具有挥发性特征芳香的油状液体，又称挥发油。精油通常采用水蒸气蒸馏法制取，少数采用冷榨、冷磨、脂吸、萃取方法获得，呈透明澄清，无色至棕褐色，具有易燃性和热敏性，一般不溶或微溶于水，易溶于有机溶剂，大多数精油的密度小于水。

将精油的有效成分加以稀释所得的产品称为复方精油，未经稀释的称为单方精油。

将精油中有效成分加以浓缩所得产品称为浓缩精油，如二倍浓缩橙花精油等。由于精油中的萜烯（一种有香成分）易氧化变质，将萜烯成分除去后称为除萜精油。除萜精油水溶性较好，是配制水溶性香精的重要原料。有些精油含有不良气味或色素，甚至有不安全成分。通过蒸馏或真空精馏处理得到的产品叫精制精油，而使用人工调配的方法制作出的精油叫配制精油。

纯天然植物精油有很多作用，对嗅觉神经、皮肤作用、呼吸系统、消化系统、肌肉和骨骼、内分泌系统、生殖系统都有良好的作用，且无香精，不含化学色素、防腐剂、矿物油脂、不良化学成分，所以是天然无刺激不致敏的。

b. 浸膏　浸膏通常是指用有机溶剂浸提（萃取法）不含有渗出物的香料植物组织中所得的香料制品，成品中不含原用的溶剂和水分，是具有特征香气的黏稠膏状液体或半固体物，有时会有结晶析出。浸膏所含成分常较精油更为完全，但含有相当数量的植物蜡和色素，在乙醇中溶解度较小，使用上受到一定限制，通常制成净油或脱色的浸膏。常用的有茉莉花、桂花等浸膏。

c. 净油　以纯净乙醇作溶剂低温萃取浸膏，再经过冷冻除蜡制成的产品叫作净油。可直接用于配制各种高档香水。常用的有晚香玉、茉莉等净油。

d. 香树脂　以乙醇等有机溶剂萃取某种芳香植物器官的干燥物（包括由香膏、树胶、树脂等渗出物），从而获得的有香物质的浓缩物叫作香树脂。香树脂多半呈黏稠液体，有时呈半固体，如安息香香树脂等。

e. 油树脂　用食用挥发性溶剂萃取辛香料，制成既含香、又有味的油状制品，呈黏稠液体或半固体。油树脂多数作食用香精，如生姜油树脂等。

f. 酊剂　在化妆品中，用天然芳香物质作原料，浸在一定浓度纯净乙醇中经静置过滤所得的溶液称为酊剂，如麝香酊、排香草酊、枣子酊、橙皮酊等。酊剂制备简单，易于保存，但因溶剂中含有较多乙醇，因此应置遮光容器内密封，在阴凉处贮藏。酊剂久置产生沉淀时，在乙醇和有效成分含量符合该品种项下规定的情况下，可过滤除去沉淀，但是在使用上也有一定局限性。

13.1.2　单体香料

天然香料的获取往往受自然条件的限制，容易造成产量和质量的不稳定，不能满足人类的需求，且过度地捕猎、采集和砍伐也会对自然环境造成难以估量的损失，不符合人与自然和谐相处的可持续发展准则，因此合成香料得以发展。

合成香料具有化学结构明确、产量大、产品种类丰富、价格低廉等特点，既弥补了天然香料的不足，又增加了有香物质的来源，因此成为日常化妆品中的重要原料。

单体香料分为单离香料和合成香料，用物理或化学的方法从精油中提取出的香料称为单离香料，如从薄荷精油中分出的薄荷醇就是单离香料，俗称薄荷脑；利用某种天然香料经化学反应或使用基本化工原料进行合成的叫作合成香料，如使用乙炔、丙酮等原料合成芳樟醇。正是通过了解单离香料的化学结构，才逐渐有目的性地合成出合成香料。

单体香料通常按照有机化合物的官能团分类，主要有烃类、醇类、醚类、酸类、内酯类、酯类、醛类、酮类、腈类、酚类、杂环类及其他各种含硫、含氮化合物。

常用的单体香料如表 13.2 所示。

表 13.2 常用的单体香料

分类	有代表性的香料及香气		
	香料名	化学结构式	香气
烃类	柠檬烯		具有类似柠檬或甜橙的香气
萜类醇	薄荷脑	（OH）	具有较强的薄荷香气和凉爽的味道
芳香族醇	苯乙醇	CH_2CH_2OH	具有玫瑰似的香气
脂肪酸酯	乙酸芳樟酯	H_3CCOO	具有香柠檬、薰衣草似的香气
芳香酸酯	苯甲酸丁酯	$COO(CH_2)_3CH_3$	具有水果香气
脂环族酮	α 紫罗兰酮	O	具有强烈的花香,稀释时似紫罗兰的香气
大环酮	环十五酮	$(H_2C)_{12}C=O$	具有强烈的麝香香气
芳香族酮	甲基-β-萘基甲酮	$C=O$，CH_3	具有微弱的橙花香气
萜类酮	香芹酮	O	具有留兰香似的香气
萜类醚	芳樟醇甲基醚	OCH_3	具有柠檬香气
芳香醚	茴香脑	$H_3CHC=CH$—OCH_3	具有茴香香气
脂肪族醛	月桂醛	$CH_3(CH_2)_{10}CHO$	具有似紫罗兰的强烈而持久的香气
萜类醛	柠檬醛	CHO	具有柠檬似的香气
芳香族醛	香兰素	HO—CHO，H_3CO	具有独特的香荚兰豆香气
缩醛	柠檬醛二乙缩醛	HC，OC_2H_5，OC_2H_5	具有柠檬型香气
脂肪族羟基酸内酯	γ-十一内酯	$H_3C(H_2C)_6$——O，$=O$	具有桃子似的香气
芳香族羟基酸内酯	香豆素	O，O	具有新鲜的苦橙皮香气

续表

分类	有代表性的香料及香气		
	香料名	化学结构式	香气
大环内酯	十五内酯	$(CH_2)_{11}$ $C=O$ O	具有强烈的天然麝香的香气
含氧内酯	12-氧杂十六内酯		具有强烈的麝香香气
杂环类	吲哚		在极度稀释时具有茉莉花样香气

13.2 化妆品香精

天然香料很少直接用于加香产品，在实际生产中更多的是使用合成香料。合成香料品种多，产量大，价格低，但香气比较单一，不能直接用于加香产品，所以才有了香精。香精是用多种香料按照一定比例调和而成的，所以也称调和香料，这个调和香料的过程就叫作调香。香料是香精的原料，而香精则是赋予化妆品以一定香气的原料，是制造有香化妆品的关键，给使用者带来嗅觉上的享受。

13.2.1 化妆品香精的分类

（1）按香精的用途分

香精按用途可分为日用香精、食用香精和其他用途香精三大类，化妆品香精按照用途可以分为：香水类化妆品用香精、液洗类化妆品用香精、牙膏用香精、粉类化妆品用香精、膏霜类化妆品用香精、油蜡类化妆品用香精。

（2）按香精的香型分

香精按香型可分为花香型、非花香型、酒用香型、烟用香型和食品用香型五大类，后面三种不用于化妆品。

① 花香型　花香型香精又可分为金合欢、茉莉、香石竹、丁子香、菊花、晚香玉、玉兰、水仙、葵花、橙花、风信子、刺槐花、玫瑰、铃兰、桂花、栀子、依兰、紫罗兰、薰衣草等香型。

② 非花香型　非花香型香精包括麝香、檀香、粉香、幻想型、木香、各种果香型、各种酒香型及奶油、香草、杏仁、薄荷、咖啡等食品香型等。其中大多果香型香精是模仿果实的香气调配而成的。如苹果、梨、葡萄、草莓、橘子、樱桃、柠檬、香蕉等。

③ 酒用香型　常用的酒用香型香精有米香型、清香型、酱香型、浓香型、威士忌酒香型、朗姆酒香型、金酒香型、白兰地酒香型等。

④ 烟用香型　常用的烟用香型香精有薄荷香型、桃香型、蜜香型、可可香型、南味克香型、乌尼拉香型、朗姆香型、山茶花型等。

⑤ 食品用香型　在饮料中最常用的是果香型。在糖果、糕点中常用薄荷香型、杏仁香型、胡桃香型、香草香型、可可香型、咖啡香型、奶油香型、奶油太妃香型、焦糖香型等。在方便面中则多用肉香型、海鲜香型等。

(3) 按香精的形态分

香精按形态可分为液体香精和粉末香精两大类。液体香精又可分为水溶性香精、油溶性香精和乳化香精三种。

① 水溶性香精　水溶性香精可用在香水、花露水、化妆水、牙膏、乳化体类等化妆品中，是指将天然香料、合成香料调和而成的香基用乙醇或乙醇水溶液溶解而成，常用的溶剂为 $40\% \sim 60\%$ 的乙醇水溶液，有时也加甘油、丙二醇、丙三醇等其他溶剂。水溶性香精也常用于软饮料、冰制食品和酒类。

② 油溶性香精　油溶性香精是将天然香料和合成香料溶解在油性溶剂中或者直接用天然香料和合成香料调配而成的。所用溶剂有两种：一种是天然油脂，如花生油、菜籽油、橄榄油等，另一种是有机溶剂，常用的有苯甲酸苄酯、三乙酸甘油酯、棕榈酸异丙酯等。用于膏霜、唇膏、发油、发蜡等化妆品中的油溶性香精一般是由有机溶剂和香料互溶而配制成的。

③ 乳化香精　乳化香精由少量的香料在表面活性剂和稳定剂作用下与大量的主要成分形成。通过乳化可以抑制香料的挥发，大量用水而不用乙醇或其他溶剂，降低了成本，因此乳化香精的应用发展很快。

乳化香精中起乳化作用的表面活性剂有单硬脂酸甘油酯、大豆磷脂、失水山梨醇脂肪酸酯、聚氧乙烯木糖醇酐硬脂酸酯等。另外，果胶、明胶、阿拉伯树胶、琼脂、淀粉、海藻酸钠、酪蛋白酸钠、羧甲基纤维素钠等在乳化香精中，可起乳化稳定剂和增稠剂的作用。

乳化香精在糕点、糖果、巧克力、果汁、冰激凌和奶制品等食品中十分常见，但长期大量食用并不健康。在发乳、发膏、粉蜜等化妆品中也经常使用。

④ 粉末香精　粉末香精可分为固体香料磨碎混合制成的粉末香精、粉末状单体吸收香精制成的粉末香精和由赋形剂包裹而形成的微胶囊粉末香精三种类型。粉末香精广泛用于糕点、固体饮料、固体汤料、快餐食品、休闲食品、香粉、香袋中，在爽身粉、妆粉、香粉等化妆品中也常常用到。

13.2.2　香精的组成

(1) 按香料在香精中的作用分

按香料在香精中的作用可分为：主香剂、辅助剂、和香剂、修饰剂、头香剂、定香剂。

① 主香剂　主香剂也称为主香香料，是香精主体香韵的基础，也是构成各种类型香精香气的基本原料，在配方中用量最大，因此起主香剂作用的香料香型必须与所要配制的香料香型相一致，但找到这种特征性香料非常困难，需要不断积累并及时吸收新的研究成果。在

香精的配方中，主香剂可以是精油、浸膏、油树脂、单体香料和（或）它们的混合物。

② 辅助剂　辅助剂也称配香原料。主要作用是弥补主香剂的不足。添加辅助剂后，可使香精香气更加芳香，以满足不同类型消费者对香精香气的需求。

③ 和香剂　和香剂也称为协调剂，可以调和各种成分的香气，使主香剂的香气更加明显突出，圆润香气，因此，用作和香剂的香料香型应和主香剂的香型相同。

④ 修饰剂　修饰剂也称变调剂，其香料香型与主香剂的香型不同，可以使香精变化格调，增添某种新的香韵。

⑤ 头香剂　头香剂也称顶香剂，有着挥发性高、香气扩散力强等特点，其作用是使香精的香气更加明快、透发，给人一个良好的第一印象。常用的头香剂有辛醛、十一醛、十二醛、癸醛、壬醛等高级脂肪醛以及柑橘油、柠檬油、橙叶油等天然精油。

⑥ 定香剂　定香剂也称为保香剂，是一种香气持久、挥发较为缓慢又能抑制其他易挥发性香料的挥发速度的香料，能使整个香精的挥发速率减慢，又能使香精的香气特征或香型始终保持一致，以保持香气持久。

它可以是一种单一的化合物，也可以是两种或两种以上化合物的混合物，还可以是一种天然的香料混合物；可以是有香的物质，也可以是无香的物质。定香剂的品种较多，动物性天然香料如龙涎香、麝香、灵猫香和海狸香等；植物性香料如檀香油、鸢尾油、秘鲁香香树脂、吐鲁香膏、安息香香树脂、苏合香香树脂、橡苔浸膏等，都有着沸点较高、挥发度较低的特点；合成香料如合成麝香、多元酸、酯类等，有着分子量较大或分子间作用力较强、沸点较高、蒸气压较低的特点。

（2）按香气感觉分

按香气感觉可分为头香、体香、基香。

① 头香　头香也称为顶香，是人们对香精嗅辨时最初片刻所感受到的香气特征，头香挥发速度快，持续时间短。用于头香的香料称为头香香料，一般由香气挥发性强的香料所构成。头香香料留香时间短，在评香纸上的留香时间在 2h 以下。头香能赋予人们最初的愉悦感，轻快而生动，使香精富有感染力。

② 体香　体香也称为中香。是在头香之后被嗅到的香气，而且能在很长的时间里保持稳定。用于体香的香料称为体香香料，是由具有中等挥发速度的香料所形成的，在评香纸上的留香时间为 2～6h。体香香料是香精的主体组成部分，它代表着香精的主体香气。

③ 基香　基香也称为底香、残香、尾香，是有香物质的头香和体香挥发后，最后留下的香气或香味。用于基香的香料称为基香香料，一般是由沸点高、挥发性低的香料或定香剂所组成的，留香时间长，在评香纸上的留香时间超过 6h。基香能给人以温暖感和柔美感，如动物香、琥珀香、木香、豆香、膏香。

13.2.3　调香的方法

调香是将香料调配成香精的艺术，也称为调香术、调香技艺或调香技术。在日用品香精领域，调香主要考虑香精的香气效果和对皮肤的安全性。调香师们创造香精，是依靠嗅觉去调配的，难以准确地分析，带有浓厚的艺术风格，调和后，各种香料的香气和谐地融合在一起甚至升华，因而调香是经验的、创造性的、神秘的、趣味的、艺术的。

调香首先要掌握常用的几百上千种单体香料以及近百种香基的香气特征，要掌握几十种成功的香精的性能和香气特征，通过运用香韵的分类、香气的相互作用等知识，练好辨香基本功。

在熟悉了辨香之后，就要开始运用辨香知识，将多种香料按适宜的比例和顺序调配成所需要模仿的香气或香味，这个过程称为仿香。仿香既可以模仿天然精油又可以模仿成品香精，但模仿时需要注意不能侵犯他人专利权。仿香可以参考一些成分分析的文献，也可以使用仪器进行成分分析。

仿香时，首先要明确所配制香精的香型和香韵，以此作为调香的目标。其次是按照香精的应用要求选择质量等级相应的头香、体香和基香香料，在确定了香型和用量之后，调香从基香部分开始，这是调香最重要的一部分，加入基香后便制成了各种香型香精的骨架结构，然后加入组成体香的香料，最后加入头香部分。这是因为基香的挥发性最弱，头香的挥发性最强，且头香和体香的加入可以遮蔽前面成分的不佳气味。

在加入后一步香料的过程中，随时可能对已初步确定的前一步香料的配比进行轻微调整，目的是使香气更加和谐、持久和稳定。经过反复适配和香气质量评价后，再加入加香介质进行检验，对其持久性、稳定性、安全性进行观察和评估，并根据评估结果对香精配方进行调整，最终确定香精配方和调配方法。

对于高级调香师来说，他们的重大使命之一就是创香，即设计创造出一种香气新颖、和谐的香精，来满足某一特定产品的加香需要，并尽量方便、经济。

调香师的职业资质共分三级：助理调香师、调香师、高级调香师。需要逐级进行职业资质考试。具体要求可参见国家职业资格培训教程。

13.2.4　香精香料的稳定性和安全性

（1）稳定性

香精、香料的稳定性在于香气或香型的稳定性和其物理、化学性能的稳定性，即需要持久散发香精香料原来的味道，又不能散发太快或太慢，更不能变味。

天然香料的稳定性差，因为天然香料是多种成分的混合物，各组分物理、化学性质都不一样。而单体香料的稳定性强一些，在不受外界条件的过多影响（如受光、受热和污染）下，香气或香型具有稳定性。

香精是由单体香料、天然香料按照一定比例调和而成的，所以香精各组分的物化性质很不相同，且彼此还会发生复杂的反应和变化，影响香精的稳定性。要让香气或香型在整个挥发过程中保持一致，必须经过试验和实践检验，有时候哪怕香精稳定，但加入加香产品中却不稳定。影响香精不稳定的因素可以归纳为以下几个方面。

① 香精组分之间反应，如酯化反应、酚醛缩合反应、醇醛缩合反应等。

② 香精组分与空气之间反应，如醇、醛、不饱和键和氧气的氧化反应。

③ 香精组分的光反应，如某些醛、酮、含氮化合物的光稳定性弱。

④ 香精组分与加香介质组分之间的物化反应或配伍不溶性等，如因酸碱度改变而发生的水解、皂化、析出等反应。

⑤ 香精组分与加香产品包装容器材料之间的反应等。

总之，香精与香料的稳定性是一个细致的问题，需要经受住试验和实践的考验。这要求在选择头香、体香和基香时，调香师就要考虑组分的物化性能和比例，经过不断的试验修改，才能得到稳定的配方。

（2）安全性

化妆品是长时间、连续地与皮肤直接或间接接触的，因此安全一直是化妆品最重要的要求，而化妆品的安全与原料的安全性密切相关。

化妆品用香精应满足国家药监局颁发的《化妆品安全技术规范（2022 年版）》，也可参考国际日用香料协会的实践法规。

根据《化妆品安全技术规范（2022 年版）》，微生物指标应符合下列规定：

① 眼部化妆品、口唇化妆品和儿童化妆品菌落总数不得大于 500CFU/mL 或 500CFU/g。

② 其他化妆品菌落总数不得大于 1000CFU/mL 或 1000CFU/g。

③ 每克或每毫升产品中不得检出耐热大肠菌群、铜绿假单胞菌和金黄色葡萄球菌。

④ 化妆品中霉菌和酵母菌总数不得大于 100CFU/mL 或 100CFU/g。

根据国际日用香料协会的要求，应对每一种香料进行以下六个方面的实验：

a. 急性经口毒性试验；b. 皮肤刺激性试验；c. 眼睛刺激性试验；d. 急性经皮毒性试验；e. 皮肤接触过敏试验；f. 光敏中毒和皮肤光敏性作用试验。

13.3　芳香类化妆品的分类、使用和保存

芳香类化妆品又称香水类化妆品，主要由香精、乙醇和水等成分构成，该产品能散发出宜人芳香。芳香类化妆品的使用可以追溯到公元前 1500 年，埃及艳后就已经开始用 15 种不同气味的香水。17 世纪，路易十四时代是法国香水与香料产业的巅峰期，因为人们没有沐浴的习惯，贵妇常常使用香水来掩盖身上的气味。到了 18 世纪，意大利人法理那所制造的著名的"科隆之水"（古龙水），一直沿用至今。

13.3.1　芳香类化妆品分类

芳香类化妆品按照物理状态可以分为 3 类：固体香水、液体香水和乳化香水。

图 13.3　固态香膏

（1）固体香水

简单来说，固体香水就是固态的蜡状香膏，所以它也叫固态香膏（图 13.3），固体香水通常以天然油脂、蜂蜡、香精等材质凝固制成。固体香水除固化剂（硬脂酸皂）外，还有一些不挥发的溶剂，如多元醇（甘油、丙二醇等），是固化剂的良好溶剂，加大用量可以增强耐寒性和增塑性，涂在皮肤上会形成薄膜，不易干燥且能防止硬脂酸皂形成粉层。

固体香水的优点如下。

① 留香持久　固体膏体不易挥发，留香时间久。

② 成本低　固体香水的装载容器可以做成塑料等材质，降低成本，也便于携带。

③ 使用便捷　携带方便，不用担心破漏，使用方式为涂抹式，只需要轻轻一擦便可，方便补香。

④ 夏季的更好选择　由于男人的汗腺发达，炎热的天气出汗厉害，传统喷洒的液体香水，很容易会和汗水、体味混合产生异味，反而得不偿失。因此，对于喜欢香水的男士而言，固体香水是夏季里最好的选择。

⑤ 刺激性比较小　相对于液体来说，固体香水的香气总体上更加内敛柔和，香味表现能力较弱，因为不含乙醇，味道不会浓烈张扬，也不会刺激肌肤。

(2) 液体香水

液体香水是香料溶于乙醇中的制品。有时根据需要，还可以加入微量的色素、抗氧剂、杀菌剂、甘油、表面活性剂等添加剂。液体香水根据香精浓度可分为 5 类：香精、香水、淡香水、古龙水、清香水。

① 香精　赋香率为 18%～25%，持续的时间可达 7～9h 之久，价格昂贵且容量小，通常都是 7.5mL 或 15mL 的包装，国内鲜少人使用。

② 香水　赋香率为 12%～18%，持续的时间 3～4h。价格也略高。

③ 淡香水　赋香率为 7%～12%，持续的时间 2～3h。价格最便宜，也是最常见、最被广泛使用的。

④ 古龙水　又称科隆水，现在赋香率为 5%～10%，乙醇浓度为 80%～85%，持续的时间为 1～2h。

⑤ 清香水　也称清凉水，在各个香水等级中香精含量最低，为 1%～3%。剃须水和体香剂都属此等级。

可以看出，液体香水的留香时间较短，需要经常补香，但液体香水的香味表现能力最为突出。

(3) 乳化香水

乳化香水是一种含有浓香的乳浊液体或半固体的香水，香精含量一般为 5%～10%，比普通香水低。它的主要成分是香精、乳化剂和多元醇以及蜡类物质（鲸蜡、蜂蜡），香精含量应尽可能少，因为用量越多乳化体越难稳定。高级乳化香水的混合香精含有花香精油、香树脂和动物性保香剂。

乳化香水中如果含有较多的芳香油，也会导致乳化体的不稳定，常用阴离子型表面活性剂（硬脂酸皂等）、非离子型表面活性剂（多元醇类、聚氧乙烯醋类等）和阳离子型表面活性剂（鲸蜡基三甲基氯化铵等）能形成稳定乳化体的乳化剂来配制。

从上文不难得出乳化香水的配制难度高的结论了，那么它与液体香水相比有哪些优点呢？首先，乳化香水和固体香水一样不含乙醇，从而避免了乙醇对皮肤的刺激；其次，乳化香水由于含有保香作用的蜡类物质，会比液体香水具有更持久的保香效果；再次，乳化香水中的多元醇能够滋润皮肤，因而具有香味和护肤的双重效果；最后，乳化香水由于具有一定的黏度和稠度，组织光滑细腻，不留油污，因而使用更加方便。

13.3.2 芳香类化妆品的使用和保存

芳香类化妆品是一种烘托气氛的化妆品，适当地喷洒能给人以温馨的气息，但使用香水应考虑场合的不同，平时不宜使用香味过浓的香水，也不能几种香水混合使用，混合使用会使每种香水都失去特色。

一般使用香水的方法是避免直接喷洒或涂抹在皮肤上，但可在手腕和膝盖的内侧、耳朵的后侧等处涂抹（图13.4），也可喷洒到衣服或手帕上。

图 13.4 香水使用方法

芳香类化妆品应注意密封保存，使用后要立即盖上瓶盖，存放在避光阴凉处，因为香水中的成分易挥发，且会与氧气反应，在日光或高温下容易分解。

 思考题

13-1 天然香料和合成香料各自的安全性如何？

13-2 芳香族化合物都具有毒性吗？

13-3 香精和精油分别是什么？

13-4 精油属于原料还是化妆品？

13-5 怎样才能成为一名合格的调香师？

第14章

彩妆类化妆品

彩妆类化妆品主要是指用于面部、眼部、唇部及指甲等部位，以掩盖缺陷、赋予色彩或增强立体感、美化容貌的一类化妆品。彩妆类化妆品能够使人的眼、鼻、唇、面部轮廓、皮肤体现出不同要求的美。化妆，能够使人表现出人物特有的自然美；能够改善人物原有的"形""色""质"，增添美感和魅力；更能够作为一种艺术形式，呈现一场视觉盛宴，表达一种独特的感受。随着社会的进步和人民生活水平的提高，人们对于美、对于形象外貌的追求不断地攀升，对彩妆类化妆品的兴趣日益增加，美容化妆之风的兴起，已经成为许多女性甚至是男性日常生活中必不可少的一部分。

根据使用目的和使用部位的不同，彩妆类化妆品可分为唇部用化妆品、眼部用化妆品、指甲用化妆品及面颊修颜化妆品等。

14.1 唇部用化妆品

唇部用化妆品是指能够赋予唇部色彩及光泽、防止干裂、增加魅力的一类化妆品，主要有唇膏、唇彩和唇线笔等。

14.1.1 唇膏

唇膏是涂敷于嘴唇，使其具有红润健康的色彩并对嘴唇起滋润保护作用的产品，是将色素溶解或悬浮在脂蜡基内制成的。优良的唇膏应当对唇部皮肤无刺激，对人体无毒、无害，膏体表面细洁光亮，软硬适度，易于涂抹，且涂抹后感觉舒适，无油腻感，色泽鲜艳、均一，香气适宜，附着性良好，不易褪色，涂敷后无色条。

（1）色素

唇膏用的色素有溶解性染料、不溶性颜料和珠光颜料，三者可以合用或者单独使用。

① 溶解性染料　常用的溶解性染料是溴酸红染料，包括四氯四溴荧光素、二溴荧光素。溴酸红染料不溶于水，能溶于油脂，染红嘴唇并使色泽持久，单独使用它制成的唇膏表面是橙色的，但涂到嘴唇上，由于 pH 值的改变，会变成鲜红色，这就是变色唇膏。溴酸红溶解一般需要借助溶剂，普遍采用的是蓖麻油和多元醇的部分脂肪酸酯，其中的羟基对溴酸红有较好的溶解性，最理想的溶剂是乙酸四氢呋喃酯，但其有一些特殊臭味，不宜多用。

② 不溶性颜料　不溶性颜料主要是一种极细的固体粉粒，经搅拌，研磨后混入油、脂、

蜡基体中，制成的唇膏在口唇上能留下一层艳丽的色彩，具有较好的遮盖力。但附着力不佳，所以必须与溴酸红染料同时使用。一般用量在 8%～10% 之间。这类颜料有铝、钡、钙、钠等的色淀和氧化铁的各种色调，以及类胡萝卜素、鸟嘌呤、炭黑、云母、铝粉等。

③ 珠光颜料　由于鱼鳞的鸟嘌呤晶体价格高，故采用少，现多用合成珠光颜料，如云母-二氧化钛膜、氯氧化铋等。

（2）基质原料

唇膏的基质由油、脂、蜡类原料组成，也称脂蜡基。唇膏的基质除需具有对色素的溶解性外，还要有一定的触变特性，即有一定的柔软性，容易涂抹于唇部并形成均匀的薄膜，能够使嘴唇滋润而有光泽，没有特别油腻或者干燥不适之感，更不会向外化开，同时成膜后受温度影响较小。所以，必须选用油、脂、蜡类原料。

① 油类　主要包括精制蓖麻油、高碳脂肪醇类、聚乙二醇-1000 等。其中，精制蓖麻油是唇膏中最常用的油脂原料，聚乙二醇-1000 对溴酸红的溶解性很好。

② 脂类　主要包括单硬脂酸甘油酯、高级脂肪酸酯类等。高级脂肪酸酯类有棕榈酸异丙酯、硬脂酸戊酯、肉豆蔻酸异丙酯等。

③ 蜡类　主要包括巴西棕榈蜡、可可脂、地蜡、矿脂、液体石蜡、无水羊毛脂等。

（3）香精

唇膏用香精要求芳香、甜美、适口。气味的好坏直接影响到消费者的喜爱与否。唇膏用的香精必须慎选，一般选用味道清雅的香精，常选用茉莉香型、玫瑰香型、紫罗兰香型以及水果香型等。除此之外，要求香精无刺激性、无毒，应选用允许食用的香精。

唇膏主要有原色唇膏、变色唇膏和无色唇膏三类（图 14.1）。其中，原色唇膏最普遍，常见的有大红、桃红、橙红、玫红等颜色。

图 14.1　唇膏

图 14.2　唇彩

14.1.2　唇彩

唇彩，也称唇蜜（图 14.2）。唇彩是液态唇膏，唇彩与唇膏两者使用目的相同。相比于唇膏，唇彩更加受欢迎，因为唇彩让唇部湿润透亮、立体感强，其最大特点就是色彩自然丰富，并且使用起来效果突出。但唇彩容易脱妆，应注意使用场合。

主要成分包括成膜剂、溶剂、增稠剂、色素等。成膜剂有乙基纤维素、乙酸纤维素、聚乙酸乙烯酯、硝酸纤维素等水溶性高分子化合物，能够在嘴唇表面形成薄膜而覆盖嘴唇原色；溶剂主要是乙醇、异丙醇等；增稠剂常用凡士林、山梨醇、己二酸二异辛酯等，可以改善成膜的可塑性，提高黏度，增强柔性。

唇彩既可制成不透明型的，也可制成透明型的。不透明型唇彩选用蜡类做增稠剂。色素一般选用珠光颜料、无机颜料，这类色素一般不溶解，唇彩中需加入高分子分散剂，使色素在基料中分散并保持稳定，也可以提高唇彩的附着力。透明型唇彩则选用二氧化硅、聚丁烯、聚异丁烯等做增稠剂，色素一般选用油溶性色素。唇部皮肤相对较薄，并且不具有黑色素，缺乏自我保护功能。所以，唇彩还引入了附加功能如保湿、防晒和延缓衰老等。

14.1.3　唇线笔

唇线笔是用于勾画唇部边缘轮廓，使唇形更为清晰饱满，是为了给人以美观细致的感觉而使用的化妆用品。唇线笔的笔芯是将油、脂、蜡和颜料混合好，经研磨后在压条机内压注而成，最后黏合在木杆中，制成类似铅笔一样的产品。使用时需用削笔器把笔头削尖。笔芯要求硬度适中、画敷容易、色彩自然、使用时不易断裂。

14.2　眼部化妆品

在面部美容中，眼部美容处于极其重要的地位。眼部化妆品是对眼睛（包括睫毛）进行必要美容和化妆的用品，以弥补和修饰缺陷，使眼睛更加传神、更加活泼美丽、富有感情、明艳照人。眼部化妆品是在整体美中给人留下难忘印象的一类化妆品，主要有眼影、眼线笔、眉笔、睫毛膏等。

14.2.1　眼影

眼影是涂抹在上下眼皮及外眼角，形成阴影，从而塑造眼睛轮廓、使眼睛更加传神的彩妆类化妆品，主要有眼影粉、睫毛膏、眼影液等。

（1）眼影粉

眼影粉（图 14.3）类同胭脂，在眼影制品中较为流行，大多是将各色的粉末在小浅盘中压制成型后，装在化妆盒中使用。其原料、配方组成及配制方法和粉质块状胭脂基本相同。常用的粉质原料有滑石粉、高岭土、硬脂酸锌、碳酸钙、二氧化钛、无机颜料、珠光颜料以及胶合剂等。滑石粉不能含有石棉和重金属，应选择滑爽及半透明状的或者透明片状的。碳酸钙具有不透明性，适用于无珠光的眼影粉块。颜料采用无机颜

图 14.3　眼影粉

料，如氧化铁红、氧化铁棕、氧化铁黄、炭黑、群青等。胶合剂的量根据颜料品种和配比的不同而各不相同，颜料配比较高，则适当提高胶合剂的用量。胶合剂主要用羊毛脂、液体石蜡、棕榈酸异丙酯、高碳脂肪醇等。

（2）眼影膏

眼影膏类同胭脂膏，是颜料粉均匀分散于油、脂和蜡的混合物制成的膏状眼影，或均匀分散于乳化体系的乳化制成品，可根据需要制成不同的颜色，通常有棕色、灰色、蓝色、绿色、珍珠光泽等。各种颜色的颜料配方可参考如下。

蓝色：群青 75%，钛白粉 25%。

绿色：铬绿 40%，钛白粉 15%。

棕色：氧化铁 85%，钛白粉 15%。

如需要紫色，可以在蓝色颜料内加入适量洋红。色泽深浅可以通过增减钛白粉的量来调节。

膏状眼影适合干性皮肤，乳化制成品适合油性皮肤。眼影膏的使用不及眼影粉普遍，但其化妆持久性方面优于眼影粉。

眼影膏的参考配方如表 14.1 所示。

表 14.1　乳化型眼影膏配方实例

组分	质量分数/%	组分	质量分数/%
矿脂	25.0	甘油	5.0
羊毛脂	5.0	三乙醇胺	3.8
蜂蜡	3.5	颜料	适量
硬脂酸	10.0	去离子水	加至 100.0

（3）眼影液

眼影液是以水为介质，将颜料分散于水中的一类制品。具有价格低廉、涂敷方便等特点，但要使颜料均匀稳定地悬浮于水中并不容易，通常会加入增稠剂，如硅酸铝美、聚乙烯吡咯烷酮等，可以避免固体颜料沉淀。同时，聚乙烯吡咯烷酮在皮肤表面能够形成薄膜，对颜料有黏附作用，使其不易脱落。

14.2.2　眼线

眼线是在上下睫毛底部用眼线笔画成的细长线，用来突出眼睛轮廓、衬托睫毛、加强眼影的阴影效果，使眼睛看上去大而有神。上部用黑色，下部用深褐色，这样使眼睛看起来更为自然。画眼线的彩妆产品主要有眼线笔、眼线液、眼线膏、眼线粉等。

（1）眼线笔

眼线笔是最传统的画眼线的工具，颜色选择比较全面并且上色较容易。它具有一定的柔软性，且当汗液和泪水流下时不致化开而导致晕妆。眼线笔是油、脂、蜡类和颜料混合配制而成的，经过研磨压条制成笔芯，黏合在木杆中，使用时用削笔器将笔头削尖，硬度由加入蜡的熔点及用量调节。

（2）眼线液

眼线液有三种类型，分别是 O/W 型眼线液、抗水性型眼线液和非乳化型眼线液。眼线液一般配合眼线笔使用，用眼线笔细巧的尖端蘸取眼线液，从眼角内部开始拉眼线，然后在眼睑、眼尾部分轻轻描画，可以清晰层次、加强眼睛轮廓。眼线液通常会加入天然水溶性胶质原料、合成水溶性胶质原料或不溶于水的乙酸乙烯酯、丙烯酸树脂等原料，制成不抗水或抗水的眼线液，这些物质能稳定颜料，防止颜料沉淀，使用后可成膜，容易卸妆。

① O/W 型眼线液　在流动性好且易干燥成膜的乳液中，加入色素和少量滑石粉制成。色素一般是具有良好分散性能的黑色素，使制成的眼线液具有良好的流动性。加入增稠剂如硅酸铝镁、天然水溶性胶质或合成水溶性胶质等以防止固体颜料沉淀。然而 O/W 型眼线液缺乏抗水性能，遇到水时易溶化。

② 抗水性型眼线液　由含颜料的乙酸乙烯酯、丙烯酸树脂等在水中乳化而成。涂描后，待水分蒸发，乳化树脂即形成薄的皮膜，耐水性较强，且颜料不会渗出，卸妆时只要用水小心将薄膜剥落即可，不会污染眼睛轮廓。向其中加入各种乳剂稳定剂，以改善制品的稳定性，但必须注意与其他原料的配伍性。所选用的树脂类必须不含未聚合的单体化合物，以避免对皮肤造成刺激。

③ 非乳化型眼线液　用水作介质，无油、脂和蜡分，主要是用虫胶做成膜剂，用三乙醇胺溶解虫胶，三乙醇胺的虫胶皂是水溶性的，亦可用吗啉代替三乙醇胺。采用虫胶-吗啉制成的眼线液待部分吗啉挥发后，残留少量肥皂的眼线液具有优良的抗水性，比采用三乙醇胺-虫胶皂为主制成的眼线液抗水性能好很多。

14.2.3　眉笔

眉笔是供画眉用的美容化妆品，可以增浓眉毛的颜色，画出与脸型、肤色、眼睛协调一致的眉毛。

眉笔的主要成分是石蜡、蜂蜡、地蜡、矿脂、巴西棕榈蜡、羊毛脂、可可脂、炭黑颜料等。将上述油、脂和蜡制成蜡块，在压条机内压注成笔芯，并黏合在两块半圆形木条中间，呈铅笔状，这种是铅笔型眉笔。使用时通常像铅笔那样用削笔器将笔头削尖。当然，有时把笔芯圆条装在细长的金属或塑料管内，这种是推管式眉笔，使用时可以用手指将笔芯圆条推出来。

眉笔以黑、棕二色为主，要求软硬适度、容易涂画、不易断裂、长期储存笔芯不起白霜、色彩自然。

（1）铅笔型眉笔

铅笔型眉笔的笔芯和铅笔的笔芯类似，其硬度是由所加入蜡的量和熔点调节的。其制法是：将油、脂和蜡混合熔化后加入颜料，不断搅拌均匀，倒入盘内冷却凝固，切成薄片，经研磨机磨两次，再由压条机制成笔芯。开始，笔芯较软且韧，但放置一定时间后，会逐渐变硬。

（2）推管式眉笔

将颜料、适量的矿脂和液体石蜡研磨均匀成浆状，将余下的油、脂和蜡混合后加热熔化，再加入颜料浆，搅拌均匀后，浇入模子中冷却，即制成笔芯。将笔芯插在笔芯座上，使用时用手推动底座即可将笔芯推出来。

图 14.4　睫毛膏

14.2.4　睫毛膏

睫毛膏也叫眼毛膏（图 14.4），是增加睫毛光泽和色泽、使睫毛浓密纤长的化妆品，有增强立体感、烘托眼神的作用。根据外观形态不同，分为固体块状、乳化型的膏霜状和液体状等不同种类。固体块状在使用时需要将小刷用水润湿后，在固体块状上轻刷膏体，然后涂刷在睫毛上；膏霜状和液状则可以用小刷直接涂刷，使用比较方便。睫毛膏的质量要求是容易涂刷，在睫毛上不会流下，没有结块和变硬的感觉，并且对眼睛无刺激，容易卸妆等。

睫毛膏的颜色以黑色和棕色为主，常用颜料有炭黑和氧化铁棕等。固体块状睫毛膏是将颜料与肥皂及其他油、脂、蜡等混合而成，肥皂多用硬脂酸三乙醇胺盐，它能减少刺激。膏霜型则是在膏霜基质中加入颜料而制成的。除了块状和乳化型产品外，也可将极细的颜料分散悬浮于油类或胶质溶液中制成液态产品。睫毛膏中还可以添加少量天然或合成纤维，一般为 3%～4%，能够增加使用后增长睫毛的效果。

14.3　指甲用化妆品

指甲用化妆品是通过对指甲的修饰、涂布来达到美化、保护指甲作用的化妆品，主要有指甲油、指甲漂白剂、指甲油清除剂、指甲抛光剂和指甲保养剂等，其中使用最多的是指甲油和指甲油清除剂。

14.3.1　指甲油

指甲油（图 14.5）是用来修饰、美化指甲的化妆品，它在指甲表面形成一层耐摩擦的薄膜，能够保护、美化指甲。

指甲油的质量要求是容易涂布，成膜速度快，且形成的膜均匀、无气泡；颜色均匀一致，光亮度好，耐摩擦，不开裂，能牢固地附着在指甲上；无毒，不会损伤指甲，同时涂膜要容易被指甲油清除剂去除。

要满足以上要求，指甲油应具有下列组成：成膜剂、树脂、增塑剂、溶剂、颜料

图 14.5　指甲油

等。其中，成膜剂和树脂对指甲油的性能起关键作用。

（1）成膜剂

成膜剂主要由一些合成或半合成的高分子化合物组成，品种有很多，有硝酸纤维素、乙酸纤维素、乙酸丁酯纤维素、乙基纤维素、聚乙烯化合物、聚丙烯酸甲酯等。其中最常用的是硝酸纤维素，它在硬度、附着力、耐磨性等方面均优良。不同规格的硝酸纤维素对指甲油的性能会产生不同的影响，在指甲油中最好用含氮量为 $11.2\%\sim12.8\%$ 的硝酸纤维素，而硝酸纤维素是易燃易爆的危险品，储运时通常用约 30% 的酒精湿润。硝酸纤维素容易收缩变脆，光泽较差，附着力不强，因此还需加入树脂以改善光泽和附着力，加入增塑剂增加韧性以减少收缩，使涂膜柔软、持久。

（2）树脂

树脂能够增加硝酸纤维素薄膜的亮度和附着力，是指甲油成分中不可缺少的原料之一。指甲油用的树脂有天然树脂和合成树脂，但由于天然树脂的质量不稳定，所以近年来多采用合成树脂，常用的合成树脂有醇酸树脂、氨基树脂、丙烯酸树脂、聚乙酸乙烯酯和对甲苯磺酰胺甲醛树脂等。其中，对甲苯磺酰胺甲醛树脂对膜的厚度、附着力、流动性、光亮度、抗水性等均具有不错的效果。

（3）增塑剂

增塑剂又称软化剂，能够使涂膜柔软、持久，并且减少膜层的收缩和开裂现象。指甲油用的增塑剂有磷酸三甲苯酯、磷酸三丁酯、苯甲酸苄酯、柠檬酸三乙酯、邻苯二甲酸二辛酯、樟脑和蓖麻油等。其中，最常用的是邻苯二甲酸酯类。

（4）溶剂

指甲油中的溶剂应当能够溶解成膜剂、树脂、增塑剂等，能够调节指甲油的黏度以获得适宜的使用感，并要具有适宜的挥发速度。如果挥发速度太快，会影响指甲油的流动性，产生气孔、残留痕迹等，也会影响涂层外观；如果挥发速度太慢，会使流动性太大，成膜太薄，干燥时间太长。

能满足上述要求的单一溶剂是不存在的，一般使用的是混合溶剂。以硝酸纤维素作为成膜剂的指甲油为例，所用的溶剂有以下三类。

① 真溶剂　单独使用能溶解硝酸纤维素的溶剂，主要有酯类、酮类等。

② 助溶剂　单独使用无溶解性，与真溶剂合用能够增加溶解性，并且能改善指甲油的流动性，主要有醇类。

③ 稀释剂　单独使用对硝酸纤维素完全没有溶解能力，与真溶剂合用能够增加树脂的溶解能力，并且能调整产品的黏度，降低指甲油的成本。常见的有甲苯、二甲苯等。

（5）颜料

颜料除了能够赋予指甲油以鲜艳的色彩外，还起到不透明的作用。一般采用的是不溶性的颜料。可溶性染料会使指甲油和皮肤染色，不宜选用。珠光剂一般采用天然鳞片或合成珠光颜料。如果要生产透明指甲油则一般选用盐基染料，可适当加一些无机颜料如二氧化钛等，增加遮盖力。

14.3.2　指甲油清除剂

指甲油清除剂是用来除去涂在指甲上的指甲油膜的。可以用单一的溶剂，也可以用混合溶剂，可适当加入油、脂、蜡及其他类似物质，可以减少溶剂对指甲的脱脂而引起的干燥感。

14.4　面颊修颜化妆品

面颊修颜化妆品是指应用于面部的彩妆化妆品，主要包括粉底类（粉底霜、粉底乳液等）、胭脂类（胭脂、胭脂膏、胭脂水等）以及香粉类（香粉、粉饼、香粉蜜等）三大类。爽身粉并非是美容化妆品，但由于配方结构与香粉类相似，故也在本节介绍。

14.4.1　粉底类化妆品

粉底是供化妆敷粉前打底用的一类化妆品，其作用是保持水分、滋润肌肤、遮盖瑕疵、调节肤色、修正容颜，可使皮肤显得细腻白皙，富有立体感，也可使香粉能更好地附着在皮肤上。

（1）粉底的配方组成

粉底配方中一般有粉质原料（二氧化钛、滑石粉、颜料等）、表面活性剂（主要为阴离子型及非离子型表面活性剂）、滋润剂（矿油、硅油、羊毛脂等油质原料）、营养剂（植物提取精华）、高效保湿因子等原料。

（2）粉底的分类及特点

粉底的品种很多、分类方法也很多。按形态分类可分为粉底液、粉底霜、粉饼等；按基质体系分类又可分为水性粉底、油性粉底、乳化型粉底等。

① 水性粉底　水性粉底是将粉质、保湿剂、滋润剂、颜料等原料分散于水中制成的。水性粉底的配方比较轻柔，贴合皮肤，透明感强，但是遮盖力较弱，适用于油性、中性及干性皮肤。

② 油性粉底　油性粉底主要由油质原料和粉质原料等组成，不含水分。其具有较好的铺展性、遮盖性和黏附性，能够形成耐水性涂膜，因此通常适合舞台妆打底、浓艳的晚会妆以及掩盖皮肤缺陷时使用。同时，由于油性粉底中含有较高的油性成分，其能预防皮肤干燥，适合干性皮肤以及在秋冬干燥时使用。

③ 乳化型粉底　这类粉底中油脂原料和粉质原料的含量可自由调节。乳化剂的加入，使其具有较好的铺展性、黏附性、滋润性且无油腻感等特点，因此备受欢迎。常用的乳化剂有阴离子型及非离子型表面活性剂。而乳化型粉底按形态分类又可分膏霜状粉底和乳液状粉底两种。

a. 膏霜状粉底　膏霜状粉底（图 14.6）是将粉体原料均匀分散在膏霜状乳化体系中制作而成的，具有较强的遮盖力和修饰作用，更能够掩饰细小皱纹，可以分为 W/O 型和

O/W 型。O/W 型粉底霜黏度较低，没有油腻感，适用于油性皮肤，容易卸妆，但也易与皮脂、汗液融合，妆后持久性不强。W/O 型粉底霜油腻性较强，且有黏滞感，适用于干性皮肤，但以二甲基硅氧烷为外相的 W/O 型粉底霜，无油腻感，且妆后持久性良好，作为夏季粉底化妆品广受欢迎。

b. 乳液状粉底　乳液状粉底的原料组成与膏霜状粉底相似，但是与膏霜状粉底相比，含有较多的水分，所以外观是乳液状的。乳液状粉底黏度较低，触变性好，很易在皮肤上分散铺展，其具有清爽舒适、自然

图 14.6　膏霜状粉底

清新及鲜嫩的使用感，但是相比之下膏霜状粉底的遮盖力更好。

14.4.2　香粉类化妆品

香粉是涂敷于人体皮肤表面的粉状化妆品，加有着色剂和香料，呈浅色或白色。它可以掩盖面部皮肤表面的缺陷，调整面部皮肤的颜色，使皮肤滑爽舒适，柔和面部曲线，吸收皮肤分泌的过多油脂，预防紫外线辐射对皮肤造成的损害。优质的香粉容易涂敷、均匀分布、去油光、遮盖缺陷、无刺激、无不适感、色泽自然、无浮粉感、香气适宜。

（1）香粉

香粉应具有以下性能。

① 遮盖力　香粉应具有能遮盖住皮肤本色、面部瑕疵及改善肤色的作用，而具有良好遮盖力的遮盖剂能够赋予香粉这一作用。常用的遮盖剂有二氧化钛、氧化锌等。二氧化钛的遮盖力最强，比氧化锌高 2～3 倍，但其缺点是不容易和其他粉料混合。如果将二氧化钛和氧化锌混合好后，再加入其他粉料中，就可以克服其难以混合的缺点。其中，二氧化钛在香粉中的用量在 10% 以内。另外，二氧化钛对某些香料的氧化变质具有催化作用，应谨慎选用。氧化锌对皮肤有缓和的干燥和杀菌作用，配方中添加 15%～25% 的氧化锌，可以使香粉具有足够的遮盖力，且不会使皮肤干燥。通常是两者配合使用，混合物用量在配方中一般不超过 10%，这样遮盖性能更好。香粉用的二氧化钛和氧化锌要求色泽白、颗粒细、质量轻、无臭味，且铅、汞、砷等杂质含量少。

② 滑爽性　香粉的滑爽性极为重要，具有良好的滑爽性，才能使香粉在皮肤表面涂敷均匀。其滑爽性主要是靠滑石粉，滑石粉的主要成分是硅酸镁。滑石粉在香粉中的用量较大，通常在 50% 以上，所以滑石粉质量是制造香粉产品的关键。高质量的滑石粉具有薄层结构，其定向分裂的性质和云母相似，这种结构使其具有滑爽和发光的特性。滑石粉作为香粉原料必须色泽白、无臭味、杂质少、对手指的触觉柔软光滑。此外，滑石粉的颗粒应细小均匀，如果颗粒太粗会影响对皮肤的黏附性，太细会使薄层结构被破坏而导致失去某些特性。优良的滑石粉能赋予香粉一种特殊的透明性，能够均匀地黏附在皮肤上，并且帮助遮盖皮肤上的小瑕疵。

③ 吸收性　香粉应具有对油脂和水分一定的吸收能力，另外对香精也有一定的吸收能

力。用于吸收香精的原料有沉淀碳酸镁、碳酸钙、胶态高岭土、淀粉和硅藻土等。一般采用沉淀碳酸镁与碳酸钙。碳酸钙在水溶液中遇酸会分解，如果在香粉中用量过多，高温天气涂敷，吸汗后会在皮肤上形成条纹。因此香粉中应加入适量碳酸钙，一般不超过15%。而碳酸镁的吸收性强，比碳酸钙高3~4倍，但用量过多，涂敷后会吸收皮脂造成皮肤干燥，因此香粉中的碳酸镁也应当适量加入，一般也不超过15%。此外，碳酸镁对香精具有优良的混合特性，是一种良好的吸收剂。在配制粉类产品时，通常先将香精和碳酸镁混合均匀，再加入其他粉料中。

④ 黏附性　香粉必须具有良好的黏附性，使用时容易黏附在皮肤上，以避免涂敷于皮肤后脱落。常用的黏附剂有硬脂酸锌、硬脂酸镁和硬脂酸铝等，这些硬脂酸的金属盐类是轻质的白色细粉，能够包覆在其他粉粒的外面，使香粉不易透水，其用量一般在5%~15%。但是，硬脂酸铝盐较粗糙，硬脂酸钙盐缺少滑爽性，通常采用的是硬脂酸镁盐和硬脂酸锌盐。此外，应当注意用来制金属盐的硬脂酸中是否含有油酸或其他不饱和脂肪酸等杂质，这些杂质会引起酸败，并且产生令人不愉快的气味。

⑤ 颜色　香粉一般带有颜色，并且要求接近皮肤的本色，以此来调和肤色。香粉用的颜料必须耐光、耐热、日久不变色，使用时遇水或油以及pH值略微变化时不会溶化或变色。一般选用无机颜料如赭石、褐土等。还可以加入红色或橘黄色的有机色淀来改善色泽，使色彩显得鲜艳又和谐。

⑥ 香气　香粉的香气不应过分浓郁，以避免掩盖香水的香气。香粉用香精储存及使用过程中应保持稳定性，不刺激皮肤，不酸败变味，不使香粉变色等。其香韵以花香或百花香型为佳，使香粉具有高雅、甜润、花香生动而持久的香气感。

(2) 粉饼

粉饼和香粉的作用、效果相同，将香粉制成粉饼的形式，主要是便于携带，使用时以免粉尘飞扬应用粉扑涂擦。粉饼的配方中除具有香粉的原料以外，还需要加入足够的胶合剂，以便于压制成型。常用的有天然胶合剂如黄蓍树胶、阿拉伯树胶等，合成胶合剂如羧甲基纤维素等，以及油脂类物质如白油、羊毛脂等。除了加入胶合剂外，加入甘油、山梨醇、葡萄糖以及其他滋润剂，能够使粉饼保持一定水分以免干裂；加入液体石蜡、单硬脂酸甘油酯等脂肪物，能够赋予一定的光泽，增加黏合性能，改善使用效果等。此外，还可以加入少量防腐剂和抗氧剂等，以防止氧化酸败现象的发生。

粉饼的参考配方如表14.2所示。

表14.2　粉饼的参考配方

组分	质量分数/%	组分	质量分数/%
滑石粉	55.0	阿拉伯树胶	0.5
高岭土	12.0	海藻酸钠	0.5
碳酸镁	5.0	乙醇	2.0
碳酸钙	7.0	防腐剂、香精	适量
氧化锌	12.0	着色剂	适量
硬脂酸锌	5.0	去离子水	加至100.0

（3）爽身粉

爽身粉不用于化妆，主要用于沐浴后在全身敷抹，起到滑爽肌肤、吸收汗液的作用，以给人舒适芳香之感，是各个年龄阶段都适用的产品。爽身粉的原料组成及生产方法与香粉基本相同，但对滑爽性要求更高，而对遮盖力并无要求。其主要成分是滑石粉、玉米淀粉、改性淀粉以及碳酸钙、碳酸镁、高岭土、氧化锌、硬脂酸镁、硬脂酸锌等。此外，爽身粉通常还含有硼酸，硼酸具有轻微的杀菌消毒作用，使用后让皮肤有舒适之感，同时又是一种缓冲剂，能够降低爽身粉在水中的 pH 值。爽身粉选用的香精是偏清凉型的，常用的有薄荷脑、薄荷油等有清洁感的香料。但是，婴儿用爽身粉最好不添加香精，这是因为婴儿的皮肤相比于成人更加娇嫩，对外来刺激敏感。若一定要在婴儿爽身粉加入香精，则一定不能超过 0.4%，一般在 $0.15\%\sim0.25\%$。

14.4.3 胭脂类化妆品

胭脂是涂敷于面颊使人面色显得健康、红润、明快、艳丽的化妆品。胭脂可制成不同的形态：制成与粉饼相似的粉质块状胭脂，习惯上称之为胭脂；制成膏状的称之为胭脂膏；另外还可制成液状、粉状等。

（1）胭脂

胭脂是由粉质原料、颜料、胶合剂、香精等混合后，经压制成为圆形面微凸的饼状粉块，载于金属底盘，然后以金属、塑料或纸盒装盛，如图 14.7 所示。优良的胭脂应柔软细腻，不易破碎；色泽鲜明，颜色均匀，表面无黑点或白点；容易涂敷，使用粉底后敷用胭脂，易于混合协调；遮盖力好，易黏附于皮肤；容易卸妆，在皮肤上不留瘢痕；对皮肤无刺激性；香味清淡、纯正等。

图 14.7　胭脂

胭脂的原料大致与香粉相同，但着色剂用量比香粉多，香精用量比香粉少。国产胭脂以红系（桃红、粉红等）为主，目前，棕系（深棕、浅棕）的胭脂也常见。而棕系胭脂使妆容更具生动性和立体感，能够表现出柔中有刚、富于个性的特点。除着色剂和香精外，还必须加入适量的胶合剂，使胭脂压制成块。胶合剂对胭脂的压制成型有很大影响，它能够增强粉块的强度和使用时的润滑性。但用量过多，粉块会黏模具，并且制成的粉块不易涂敷；而用量过少，压制时黏合力差，制成的粉块易碎，因此一定要慎重选择。胶合剂的种类大体上有水溶性、脂溶性、乳化型和粉类等不同的类型。

① 水溶性胶合剂　水溶性胶合剂一般包括天然胶合剂和合成胶合剂，其中，天然胶合剂有阿拉伯树胶、黄蓍树胶、刺梧桐胶等。但由于天然胶合剂受产地和自然条件的影响，其规格较不稳定，且常含有杂质，并容易被细菌污染，所以一般多采用合成胶合剂。合成胶合剂主要包括甲基纤维素、羧甲基纤维素、聚乙烯吡咯烷酮等。各种水溶性胶合剂的用量一般为 $0.1\%\sim3.0\%$。但天然胶合剂和合成胶合剂都有一个缺点，都需要用水作溶剂，因此在

压制之前的粉料还需要烘干去除水分，且粉块遇水会产生水迹，需选用抗水性的胶合剂来克服这一缺点。

② 脂溶性胶合剂　脂溶性胶合剂包括矿脂、液体石蜡、脂肪酸酯类、羊毛脂及其衍生物等。这类胶合剂有液体胶合剂、半固体胶合剂和固体胶合剂。其用量一般为 0.2％～2.0％。这类物质作胶合剂同时还具有润滑作用，但单独使用时黏结力不够强，压制前可加入一定量的水分或水溶性胶合剂以增加其黏结力。

③ 乳化型胶合剂　乳化型胶合剂是脂溶性胶合剂的发展和延伸。由于少量脂溶性胶合剂难以均匀混入胭脂粉料中，而采用乳化型胶合剂就能使油脂和水在压制过程中均匀分布于粉料中，并且可以防止由于胭脂中含有脂肪物而出现小油团的现象。乳化型胶合剂通常为硬脂酸、三乙醇胺、水和液体石蜡的混合物或单硬脂酸甘油酯、水和液体石蜡的混合物等，也可以选用失水山梨醇的酯类作为乳化剂。

④ 粉类胶合剂　粉类胶合剂主要是硬脂酸的金属盐，如硬脂酸镁、硬脂酸锌等，制成的胭脂细致光滑，对皮肤附着力好，但是需要较大的压力才能压制成型，且对金属皂的碱性敏感的皮肤有一定的刺激。

（2）胭脂膏

胭脂膏不同于胭脂的是胭脂膏中加入了油脂，它是以油脂和颜料为主要原料调制而成的，因此其不需要加入胶合剂。胭脂膏质地柔软、敷用方便、外表美观，且具有滋润作用，也可兼作唇膏使用，因此广受消费者欢迎。胭脂膏一般装于塑料盒或金属盒内。胭脂膏可以分为油膏型和膏霜型两种类型，油膏型是用油质原料和颜料调配制成的油质膏状体，而膏霜型是用油质原料、颜料、乳化剂和水混合制成的乳化体。

① 油膏型胭脂膏　油膏型胭脂膏是以油质原料为基质原料，加上适量着色剂和香料配制而成的，因此，油质原料的性能直接影响着产品的稳定性和敷用性能。油膏型胭脂最初主要是矿物油和蜡类配制而成的，价格便宜，能够在 40℃ 以上保持稳定，但是敷用时会有油腻感。新型的产品，则以脂肪酸的低碳醇酯类如棕榈酸异丙酯等为主要油质基料，加入适量的滑石粉、高岭土、碳酸钙和颜料，并用巴西棕榈蜡增稠而制得。采用的酯类都是低黏度的油状液体，能够在皮肤上形成舒适的薄膜。只要配方合理，就能够在 50℃ 条件下保持稳定。但油膏型胭脂膏有渗小油珠的倾向，尤其是当温度变化时，因此，通常在配方中适量加入地蜡、蜂蜡、羊毛脂以及植物油等，以抑制渗油现象。除此之外，还需加入抗氧剂防止油脂酸败，加入香精以赋予制品迷人的香气。

② 膏霜型胭脂膏　膏霜型胭脂膏也称乳化型胭脂膏。油膏型胭脂膏的不足之处是使用时有较强的油腻感，而乳化型产品是以乳化体为主，可以避免油膏类的油腻感，并且容易涂敷。根据乳化体类型，膏霜型胭脂膏可以分为 O/W 型和 W/O 型两种。只要在相应的油膏型胭脂的基础上加入乳化剂和水或者在相应类型的膏霜配方基础上加入粉料、着色剂等就可制成膏霜型胭脂。

（3）胭脂水

胭脂水是一种流动性液体，可以分为悬浮体和乳化体两种。

① 悬浮体胭脂水　悬浮体胭脂水是将着色剂悬浮于水、甘油或其他液体中的一类制品。其优点是价格低廉，缺点是缺乏化妆品的美观、容易发生沉淀等，使用前需要摇匀。常需要

加入各种水溶性高分子化合物作为悬浮剂，如羧甲基纤维素、聚乙烯吡咯烷酮、聚乙烯醇等或其他易悬浮的物质如单硬脂酸甘油酯或丙二醇酯等，以提高悬浮体胭脂水的分散稳定性，并且降低沉淀速度。

② 乳化体胭脂水　乳化体胭脂水是将着色剂悬浮于流动的乳化体中的一类制品，其特点是外表美观、使用方便，缺点是乳化体黏度低，容易出现分离现象。常采用调节脂肪酸皂的含量及加入羧甲基纤维素、胶性黏土或其他增稠剂等方式来调节溶液稠度，以防止出现分层现象。此外，一般不采用无机颜料而以色淀调节色彩。

 思考题

14-1　唇膏应满足哪些质量要求？

14-2　简述眼影粉的主要原料及选用原料的注意事项。

14-3　简述铅笔型眉笔的制作方法。

14-4　指甲油应满足哪些质量要求？

14-5　指甲油的原料有什么，对指甲油性能起决定性作用的有哪些？

14-6　简要概述香粉作用是什么。

14-7　粉饼所用的原料与香粉有什么不同？

14-8　粉底的类型及其特点是什么？

14-9　简要概述粉底的配方组成。

第 15 章

化妆品的不良反应与化妆品质量管理

化妆品是直接作用于人体的消费品，使用过程中，具有一定的风险性。而化妆品的风险主要是由化妆品配方的复杂性引起的，包括其组分的长期使用效应、原料中的杂质、化妆品生产运输储存过程中的微生物污染以及不法生产者为追求使用效果而超限度增加有害物质或非法添加禁用物质等，都会让消费者产生不适，甚至给消费者的健康带来危害。因此，化妆品的质量管理极其重要，而化妆品管理法规体系的建立与完善，为广大消费者提供了保障。近年来，我国化妆品管理法规体系不断完善，已经形成了一个由化妆品国家标准、化妆品技术指导类法规、化妆品市场监督管理类法规等组成的技术性较强的、完善的法规体系。

15.1 化妆品不良反应

15.1.1 不良反应的概念

提到"不良反应"很多人会联想到"副作用"。"副作用"一词是针对药品而言的，化妆品没有"副作用"的说法。药品的副作用是指在使用治疗剂量的药品时，伴随出现的与治疗疾病目的无关而又必然发生的其他作用。一种药品往往具有多种作用，当人们利用其中某一作用时，其余的作用便称为副作用。

必须指出的是，药品不良反应是指药品在预防、诊断、治病或调节生理功能的正常用法用量下所出现的有害的和意料之外的反应，它不包括无意或故意超剂量用药引起的反应以及用药不当引起的反应。同理，化妆品不良反应是指人们在日常生活中正常使用化妆品所引起的皮肤及其附属器官的病变，以及人体局部或全身性损害，不包括生产、职业性接触化妆品及其原料和使用假冒伪劣产品所引起的病变或者损害。

在化妆品不良反应的定义中，应重点关注何为"正常使用化妆品"。所谓的"正常使用"可以理解为"合格的产品＋正确的使用方法"。"合格的产品"可以理解为质量和安全性不存在问题并合法取得相关生产资质或进口资质的化妆品；而"正确的使用方法"包括使用量、使用部位、使用人群以及配合使用多种化妆品时的步骤和产品搭配等。

因此，化妆品质量不合格、化妆品中违规添加禁用物质或限用物质超标、未经相关部门批准而进入中国市场的国外产品、未按照说明书使用方法使用以及适用人群、使用部位或使用量不当而造成皮肤损伤等类似情形均不在化妆品不良反应定义所述之列。

15.1.2　化妆品不良反应的分类

从诊断的角度讲，化妆品不良反应包括：化妆品接触性皮炎、化妆品光感性皮炎、化妆品痤疮、化妆品皮肤色素异常、化妆品毛发损害、化妆品甲损害等类型。

严重化妆品不良反应是指化妆品所引起的皮肤及其附属器官大面积或较深度的严重损伤，以及其他组织器官等全身性损害。主要有以下几类：①导致暂时性或永久性功能丧失而影响正常人体和社会功能的，如皮损持久不愈合、瘢痕形成、永久性脱发、明显损容性改变等；②导致人体全身性损害，如肝肾功能异常、过敏性休克等；③导致住院治疗或者医疗机构认为有必要住院治疗的；④导致人体其他严重损害、危及生命或者造成死亡的。

可能引发较大社会影响的化妆品不良反应是指因正常使用同一化妆品在一定区域内，引发较大社会影响或者造成多人严重损害的化妆品不良反应。常见化妆品不良反应见图 15.1。

图 15.1　化妆品的不良反应

15.1.3　化妆品不良反应的监测要求

已废止的《化妆品卫生监督条例》和《化妆品卫生监督条例实施细则》中虽然规定了化妆品不良反应的上报，但并非强制性的。国务院于 2020 年 6 月 16 日新公布的《化妆品监督管理条例》明确了国家建立化妆品不良反应监测制度以及化妆品的注册人、备案人、受托生产企业、经营者和医疗机构的检测和报告义务。2022 年公布的《化妆品不良反应监测管理办法》在《化妆品监督管理条例》的基础上，进一步完善了我国化妆品不良反应监测制度。

《化妆品不良反应监测管理办法》明确了化妆品不良反应监测的基本概念：化妆品不良反应监测是指化妆品不良反应收集、报告、分析评价、调查处理的全过程。化妆品不良反应监测基本概念的明确有利于准确界定该法律制度的适用情形，有助于市场主体和监管主体按照不同风险程度对导致不良反应的化妆品采取相应的措施。另外，《化妆品不良反应监测管理办法》理清了化妆品不良反应监测体系各类主体的职责与义务，规定了报告程序及相应措施，构建了针对导致不良反应的化妆品的"生产经营者—注册人或备案人—监测机构—监管部门"的快速反应链，对进一步加强化妆品不良反应的监测管理，统一、规范化妆品不良反应数据的登记、上报、汇总和处理，迅速有效地发现查处问题样品，进而保护消费者利益，具有重要意义。

（1）体系的构成

新的化妆品不良反应监测体系与建立在原《化妆品卫生监督条例》基础上的监测体系相比，极大程度调整了体系的参与主体，优化了体系的层次。新体系由各级药品监督管理部门、各级化妆品不良反应监测机构、化妆品注册人及备案人、境外化妆品注册人及备案人指定的境内责任人、受托生产企业、化妆品经营者、医疗机构以及其他单位和个人组成。从体系的构成可以看出，新的化妆品不良反应监测体系更强调化妆品生产和经营主体的责任，更注重引导全社会参与化妆品的质量安全建设。

（2）监测范围

新的体系明确了化妆品不良反应监测"可疑即报"的原则。将原有监测体系仅对"化妆品皮肤病确诊病例及化妆品皮肤病疑似病例"进行监测扩大为"怀疑与使用化妆品有关的人体损害，均应当报告"。

（3）体系的运行

化妆品不良反应监测体系的运行包括不良反应报告、分析评价、调查三个主要步骤。

① 化妆品不良反应报告方面　《化妆品不良反应监测管理办法》明确了线上报告为主、线下报告为辅的报告途径。规定化妆品注册人、备案人、受托生产企业、化妆品经营者、医疗机构，在发现或者获知化妆品不良反应信息时及时通过国家化妆品不良反应监测信息系统上报。鼓励受托生产企业、化妆品经营者、医疗机构告知化妆品注册人、备案人。暂不具备在线报告条件的化妆品经营者、医疗机构应当通过纸质报表向所在地市县级监测机构报告，由其代为在线提交报告。其他单位和个人可以向化妆品注册人、备案人、境内负责人报告不良反应，也可以向所在地市县级监测机构或者市县级监管部门报告，由上述企业或者单位代为在线提交报告。在报告时限方面，明确了属于一般化妆品不良反应的，应当自发现或者获知化妆品不良反应之日起30日内报告，属于严重化妆品不良反应的，应当自发现或者获知之日起15日内报告，属于可能引发较大社会影响的化妆品不良反应应当自发现或获知之日起3日内报告。同时，境外化妆品注册人、备案人其在中国境内外上市销售的产品在境外因发生化妆品不良反应而被采取停止生产或者经营、实施产品召回、发布安全警示信息等风险控制措施的，应当在发现或者获知之日起7日内书面上报国家监测机构，并提供相关资料。

② 化妆品不良反应分析评价方面　《化妆品不良反应监测管理办法》针对不同的评价主体、不同风险等级的评价内容明确了不同的工作时限。

一是化妆品注册人、备案人、境内负责人对发现或者获知的化妆品不良反应进行自查和分析评价。对属于严重化妆品不良反应的，应自发现或者获知不良反应之日起20日内进行分析评价，形成并提交跟踪报告；对属于可能引发较大社会影响的化妆品不良反应，应自发现或者获知不良反应之日起10日内进行分析评价，形成并提交跟踪报告。

二是属于一般化妆品不良反应的，市县级监测机构应当自收到化妆品不良反应报告之日起15个工作日内完成分析和评价。对属于严重化妆品不良反应的，应自收到不良反应报告之日起7个工作日内完成分析评价，告知所在地同级负责药品监督管理的部门；自收到不良反应报告之日起7个工作日内进行随访等，形成跟踪报告，报送上一级化妆品不良反应监测机构，同时报送所在地同级负责药品监督管理的部门。对属于可能引发较大社会影响的化妆品不良反应，应当自收到不良反应报告之日起 3 个工作日内完成分析评价，告知所在地同级负责药品监督管理的部门；自收到不良反应报告之日起 7 个工作日内进行随访等，形成跟踪报告，报送上一级化妆品不良反应监测机构，同时报送所在地同级负责药品监督管理的部门。

三是省级监测机构应当对下一级监测机构提交的化妆品不良反应报告评价意见进行复核，并对不良反应与产品的关联性和不良反应严重程度进行分析评价。属于一般化妆品不良反应的，省级监测机构应当自收到下一级监测机构评价意见之日起 15 个工作日内完成分析评价。对属于严重化妆品不良反应的，应当自收到下一级监测机构提交的不良反应报告之日起 7 个工作日内完成分析评价，同时告知所在地省级负责药品监督管理的部门；自收到下一级监测机构报送的跟踪报告之日起 15 个工作日内完成分析评价报告，报送国家监测机构，同时报送所在地的省级药品监督管理部门。对属于可能引发较大社会影响的化妆品不良反应，应当自收到下一级监测机构提交的不良反应报告之日起 3 个工作日内完成分析评价，同时告知所在地省级负责药品监督管理的部门；并应当自收到下一级监测机构报送的跟踪报告之日起 7 个工作日内完成分析评价报告，报送国家监测机构，同时报送所在地省级药品监督管理部门。

四是国家监测机构应当对收集的全国化妆品不良反应信息进行分析评价，根据监测结果和风险程度，向国家药品监督管理局提出处理建议。对可能引发较大社会影响的化妆品不良反应，国家监测机构应当自收到下一级监测机构报送的分析评价报告之日起 7 个工作日内完成分析评价报告，报送国家药品监督管理局。

③ 化妆品不良反应调查方面　《化妆品不良反应监测管理办法》针对不同的主体、不同风险等级明确应采取的各类措施。

一是化妆品注册人、备案人通过分析评价发现产品存在安全风险的，应当立即采取措施控制风险。发现产品存在质量缺陷或者其他问题，可能危害人体健康的，应当依照《化妆品监督管理条例》第四十四条的规定，立即停止生产，召回已经上市销售的化妆品，通知相关化妆品经营者和消费者停止经营使用。

二是受托生产企业、化妆品经营者发现或者获知其生产、经营的化妆品存在安全风险、可能危害人体健康的，应当立即停止生产、经营，并同时告知化妆品注册人、备案人，配合其采取措施控制风险。

15.2　化妆品的质量管理

从化妆品的定义可知，单纯地将化妆品不良反应与化妆品质量问题直接关联是欠妥的。质量合格的产品由于使用者皮肤条件的差异，也有可能会发生化妆品的不良反应，因此，不能认为发生了不良反应就一定是产品质量存在问题。但是，质量不合格的产品，肯定会给消费者的身体带来损害。那么，如何判别化妆品的质量是否存在问题，就应该根据该产品是否符合相关化妆品的质量管理法规而做出判断。

15.2.1 化妆品国家标准

标准是工业、农业、服务业、社会事业等领域统一的技术要求。国家标准是我国标准体系最重要的组成部分。化妆品国家标准体系的构建与完善，尤其是涉及化妆品检验要求的国家标准的制定，对我国化妆品管理法规体系的完善具有重要作用。

(1) 化妆品国家标准体系简介

国家标准制定工作是由国务院标准化行政主管部门统一管理的。国家标准又分为强制性国家标准和推荐性国家标准，不符合强制性国家标准的产品、服务，不得生产、销售、进口或者提供。我国《国家标准管理办法》明确了国家标准的编号模式：强制性国家标准的代号为"GB"，推荐性国家标准的代号为"GB/T"；国家标准的编号由国家标准的代号、国家标准发布的顺序号和国家标准发布的年号组成。同时，《国家标准管理办法》明确了需要制定国家标准及强制性国家标准的技术事项的范围。

对于化妆品行业，我国于1987年公布了《化妆品卫生标准》(GB 7916—1987)，该标准的公布是化妆品标准体系建设的开端。经过三十余年的发展，我国已基本建成了完善的化妆品标准体系。我国现行化妆品标准体系主要由六个部分组成，分别为：化妆品基础标准与安全卫生标准、测定方法标准、卫生检验方法标准、产品质量标准、化妆品用原料标准及其他相关标准。截至2023年底，我国共有化妆品基础标准与安全卫生标准10个、测定方法标准117个、产品质量标准48个、化妆品用原料标准32个、卫生检验方法标准16个、包装储运及其他相关标准9个。登录全国标准信息公共服务平台即可查询以上化妆品标准的相关内容。近年来，我国国家市场监督管理总局、国家标准化管理委员会致力于化妆品标准体系的完善工作。仅2021年就发布了22个化妆品国家标准。这些新的标准均与化妆品测定方法相关，详细描述了化妆品及相关原料的测定方法的原理，规定了测定所需的试剂和材料、仪器设备，以及测定步骤、结果计算、回收率与精密度、允许差等内容。

(2) 化妆品检验要求

随着我国社会经济的发展、人民生活水平的不断提高，人们对化妆品的需求不断增长，推动了化妆品工业的迅速发展。这一发展势头在化妆品标准体系的发展与不断完善中得到充分的体现：自2016年以来，我国新增了大量化妆品基础标准、安全卫生标准、测定方法标准、产品质量标准、化妆品用原料标准及其他相关标准。但化妆品卫生检验方法标准却未见调整。直到2019年，我国国家市场监督管理总局、中国国家标准化管理委员会发布了《化妆品检验规则》(GB/T 37625—2019)才弥补了这一空缺，并对化妆品检验工作提出了总体要求。《化妆品检验规则》适用于各类化妆品的定型检验、出厂检验和型式检验，包括常规检验和非常规检验。该标准明确了常规检验是针对每批化妆品检验，检验项目包括感官、理化性指标（耐热和耐寒除外）、净含量、包装外观要求和卫生指标中的菌落总数、霉菌和酵母总数等；非常规检验是针对每批次化妆品检验对其理化性能中的耐热性能和耐寒性能以及除菌落总数、霉菌和酵母总数以外的其他卫生指标进行检验的项目。在检验工作的具体要求上，《化妆品检验规则》明确了检验的组批规则、抽样方法、判定和复检规则等。具体内容如下：

① 组批规则　以相同工艺条件、品种、规格、生产日期的化妆品组成批。对包装和外

观进行检验时，可以随机在批的组成过程中或在批的组成以后进行。收货方允许以同一生产日期、品种、规格的化妆品交货量组成批。

②　抽样方法　感官、理化性能指标、净含量、卫生指标检验的样本应是从批中随机抽取足够用于各项指标检验和留样的单位产品，并贴好写明生产日期和保质期或生产批号和限期使用日期、取样日期、取样人的标签。型式检验时，非常规检验项目可从任一批产品中随机抽取 2～4 单位的产品，按产品标准规定的方法检验；常规检验项目以出厂检验结果为准，对留样进行型式检验，不再重复抽取样本。

③　判定和复检规则　感官、理化性能指标、净含量、卫生标准的检验结果按产品标准判定合格与否。如果检验结果有指标出现不合格项时，允许交收双方共同按本标准第 6 章的规定再次抽样，并对该指标进行复检。如果复检结果仍不合格，则判定该批产品不合格。如果交收双方因检验结果不同，不能达成一致意见时，可申请按产品标准和本标准进行仲裁检验，仲裁检验的结果为最后判定依据。

④　化妆品检验、取样规则　化妆品产品的取样过程应尽可能顾及试样的代表性和均匀性，按化妆品试样使用过程取样，以便结果分析正确反映化妆品的质量。实验室在接到试样后应进行登记，并检查封口的完整性。在取分析试样前，应目测试样的性状和特征，并使试样彻底混匀。打开包装后，应尽可能快地取样进行分析。油溶液、醇溶液、水溶液、花露水、润肤液等具有较好流动性试样，取样前应阅读产品使用说明，保证试样的均匀性。取出待分析试样后应封闭容器。在细颈容器内取霜、蜜、凝胶类产品等半流体试样或半固体试样时，应弃去至少 1cm 最初移出的试样，挤出所需试样量后，立即封闭细颈容器。广口容器内的试样取样时，应刮弃表面层，取样后立即封闭广口容器。松散粉末状试样在打开容器前应猛烈地振摇使试样均匀，移取测试部分。粉饼和口红类试样应刮弃表面层后取样。

另外，2019 年 1 月 9 日，国家标准化管理委员会、民政部发布关于印发《团体标准管理规定》的通知，此举主要是为满足市场和创新需要，协调相关市场主体共同制定标准。此后，各社会团体分别发布了《舒敏类功效性护肤品安全/功效评价标准》《舒敏类功效性护肤品临床评价标准》《舒敏类功效性护肤品产品质量评价标准》《化妆品舒缓功效测试-体外 TNF-α-炎症因子含量测定 脂多糖诱导巨噬细胞 RAW264.7 测试方法》《免洗净手产品》《乙醇免洗洗手液、洗手凝胶》《发用产品强韧功效评价方法》《焗油染发霜》《玻尿酸可溶性微阵美容贴膜》《化妆品紧致、抗皱功效测试—体外角质形成细胞活性氧（ROS）抑制测试方法》《化妆品紧致、抗皱功效测试—体外成纤维细胞Ⅰ型胶原蛋白含量测定》《化妆品感官评价通则》等团体标准，进一步充实并完善了化妆品标准体系。

15.2.2　化妆品的技术指导类法规

《技术性贸易壁垒协定》将技术法规定义为规定强制执行的产品特性、加工程序、生产方法，包括可适用的行政管理性规定的文件。另外，技术法规也可以包括或专门规定用于产品、加工或生产方法的术语、符号、包装、标志或标签要求。《技术性贸易壁垒协定》要求 WTO 成员保证技术法规的制定、批准或实施在目的或效果上均不会给国际贸易制造不必要的障碍。该协定进一步指出技术法规只能以国家安全、防止欺诈行为、保护人身健康或安全、保护动物植物的生命和健康、保护环境为目的。技术法规与标准的主要区别在于标准是以通用或反复使用为目的，由公认机构批准的、大部分为非强制性的文件。标准规定了产品或相关加工和生产方法的规则、指南和特性。标准也可以包括或专门适用于产品、加工或生产方法的术语、符号、包装标志或标签要求。因此，技术法规与标准的根本区别在于是否具有强制性。

另外，在技术法规与标准的关系上，技术法规只规定生产技术领域中的基本要求，而细节或具体的技术要求则要靠引用标准才能具体实施和操作。而且，在技术法规制定的过程中要大量参考相关标准。因此，可以认为标准是技术法规制定与实施的重要依据与必要补充。《中华人民共和国标准化法》明确了我国各类标准包括：国家标准、行业标准、地方标准、团体标准和企业标准。我国的学者们普遍认为强制性标准是技术法规的重要组成部分。因此，在化妆品领域中，主要的技术法规有：《化妆品检验检测机构能力建设指导原则》《化妆品功效宣称评价规范》《化妆品安全评估技术导则》《化妆品中禁用物质和限用物质检测方法验证技术规范》《儿童化妆品申报与审评指南》以及《化妆品检验规则》（GB/T 37625—2019）。

（1）化妆品功效宣称及评价的要求

化妆品功效宣称是化妆品的生产经营者对产品的特征及使用后可期待效果的描述。化妆品的功效宣称能吸引消费者的眼球，是激起购买欲望的有效方式。但与此同时，为了保障消费者利益、保证公平竞争，化妆品功效宣称也是化妆品监督执法的焦点。化妆品功效宣称必须以科学的评价为基础。因此，《化妆品监督管理条例》要求化妆品的功能宣称应当有充分的科学依据。化妆品注册人、备案人应当在国务院药品监督管理部门规定的专门网站公布功效宣称所依据的文献资料、研究数据或者产品功效评价资料的摘要，接受社会监督。为了落实以上规定，国家药品监督管理局组织起草了《化妆品功效宣称评价规范》以指导化妆品的功效宣传及评价。

① 基本要求　在评价范围方面，《化妆品功效宣称评价规范》明确了除能通过视觉、嗅觉等感官直接识别的（如清洁、卸妆、美容修饰、芳香、爽身、染发、烫发、发色护理、脱毛、除臭和辅助剃须剃毛），通过简单物理遮盖、附着、摩擦等方式发生效果（如物理遮盖祛斑美白、物理方式去角质、物理方式去黑头）且在标签上明确为物理作用的，以及可豁免提交功能宣称评价材料之外的化妆品功能宣称均应有充分的科学依据，且通过人体功效评价试验、消费者使用测试、实验室试验等研究结果，结合文献资料对产品的功效宣称进行评价。

在评价方法选择上，《化妆品功效宣称评价规范》以列表的方式明确了祛斑美白、防晒、祛痘等20种化妆品功效宣称应当对应采取的评价方法。其中，仅具有保湿、护发功效的化妆品，可通过文献资料调研、研究数据分析或者化妆品功效宣称评价试验等方式进行功效宣称评价。具有舒缓、控油、抗皱、紧致、防断发、去角质、去屑功效，以及宣称温和（如无刺激）或量化指标（如功效宣称保持时间、功效宣称相关统计数据等）的化妆品，应通过化妆品功效宣称评价试验方式，可以同时结合文献资料或研究数据分析结果，进行功效宣称评价，并公布产品功效宣称依据的摘要。具有防晒、祛斑美白、祛痘、滋养、修护功效的化妆品，应当通过人体功效评价试验的方式进行功效宣称评价，并公布产品功效宣称依据的摘要；同时，具有祛斑美白、防晒功效的化妆品，应由化妆品注册和备案检验检测机构按照强制性国家标准、技术法规的要求开展人体功效评价试验，并出具报告。进行特定宣称（如宣称适用于敏感皮肤、无泪配方）的，应通过消费者使用测试或人体功效评价试验的方式进行功效宣称评价，并公布产品功效宣称依据的摘要。宣称新功效的化妆品，应根据产品功效宣称的具体情况选择相应的评价方法，由化妆品注册和备案检验检测机构按照强制性国家标准、技术规范规定的试验方法开展产品的功效评价，并出具报告；同时，使用强制性国家标准、技术规范以外的试验方法，还应当委托两家及以上的化妆品注册和备案检验检测机构进行方法验证，经验证符合要求的，方可开展新功效的评价，同时在产品功效宣称评价报告中阐明方法的有效性和可靠性等参数。需要注意的是，《牙膏监督管理办法》明确了牙膏的功效宣称也需有充分的科学依据。除基础清洁类型之外，其他功效型牙膏应按照规定要求开展功效评价才能宣称具有防龋、抑牙菌斑、抗牙本质敏感、减轻牙龈问题等功效。牙膏备案人在完成产品功效评价后，方可进行备案。

　　② 祛斑美白功效评价要求　为了规范和指导我国祛斑美白化妆品功效宣称的人体试验评价工作，完善《化妆品监督管理条例》及《化妆品功效宣称评价规范》的有关规定，中国食品药品检定研究院组织起草了《祛斑美白化妆品祛斑美白功效评价方法》，对该类型化妆品的功效进行分类评价以保障消费者的利益。《祛斑美白化妆品祛斑美白功效评价方法》按照导致皮肤黑化原因的区别及其对应的化妆品美白成分作用机理的不同，分别设置了紫外线诱导人体皮肤黑化模型美白功效评价法和人体开放使用试验祛斑美白功效评价法两种评价方法。并规定紫外线诱导人体皮肤黑化模型美白功效评价法适用于仅宣称美白功效的化妆品，此类化妆品不得宣称"祛斑"功效；而人体开放使用试验祛斑美白功效评价法适用于宣称具有祛斑和（或）美白功效的化妆品。同时，明确了两类评价方法的受试物及受试人的选择、试验方案、试验方法、不良反应处理及评价报告等内容。

（2）化妆品中禁用物质和限用物质检测的要求

　　为了确保正常使用情况下化妆品的安全性，我国发布的《化妆品卫生规范（2007年版）》（已废止）列举了禁止作为化妆品组分使用的物质和限制使用的物质。该列表已在《化妆品安全技术规范（2022年版）》中进行了调整。为了加强对化妆品中禁用、限用物质检测的技术指导，规范化妆品中禁用、限用物质检测方法和验证工作，明确检测方法验证内容和评价标准，有效地保证研究制定的检测方法具备先进性和可行性，原国家食品药品监督管理局发布了《化妆品中禁用物质和限用物质检测方法验证技术规范》，该规范明确了化妆品中禁用物质、限用物质的检测方法即实验室内验证和实验室间验证，且规定了上述两类方法的技术要求和禁用物质阳性结果判定的依据。

　　针对可能存在的掺杂掺假或者使用禁用原料生产的化妆品，且按照化妆品国家标准和技术规范规定的检验项目和检验方法无法检验的情况，可根据《化妆品抽样检验管理办法》开展抽样检验。国家药品监督管理局是负责化妆品抽样检验的主要行政机关，具体负责抽样检验方法的立项、起草、验证的组织工作以及方法的审查、批准和发布。该部门制定的补充检验项目和检验方法可用于化妆品的抽样检验、质量安全案件调查处理和不良反应的调查处置，其检验结果可以直接作为执法的依据。

（3）化妆品检验检测机构能力建设的要求

　　化妆品检验检测机构是化妆品监管体系的重要组成部分，化妆品检验检测机构的能力与化妆品的质量及安全性息息相关。为了加强化妆品检验检测机构建设，提升化妆品检验检测能力，国家药品监督管理局制定了《化妆品检验检测机构能力建设指导原则》。将化妆品检验检测机构按能力等级分为递减的三个层级，即 A 级"全面能力"、B 级"较高能力"和 C 级"常规能力"，并且明确了三类检验检测机构的功能定位。为指导检验检测机构能力建设并为监管部门提供评价检验检测机构建设和能力的参考，《化妆品检验检测机构能力建设指导原则》设置了基础指标、技术指标、服务指标和创新指标四个一级指标，以及对 A、B、C 级机构的具体要求。其中，基础指标主要包括机构、人员、场地、设备、信息化等二级指标；技术指标包括常规检验项目/参数和能力验证；服务指标涵盖检验质量、检验效率、风险监测、风险评估等；创新指标主要有科技项目、科技平台、论文/论著/专利、标准/方法、国际交流等方面。为了提高《化妆品检验检测机构能力建设指导原则》的灵活性和可适用性，使之与各类实践需求相匹配，《化妆品检验检测机构能力建设指导原则》对机构不同阶段应用场景、合设机构场景、采购服务场景、能力评估场景、信息管理场景等运用情况都设置了相应的权重比例。

（4）儿童化妆品申报与审评的要求

儿童的皮肤特别娇嫩，且使用化妆品的需求有别于成人，因此，为保证儿童化妆品的安全性，原国家食品药品监督管理局于 2012 年公布了《儿童化妆品申报与审评指南》。该指南适用于供 12 岁以下儿童使用的化妆品的申报与审批。在配方原则方面，该指南明确了儿童化妆品应最大限度地减少配方所用原料的种类；选择香精、着色剂、防腐剂及表面活性剂时，应坚持有效基础上的少用、不用原则，同时应关注其可能产生的不良反应；儿童化妆品配方不宜使用具有美白、祛斑、去痘、脱毛、止汗、除臭、育发、染发、烫发、健美等功效的成分；应选用有一定安全使用历史的化妆品原料，不鼓励使用基因技术、纳米技术等制备的原料；应了解配方所使用原料的来源、组成、杂质、理化性质、适用范围、安全用量、注意事项等有关信息并备查。

在产品的安全性方面，《儿童化妆品申报与审评指南》要求儿童化妆品申报企业根据儿童的特点对其产品和原料进行安全性风险评估，尤其应该加强对配方中所使用的香精、乙醇等有机溶剂、阳离子表面活性剂以及透皮促进剂等原料的评估。另外，《儿童化妆品申报与审评指南》要求儿童化妆品对儿童应无皮肤及眼刺激性、无光毒性、无变态反应性且菌落总数不得大于 500CFU/mL 或 500CFU/g。

15.2.3　化妆品的市场监管类法规

化妆品市场监管是国家依靠经济、行政、司法等组织，遵循客观经济规律，运用科学方法，对化妆品市场上从事交易活动的主体，从化妆品原料，产品的注册、备案、生产、经营等各方面进行的监督管理。对化妆品市场加强监管的目的是保障良好的竞争秩序，维护消费者合法权益，并促进化妆品行业的发展。化妆品市场监督管理类法规是依法进行化妆品市场监管的主要依据。

（1）化妆品及新原料注册、备案要求

化妆品及新原料的注册和备案是对化妆品及新原料的安全性、质量可控性进行审查或存档备查的活动。《化妆品监督管理条例》明确了化妆品及新原料注册、备案的一般性要求。为了进一步规范该项工作，国家市场监督管理总局、国家药品监督管理局先后组织起草了《化妆品注册备案管理办法》《化妆品注册备案资料管理规定》以及《化妆品新原料注册备案资料管理规定》等系列法规。

① 基本要求　在主体资格方面，明确化妆品注册申请人和备案人应具备以下条件：一是依法设立的企业或者其他组织；二是有与申请注册、进行备案的产品相适应的质量管理体系；三是有化妆品不良反应监测与评价能力。且注册人、备案人需是以自己的名义把产品推向市场，能够独立承担民事责任的企业或者其他组织。另外，注册人和备案人还需设立了具备化妆品质量安全相关专业知识、具有 5 年以上化妆品生产或者质量管理经验的质量安全负责人；具有与拟注册、备案化妆品相适应的供应商遴选、原料验收、生产过程及质量控制、设备管理、产品检验及留样等管理制度；具有与拟注册、备案化妆品相适应的化妆品安全风险评估、不良反应监测与评价及化妆品召回制度。

② 化妆品注册要求　化妆品企业以下的生产活动需经国务院药品监督管理部门注册后方可进行：一是使用具有防腐、防晒、着色、染发、祛斑美白功能的化妆品新原料；二是特殊类型化妆品的生产与进口。同时，为了保障化妆品企业的利益和市场需求的实现，《化妆品监督管理条例》明确规定了国务院药品监督管理部门自收到注册申请之后的工作流程及时限。

③ 化妆品备案要求　化妆品企业在开展下列活动之前，需向国务院药品监督管理部门进行备案：使用需注册的化妆品新原料之外的其他化妆品新原料；进口普通化妆品；上市销售国产普通化妆品。且《化妆品注册备案管理办法》指出普通化妆品办理备案后，备案人应每年向承担备案管理工作的药品监督管理部门报告生产、进口情况，以及符合法律法规、强制性国家标准、技术规范的情况。另外，《牙膏监督管理办法》指出，国家对牙膏实施备案管理，牙膏产品只有在备案后方可上市销售或进口。

④ 进口化妆品的注册、备案要求　针对注册申请人或备案人为境外企业的情况，明确了其应指定我国境内的企业法人为境内责任人。境内责任人在办理注册、备案时应提供境外企业的授权书，并需注明授权期限。授权书所载明的期限到期后，境内责任人应重新提交更新的授权书，延长授权期限。逾期未重新提交的，境内责任人将无法继续为境外注册人、备案人办理新增的注册或备案事项。

《化妆品监督管理条例》关于境内责任人办理注册、备案时应当提交的资料的规定，要求提交产品在生产国或地区已经上市销售的证明文件以及境外生产企业符合化妆品生产质量管理规范的证明资料；专门向我国出口生产、无法提交产品在生产国或地区已经上市销售的证明文件的，应当提交面向我国消费者开展的相关研究和试验的资料。《化妆品注册备案资料管理规定》明确上述证书有有效期限的，应在到期后 90 日内提交续期或更新资料；无有效期限的，应当每五年提交最新版本。

⑤ 新原料注册和备案要求　《化妆品新原料注册备案资料管理规定》中要求申请注册或办理备案的化妆品新原料应经过严格的安全评价，确保在正常以及合理的、可预见的使用条件下，不得对人体健康产生危害。同时，化妆品新原料原则上不能是复配而成的。申请化妆品新原料注册或备案应提交以下资料：注册人申请人、备案人和境内责任人的名称、地址和联系方式；新原料的研制报告；新原料的制备工艺、稳定性及其质量控制标准等研究资料；以及新原料的安全评估资料。

（2）化妆品生产要求

① 生产者的要求　《化妆品监督管理条例》明确了从事化妆品生产活动，必须满足以

下条件：是依法设立的企业；有与生产的化妆品相适应的生产场地、环境条件、生产设施设备；有与生产的化妆品相适应的技术人员；有能对生产的化妆品进行检验的检验人员和检验设备；有保证化妆品质量安全的管理制度。从事化妆品生产之前，需向企业所在地省级政府药品监督管理部门提出申请并获得生产许可证件。化妆品注册人、备案人可以自行生产化妆品，也可以委托其他有化妆品生产许可证的企业进行生产。化妆品生产企业应按照国务院药品监督管理部门制定的化妆品生产质量规范的要求组织生产化妆品，建立化妆品生产质量管理体系，建立并执行供应商遴选、原料验收、生产过程及质量控制、设备管理、产品检验及留样等管理制度。化妆品生产企业应建立、执行从业人员健康管理制度并配备质量安全负责人。化妆品所用原料、直接接触产品的包装材料应符合强制性国家标准、技术规范。必须指出的是，为规范化妆品生产许可工作，2015 年，原国家食品药品监督管理总局发布了《化妆品生产许可工作规范》，明确了办理化妆品生产许可的要求、程序、主要检测的项目以及相关的管理规定。

当前，化妆品生产的质量管理已经由企业自主的一般规范性上升到法律法规的层面，从生产前物料管理，到生产过程的质量控制，再到产品出厂的留样、召回等的操作不规范，都可以判定为违法，化妆品生产全流程的追溯管理已经达到了药品管理的风险等级，生产企业作为产品质量的第一责任人，质量管理已经成为企业生存的红线。

另外，《化妆品生产质量管理规范》明确了化妆品注册人、备案人及受托生产企业应建立生产质量管理系统，实现对化妆品物料采购、生产、检验、贮存、销售和召回等全过程的控制和追溯，确保能持续稳定地生产出符合质量安全要求的化妆品。化妆品企业应设独立的质量管理部门，履行质量保证和质量控制的职责。《化妆品生产质量管理规范》指出企业的法定代表人、质量安全负责人、质量管理部门负责人及生产部门负责人是化妆品生产质量管理的主要参与者。其中，化妆品企业的法定代表人是生产质量管理的首要负责人，应当负责提供必要的资源、合理计划、组织和协调，确保企业实现质量目标；质量安全负责人则独立承担产品质量安全管理和产品放行职责，确保质量管理体系有效运行；质量部门负责人协助质量安全负责人完成其工作；生产部门负责人确保化妆品的生产过程、生产环境等符合相关质量要求并做好相应的记录。

② 化妆品标签的要求　标签是消费者获得产品的基本信息和安全指导的最直接的途径。《化妆品监督管理条例》明确要求化妆品的最小销售单元应当有标签并标注：产品名称、特殊化妆品注册证编号；注册人、备案人、受托生产企业的名称和地址；化妆品生产许可证编号；产品执行的标准编号；全成分；净含量；使用期限、使用方法及必要的安全警示；法律、行政法规和强制性国家标准规定应当标注的其他内容。同时，化妆品标签禁止标注：明示或者暗示具有医疗作用的内容；虚假或引人误解的内容；违反社会公序良俗的内容；法律、行政法规禁止标注的其他内容。

为了贯彻以上规定，国家药品监督管理局组织起草了《化妆品标签管理办法》，明确了化妆品标签是指产品销售包装上用以辨识说明产品基本信息、属性特征和安全警示等的文字、符号、数字、图案等标识，以及附有标识信息的包装容器、包装盒和说明书。化妆品注册人、备案人对化妆品标签的完整性、合法性和真实性负责。

③ 化妆品召回的要求　《化妆品监督管理条例》规定了化妆品注册人、备案人发现产品存在质量缺陷或者其他问题，可能危害人体健康的，应当立即停止生产，召回已经上市销

售的化妆品，通知相关化妆品经营者和消费者停止经营、使用，并记录召回和通知情况。《化妆品生产质量管理规范》明确了产品召回后的处理模式，要求对召回的产品应当清晰标识、单独存放，并视情况采取补救、无害化处理、销毁等措施。因产品质量问题实施的化妆品召回和处理情况，化妆品注册人、备案人应当及时向所在地省、自治区、直辖市药品监督管理部门报告。召回记录内容应当至少包括产品名称、净含量、使用期限、召回数量、实际召回数量、召回原因、召回时间、处理结果、向监管部门报告情况等。

（3）化妆品的经营要求

《化妆品监督管理条例》要求化妆品经营者建立并执行进货检验记录制度，查验并保存供货者的市场主体登记证明、化妆品注册或者备案情况等文件，按照法律法规和化妆品标签标注的要求储存、运输产品且不得自行配制化妆品。除了一般性的规定之外，《化妆品监督管理条例》同时明确了化妆品集中交易市场开办者、展销会举办者、电子商务平台经营者、美容美发机构、宾馆等主体的化妆品经营者责任。另外，由于广告投放是化妆品经营过程中最常见的宣传推广方式，化妆品广告不仅能提高产品知名度、吸引消费者，其本身也是传播最快、影响最大的信息传递媒介。因此，《中华人民共和国广告法》和《化妆品监督管理条例》对化妆品广告行为做出了明确的规定。

① 广告内容的要求　广告应当真实、合法，以健康的表现形式表达广告内容，内容要符合社会主义精神文明建设和弘扬中华民族优秀传统文化的要求。尤其是广告中对商品的性能、功能、产地、用途、质量、成分、价格、生产者、有效期限、允诺等的表述，应当准确、清楚、明白。在无法证明广告内容真实性的情况下，广告主、广告经营者和广告发布者均会面临被处罚的风险。

② 广告内容的禁止性规定　禁止使用或者变相使用中华人民共和国的国旗、国歌、国徽、军旗、军歌、军徽；禁止使用或者变相使用国家机关、国家机关工作人员的名义或者形象；禁止使用"国家级""最高级""最佳"等用语；禁止损害国家的尊严或者利益，泄露国家秘密；禁止妨碍社会安定，损害社会公共利益；禁止危害人身、财产安全，泄露个人隐私；禁止妨碍社会公共秩序或者违背社会良好风尚；禁止含有淫秽、色情、赌博、迷信、恐怖、暴力的内容；禁止含有民族、种族、宗教、性别歧视的内容；禁止妨碍环境、自然资源或者文化遗产保护；以及法律、行政法规规定禁止的其他情形。《中华人民共和国广告法》进一步明确了"除医疗、药品、医疗器械广告外，禁止其他任何化妆品广告涉及疾病治疗功能，并且不能使用医疗用语或者易使推销的商品与药品、医疗器械相混淆的用语"。

另外，化妆品广告内容除了要符合《中华人民共和国广告法》和《化妆品监督管理条例》的规定外，还应注意避免化妆品备案管理系统的禁用语。主要包括以下七类。一是超出化妆定义范畴的功能词语，如温、暖、热、健康、私密、暖养等。二是易与特殊用途化妆品混淆的词语，即超出非特殊用途化妆品定义范畴的功能或部位的词语。如塑、瘦、脱、挺、白、修身、纤体、塑形、美塑、对抗紫外线等。三是虚假夸大、贬低竞争性产品的词语，包括使用极限用语或谐音夸大宣称产品特性功效或原料的情况，以及以不具有、不包含某种特性等为宣传点，使消费者认为该产品优于竞争产品的情况。如纯天然、超、绝、首、零、无、0、低、不含、不添加、天然零负相、安全无刺激等。四是借他人（含医学名人）的名义宣称产品的情况，即假借他人或组织名义，使消费者增加对产品品质的信任度。如国家、国际、机关、统计、品牌、监制、质检、检验、白求恩、神农等。五是封建迷信庸俗的词语。如魔、神、神仙、鬼、妖魔、仙丹等。六是医疗术语、医学生物学名词，包括医学用语及谐音误导为医学用语、与治疗相关的具体操作步骤和名称、医学角色名称、生物学生理学名词等。如补、防、除、氧、症、痛、调理、医、愈、疤、经、络、抵抗力、大夫、保湿专家、单方、祛寒、排毒、治疗、荷尔蒙、妊娠纹、清通、清排、畅通、温通、内分泌等。七是医药典籍、药品名称等词语。如方、丹、丸、剂、散、胶囊、洗剂、黄帝内经、本草纲目等。

（4）化妆品的监督管理要求

《化妆品监督管理条例》明确了各级政府负责药品监督管理的部门是化妆品监督管理的主要部门。药品监督管理部门在对化妆品生产经营进行监督检查时，有权根据实际情况采取以下措施：①进入生产经营场所实施现场检查；②对生产经营的化妆品进行抽样检测；③查阅、复制有关合同、票据、账簿以及其他有关资料；④查封、扣押不符合强制性国家标准、技术规范或者有证据证明可能危害人体健康的化妆品及其原料、直接接触化妆品的包装材料，以及有证据证明用于违法生产经营的工具、设备；⑤查封违法从事生产经营活动的场所。同时规定了进行上述监督检查时，检查人员不得少于 2 人，并应在执行检测前出示执法证件。监督检查人员对在监督检查中知悉的被检查单位的商业秘密，需依法予以保密。

另外，为了进一步完善对已上市销售化妆品的监管、保障消费者的利益，《化妆品监督管理条例》明确国家建立化妆品不良反应监测制度，对正常使用已上市销售的化妆品所引起的皮肤及其附属器官的病变，以及人体局部或者全身性的损害情况进行监测。同时，建立化妆品安全风险监测和评价制度，对影响化妆品质量安全的风险因素进行监测和评价，为制定化妆品质量安全风险防控措施和标准、开展化妆品抽样检验提供科学依据。

在监督管理的过程中，负责药品监督管理的部门发现对人体造成伤害或者有证据证明可能危害人体健康的化妆品，有权责令暂停生产、经营并发出警示信息。属于进口化妆品的，国家出入境检验检疫部门可以暂停对其进行进口。针对化妆品生产经营过程中存在的安全隐患而未及时采取消除措施的情况，负责药品监督管理的部门可对化妆品生产经营者的法定代表人或者主要责任人进行责任约谈，被约谈的化妆品生产经营者应立即采取措施，进行整改，消除隐患。责任约谈情况和整改情况纳入化妆品生产经营者信用档案，随着科学研究的发展，对化妆品、化妆品原料的安全性有认识上的改变的，或有证据表明化妆品、化妆品原料可能存在缺陷的，省级以上药品监督管理部门可以责令化妆品、化妆品新原料的注册人、备案人开展安全再评估或直接组织开展安全再评估。再评估结果表明化妆品、化妆品原料不能保证安全的，由原注册部门撤销注册、备案部门取消备案，并由国务院药品监督管理部门将相应的化妆品原料纳入禁止用于化妆品生产的原料目录，向社会公布。

 思考题

15-1　试述化妆品不良反应的概念。

15-2　谈一谈化妆品不良反应的分类。

15-3　简述化妆品不良反应的调查。

15-4　试述简述化妆品的检验要求。

15-5　技术法规与技术标准的区别是什么？

15-6　简述儿童化妆品的申报与审评的要求。

15-7　简述化妆品及新原料注册、备案要求。

15-8　化妆品标签有哪些作用？我国对化妆品标签内容做出了哪些规定？

参 考 文 献

[1] 宋晓秋，叶琳，肖瀛．化妆品原料学［M］．北京：中国轻工业出版社，2018.

[2] 胡芳，林跃华．化妆品生产质量管理［M］．北京：化学工业出版社，2019.

[3] 化妆品安全技术规范（2022年版）．

[4] 化妆品生产质量管理规范．

[5] CQC73-353231—2017.

[6] 中华人民共和国卫生部．化妆品卫生标准：GB 7916—87［S］．北京：中国标准出版社，1988：4.

[7] 王培义．化妆品—原理、配方、生产工艺［M］．4版．北京：化学工业出版社，2023.

[8] 李丽，董银卯，郑立波．化妆品配方设计与制备工艺［M］．北京：化学工业出版社，2020.

[9] 宋航，彭代银，黄文才，等．制药工程技术概论［M］．3版．北京：化学工业出版社，2020.

[10] 申东升．化妆品制剂学［M］．北京：化学工业出版社，2021.

[11] 谷建梅．化妆品与调配技术［M］．3版．北京：人民卫生出版社，2019.

[12] 董银卯，孟宏，马来记．皮肤表观生理学［M］．北京：化学工业出版社，2020.

[13] 何黎．美容皮肤科学［M］．2版．北京：人民卫生出版社，2011.

[14] 闫鹏飞，郝文辉，高婷．精细化学品化学［M］．北京：化学工业出版社，2004.

[15] 黄玉媛，陈立志，刘汉淦，等．化妆品配方［M］．北京：中国纺织出版社，2008.

[16] 程艳，祁彦，王超，等．保湿化妆品功效评价与发展展望［J］．香料香精化妆品，2006（3）：31-34.

[17] 陈小娥，朱文元．皮肤的保湿机制研究进展［J］．现代医药卫生，2011，27（18）：2802-2804.

[18] 邹纯才．药物分析［M］．2版．南京：江苏凤凰科学技术出版社，2018.

[19] 李玲，苏瑾，李竹，等．采用Lab色度系统评价某种美白化妆品的美白功效［J］．环境与职业医学，2003，20（1）：28-30.

[20] 张桂凤，朱积孝，苏贵安．女性三美手册 美容·美发·健美［M］．沈阳：辽宁科学技术出版社，1987.

[21] 刘玮，张怀亮．皮肤科学与化妆品功效评价［M］．北京：化学工业出版社，2005.

[22] 裘炳毅，高志红．现代化妆品科学与技术［M］．北京：中国轻工业出版社，2016.

[23] 安家驹，包文漖，王伯英，等．实用精细化工辞典［M］．北京：中国轻工业出版社，2000.

[24] LEVEQUE N，ROBIN S，MAKKI S，et al. Iron and ascorbic acid concentrations in human dermis with regard to age and body sites［J］. Gerontology，2003，49（2）：117-122.

[25] NUSGENS B，COLIGEA C，LAMBERT C A，et al. Topically applied vitamin C enhances the mRNA level of collagens Ⅰ and Ⅲ，their processing enzymes and tissue inhibitor of matrix metalloproteinase 1 in the human dermis［J］. Journal of Investigative Dermatology，2001，116（6）：853-859.

[26] GRACE XF，VIJETHA R J，SHANMUGANATHAN S，et al. Preparation and evaluation of herbal face pack［J］. Advanced Journal of Pharmacie and Life Science Research，2014，2（3）：1-6.

[27] TELANG P S. Vitamin C in dermatology［J］. Indian Dermatology Online Journal，2013，4（2）：143-146.

[28] MISERY L. Sensitive skin and rosacea：nosologic framework［J］. Ann Dermatol Venereol，2011，138（增刊3）：S207—S210.

[29] STÄNDER S，SCHNEIDER S W，WEISHAUPT C，et al. Putative neuronal mechanisms of sensitive skin［J］. Experimental Dermatology，2009，18（5）：417-423.

[30] SAINT-MARTORY C，SIBAUD V，THEUNIS J，et al. Arguments for neuropathic pain in sensitive skin［J］. British Journal of Dermatology，2015，172（4）：1120-1121.

[31] HUET F，DION A，BATARDIÈRE A，et al. Sensitive skin can be small-fibre neuropathy：results from a case-control quantitative sensory testing study［J］. British Journal of Dermatology，2018，179（5）：1157-1162.

[32] 陈立豪，蒋娟．敏感性皮肤发病机制及其相关皮肤病的研究进展［J］．中国麻风皮肤病杂志，2020，36（8）：505-508.

[33] 王欢，盘瑶．化妆品功效评价（Ⅴ）——舒缓功效宣称的科学支持［J］．日用化学工业，2018，48（5）：247-254.

[34] 樊琳娜，贾焱，蒋丽刚，等. 敏感皮肤成因解析及化妆品抗敏活性评价进展 [J]. 日用化学工业，2015，45（7）：409-414.

[35] 李坤杰，黄豪，郭燕妮. 透明质酸对敏感性皮肤屏障功能修复的研究进展 [J]. 皮肤科学通报，2017，34（4）：403-407.

[36] 胡书煦，刘安琪，许志鑫，等. 近十年中药资源在化妆品中的应用进展 [J]. 化工管理，2023（30）：77-81.

[37] 王超越，王潇，孙婷婷，等. 中药在美容化妆品中的应用 [J]. 光明中医，2023，38（19）：3874-3877.